"十四五"职业教育国家规划教材

U0403247

机械设计基础

活页式教材

主 编　刘　慧　　宋守彩　　解美婷

副主编　郭爱荣　　李更新　　刘　涛

参 编　于筱颖　　张斌玉　　卢延芳

　　　　张彩霞　　李秋全

北京理工大学出版社
BEIJING INSTITUTE OF TECHNOLOGY PRESS

内 容 简 介

《机械设计基础》教材内容包括机器与机构认知、执行机构设计、传动机构设计、支撑件设计和连接件设计 5 个学习项目，每个学习项目下设有不同的学习任务。每个学习任务都是利用学习载体将学习内容与岗位工作过程结合，突出工学结合，意在工作任务完成过程中使学生获得机械机构、机械传动、机械零部件设计方面需要掌握的基础知识，具备一定的机械设计能力，培养现代机械设计与制造人员的专业精神和职业素养。

图书在版编目（C I P）数据

机械设计基础 / 刘慧，宋守彩，解美婷主编. -- 北京：北京理工大学出版社，2021.9（2023.8 重印）

ISBN 978 - 7 - 5763 - 0321 - 6

Ⅰ. ①机… Ⅱ. ①刘… ②宋… ③解… Ⅲ. ①机械设计 - 高等职业教育 - 教材 Ⅳ. ①TH122

中国版本图书馆 CIP 数据核字（2021）第 182005 号

出版发行 / 北京理工大学出版社有限责任公司

社　　址 / 北京市海淀区中关村南大街 5 号

邮　　编 / 100081

电　　话 / （010）68914775（总编室）

　　　　　（010）82562903（教材售后服务热线）

　　　　　（010）68944723（其他图书服务热线）

网　　址 / http：//www.bitpress.com.cn

经　　销 / 全国各地新华书店

印　　刷 / 河北盛世彩捷印刷有限公司

开　　本 / 787 毫米 × 1092 毫米　1/16

印　　张 / 23　　　　　　　　　　　　　　　责任编辑 / 孟雯雯

字　　数 / 618 千字　　　　　　　　　　　　文案编辑 / 多海鹏

版　　次 / 2021 年 9 月第 1 版　2023 年 8 月第 2 次印刷　　责任校对 / 周瑞红

定　　价 / 58.90 元　　　　　　　　　　　　责任印制 / 李志强

前　言

为贯彻落实党的二十大精神，《机械设计基础》教材编写始终贯穿守正创新的思想。教材中的守正，指的是守住"国家标准、科学方法和产品品质"的正；创新指的是"新技术、新产业、新业态和新模式"的"四新"突破。

该教材是国家示范性高等职业院校项目建设成果之一。在项目建设过程中，学习与借鉴了德国基于工作过程的建设理念，开发了一批理念比较先进、行动导向或基于工作过程的优质专业核心课程，同时还编写了一大批项目导向、任务驱动、工学交替等具有工学结合特色的校本活页式、工作手册式教材。依托这些取得的建设成果，进行工学结合新模式教材开发具有现实可行性。

通过校企合作和行业企业调研，按照"以学生为中心、学习成果为导向、促进自主学习"思路进行教材开发设计，将"以企业岗位（群）任职要求、职业标准、工作过程或产品"作为教材主体内容，将"立德树人、课程思政"有机融合到教材中，提供丰富、适用和引领创新作用的多形态、立体化、信息化课程资源，实现教材多功能作用并构建深度学习的管理体系。本教材是在"十二五"职业教育国家规划教材《机械设计基础》和2020年编写的新型活页式、工作手册式校本教材《机械设计基础》的基础上加以完善的：针对课程内容进行系统化、规范化和体系化设计；以主教材为核心，构建了由主体教材、自主学习手册、助学系统、助教系统和教材网站5部分组成的"五位一体"新模式教材。

主体教材的内容结合最新版本的机械设计手册整合课程内容，以多个学习性任务为载体，通过项目导向、任务驱动等多种情境化的表现形式，突出过程性知识，引导学生学习相关知识，获得设计经验、诀窍、实用技术、设计规范等与岗位能力直接相关的知识和技能，使其知道在实际岗位工作中"如何做""如何做会做得更好"。同时基于机械设计知识逻辑和工作过程导向要求，安排了"机器与机构认知""执行机构设计""传动机构设计""支撑件设计""连接件设计"5个项目，每个项目设置有具体的设计任务，共15个设计任务。

➤ 坚定历史自信、文化自信，坚持古为今用、推陈出新。借鉴我国古代制造业设计优秀传统思想，继承与发展相结合，提高装备制造业设计水平，贯彻制造强国战略。

➤ 坚持理论与实践相结合，实践没有止境，理论创新也没有止境。理论指导实践，成功的实践积累将反过来促进机械设计理论进一步发展。

➤ 培育创新文化，弘扬科学家精神，涵养优良学风，营造创新氛围。启发学生动手、动脑、多看，做到"举一反三、触类旁通"，勇于实践、敢于创新。

本教材通过理念和模式创新形成了以下特点和创新点：

➤ 基于岗位知识需求，系统化、规范化地构建课程体系和教材内容。

➤ 通过教材"五位一体"表现模式及教、学、做之间的引导和转换，强化学生"学中做、做中学"训练，潜移默化地提升岗位管理能力。

➢ 任务驱动式的教学设计，强调互动式学习、训练激发学生的学习兴趣和动手能力，快速有效地完成将知识内化为技能。

➢ 针对学生的群体特征，以可视化内容为主，通过图示、图片、逻辑图等形式展现学习内容，降低学习难度，培养学生的兴趣和信心，提高学生自主学习的效率和效果。

➢ 注重职业素养的培养，强化立德树人，通过操作规范、安全操作、职业标准、环保意识、人文关爱等知识的有机融合，提高学生的职业素养和道德水平。

本教材由威海职业学院教材编写委员会机电学院专委会负责对教材的系统策划、编写提纲审定和编写过程总把关，并对书稿内容进行多次认真审阅，针对理念贯彻、框架结构、内容选取、编写体例、语言文字等细节问题提出了许多明确的修改指导意见，并几易其稿，方才最终定稿。

本教材由威海职业学院、陕西铁路工程职业技术学院、山东交通技师学院的机械设计与制造、数控技术、机械制造与自动化等专业教师合作完成。刘慧、宋守彩、解美婷作为本教材主编人员与陕西铁路工程职业技术学院李秋全、山东交通技师学院刘涛等共同研讨了教材结构设计、内容选取和呈现形式等。刘慧编写了项目一；宋守彩、解美婷、郭爱荣编写了项目二和项目三；刘慧、宋守彩、张斌玉编写了项目四；于筱颖、卢延芳、张彩霞等编写了项目五。陕西铁路工程职业技术学院李秋全，威海职业学院李更新、宋守彩，山东交通技师学院刘涛完成最后统稿。特别感谢山东国风风电设备有限公司总工程师欧振玉在教材编写过程中给予的大力支持与帮助。

本教材在编写过程中得到了威海天诺数控有限公司、威海广泰空港有限公司、山东国风风电设备有限公司等企业的大力支持。在编写过程中分别参考了黄瑗昶、刘慧、牟红霞、张建中、孟玲琴、王志伟等老师编写的相关教材内容。在此，对给予支持的相关作者表示感谢！

本教材在编写理念、结构、内容、体例等方面进行了大胆的探索和创新，但难免存在一些不足、缺陷甚至错误，希望广大读者对此提出批评或改进建议。

本教材适应于实行行动导向教学模式的高职院校专业教学、企业工程技术人员培训以及具有一定机械基础、机械制图、工程材料等基础知识的学习者。

编　者

AR 内容资源获取说明

Step1　扫描下方二维码，下载安装"4D 书城"App；

Step2　打开"4D 书城"App，点击菜单栏中间的扫码图标 ，再次扫描二维码下载本书；

Step3　在"书架"上找到本书并打开，点击电子书页面的资源按钮或者点击电子书左下角的扫码图标  扫描实体书的页面，即可获取本书 AR 内容资源！

目　　录

项目一 机器与机构认知

项目导读 >>>

随着社会生产力的不断提高，在现代生产和日常生活中，机械已成为代替或减轻人类劳动、提高劳动生产率的重要手段。使用机械的水平，即机械化程度的高低，是衡量一个国家现代化程度的重要标志。同时，不论是集中进行的大量生产，还是多品种、小批量生产，都只有使用机械才便于实现产品的标准化、系列化和通用化，实现产品生产的高度机械化、电气化和自动化，因此设计、制造和广泛使用各种各样的机械是促进国民经济发展、加速我国社会主义现代化建设的重要内容。

大国工匠 – 孙家栋

机械的种类很多，如汽车、数控机床、挖掘机和3D打印机等，如图1-1所示。那么为什么要研究机械？因为机械能承担人力所不能或者不便进行的工作，同时机械能极大地提高劳动生产率、改进生产质量，能大规模地生产，实现高速自动化。

机械包括机器和机构。

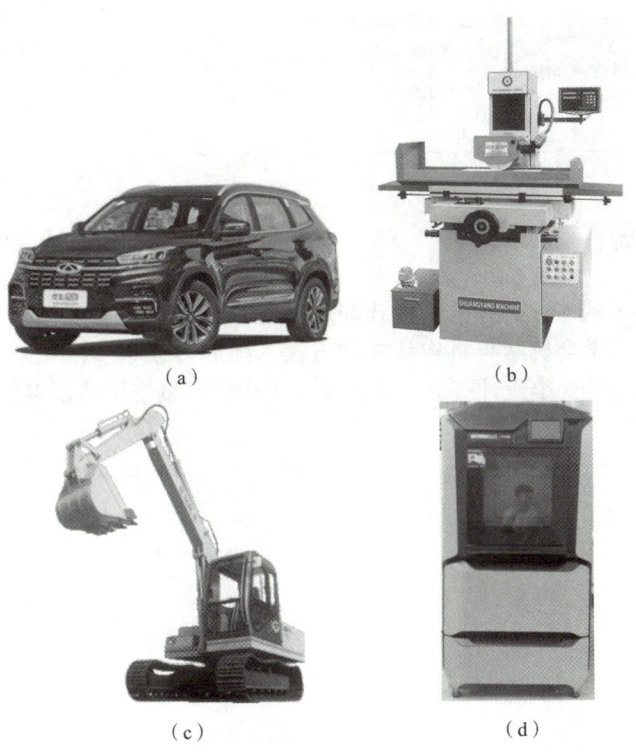

（a）

（b）

（c）

（d）

图 1-1 机械

（a）汽车；（b）机床；（c）挖掘机；（d）3D 打印机

机器与机构主要分为两部分学习内容，如下所示。

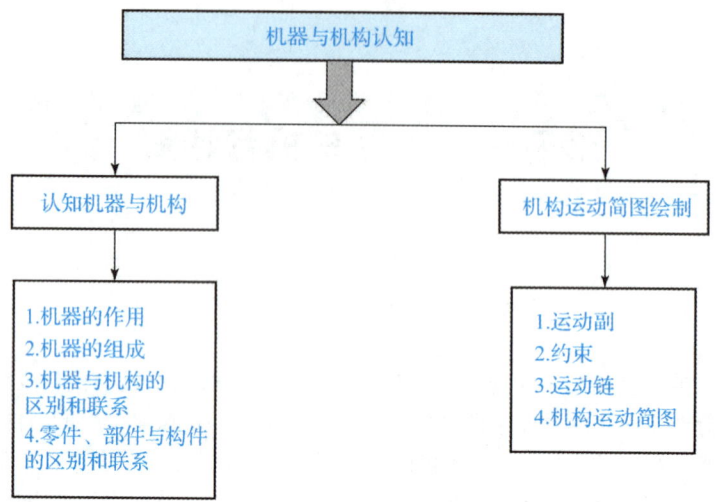

 **项目学习目标**

知识目标	能力目标	素质目标
1. 了解机器的功能 2. 掌握机器的组成 3. 熟悉机器与机构的区别和联系 4. 熟悉构件与零件、部件之间的关系	1. 能够分析机器的功能 2. 能够分析机器的结构组成 3. 能够区分机器与机构 4. 能够区分构件与零件、部件	1. 通过分析机器的功能与组成，培养分析问题的能力 2. 通过区分机器与机构，培养辨识事物的能力 3. 培养学生团队协作意识

 **项目任务实施**

　　本项目所选的学习载体为典型机器带式输送机和单缸内燃机，通过对两种典型机器的结构和工作原理进行分析，学会机器与机构认知的方法，随后可以举一反三地学习其他不同类型机器的认知方法。本项目分两个设计任务，按照基于工作过程系统化的步骤实施。

工作任务

通过对典型机器带式输送机和单缸内燃机的结构、工作原理和类型进行介绍，掌握机器、机构、构件和零件的知识概念，并在此基础上总结出机器与机构的整体性概念，以及机器与机构的异同等关于机械的综合性知识，为后面各项目学习任务的完成奠定基础。

任务目标

知识目标	能力目标	素质目标
1. 了解机器的作用 2. 掌握机器的主要组成 3. 掌握机器与机构的区别和联系 4. 熟悉构件与零件、部件的区别和联系	1. 能够分析带式输送机和单缸内燃机的工作过程 2. 通过分析带式输送机和单缸内燃机的结构，能够正确分析机器的主要组成部分 3. 能够正确辨析机器与机构，辨识构件与零件、部件	1. 通过小组讨论学习，培养团队合作精神 2. 通过大国重器视频观看，感受技能报国的荣誉感和使命感

相关知识

一、机器的作用

从组成及运动学方面来看，机器是若干个人为实物的组合，各运动实物之间具有确定的相对运动，可以代替或减轻人们的劳动，能够实现能量转换或完成有用的机械功。常见的机器有变换能量的机器、变换物料的机器和变换信息的机器等，其类型及应用见表1-1-1。

表1-1-1 常见机器的类型及应用

类型	应用举例
变换能量的机器	电动机、内燃机（包括汽油机、柴油机）等
变换物料的机器	机床、起重机、电动缝纫机、运输车辆等
变换信息的机器	打印机、扫描仪等

二、机器的组成

机器的种类多种多样，组成大致相同，主要由动力部分、传动部分、执行部分和控制部分组成，当然，机器的组成也离不开辅助部分。机器各组成部分的作用和应用举例见表1-1-2。

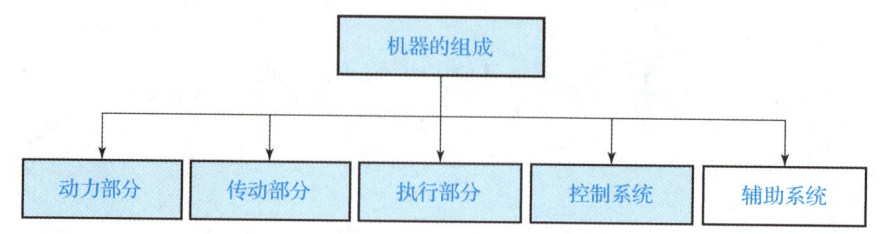

机器的组成

↓ 动力部分　↓ 传动部分　↓ 执行部分　↓ 控制系统　↓ 辅助系统

表 1 – 1 – 2　机器各组成部分的作用和应用举例

组成部分	作用	应用举例
动力部分	把其他形式的能量转换为机械能，以驱动机器各部件运动	电动机、内燃机、蒸汽机和空气压缩机等
传动部分	将原动机的运动和动力传递给执行部分的中间环节	金属切削机床中的带传动、螺旋传动、齿轮传动和连杆机构等
执行部分	直接完成机器工作的部分，处于整个传动装置的终端，其结构形式取决于机器的用途	金属切削机床的主轴、滑板等
控制部分	显示和反映机器的运行位置和状态，控制机器正常运行和工作	机电一体化产品（例如数控机床、机器人）中的控制装置等

任务实施

步骤一　认识带式输送机的结构

相关知识

　　带式输送机作为连续运输机械已经广泛应用于码头、煤矿、冶金、粮食、造纸等行业，其作用是将驱动装置提供的扭矩传到输送带上，并利用带的静摩擦力来传送物料。带式输送机主要由电动机、带传动、减速器、联轴器、卷筒和输送带组成，如图 1 – 1 – 1 所示。

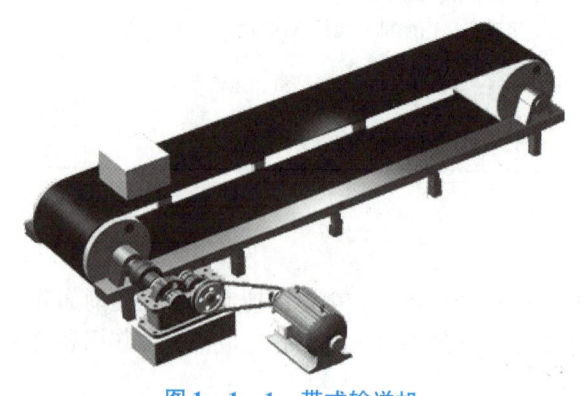

图 1 – 1 – 1　带式输送机

一、电动机

电动机属于机器中的动力部分，是机器的动力来源，它的作用是将电能转变为机械能。三相异步电动机如图1-1-2所示。

图1-1-2　三相异步电动机

二、带传动

带传动属于机器中的传动部分，按工作要求可将动力部分的运动和动力传递给工作部分的中间环节。带传动属于常用机械传动中应用很广泛的传动形式之一，一般分为摩擦带传动（见图1-1-3）和啮合带传动（见图1-1-4）。

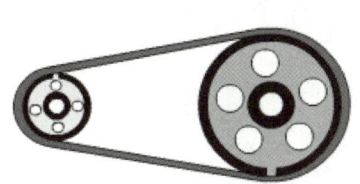

图1-1-3　摩擦带传动

图1-1-4　啮合带传动

三、减速器

减速器是机械传动中的部件，是原动机与工作机之间的减速传动装置，起到降低转速和增大转矩的作用，如图1-1-5所示。

四、联轴器

联轴器是机械传动中的常用部件，用来连接两根轴使之一同回转并传递转矩，有时也可用作安全装置。用联轴器连接的两根轴，只有在机器停止运转并经过拆卸后才能把它们分离，如图1-1-6所示。

图1-1-5　单级圆柱齿轮减速器

图1-1-6　联轴器

这里涉及的部件是指为完成同一工作在结构上组合在一起（可拆或不可拆）并协同工作的零件的组合，如减速器和联轴器就是带式输送机中的部件。

五、卷筒和输送带

卷筒和输送带是机器中的执行部分，是直接实现带式输送机的功能、完成生产任务的重要部分。

 **做一做**

（1）结合图1-1-1，分析带式输送机主要由哪些组成部分，并分析各组成部分之间有什么样的装配关系。

（2）简述带式输送机的工作原理。

步骤二　认识单缸内燃机的结构

 **想一想**

你熟悉内燃机吗？内燃机有哪些分类？

相关知识

一、内燃机的作用

内燃机是能够把热能转换成机械能的一种常用设备，主要应用在机器中，日常生活中见到的飞机、汽车、拖拉机等都应用了内燃机设备。内燃机的种类多样，根据使用的燃料不同，内燃机可分为汽油内燃机和柴油内燃机两种，图1-1-7所示为汽油内燃机。根据气缸的数目不同，内燃机又可分为单缸内燃机和多缸内燃机。本任务主要以单缸内燃机为例进行分析。

图1-1-7　单缸四冲程内燃机

1—大齿轮；2—曲轴；3—连杆；4—顶杆；5—活塞；6—进气阀；
7—排气阀；8—气缸体；9—凸轮；10—小齿轮

 自主学习

同学们通过线上查阅中国内燃机之父——史绍熙的人生历程。

想一想

内燃机中的往复运动和旋转运动是依靠哪些机构实现的?

二、单缸内燃机的机构和零件（见图 1－1－7）

单缸四冲程内燃机中包含曲柄滑块机构、凸轮机构和齿轮传动机构。

（一）曲柄滑块机构

曲柄滑块机构为机器中的执行部分，它把活塞的往复直线运动变成曲轴的整周转动而对外做功，也可将曲轴的整周转动变成活塞的往复直线运动，如图 1－1－8 所示。

（二）凸轮机构

内燃机中的凸轮机构为机器的执行部分，其功用是控制气门的开启与关闭，如图 1－1－9 所示。它的运动形式是由旋转运动变成直线移动。

图 1－1－8　内燃机中的曲柄滑块机构

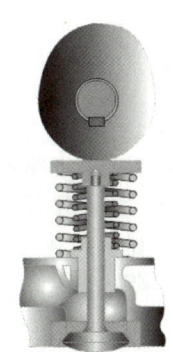

图 1－1－9　内燃机中的凸轮机构

机器中常用的机构还有平面连杆机构、螺旋机构和间歇运动机构等。另外，还有组合机构。

（三）齿轮传动机构

内燃机中的齿轮传动机构为机器的传动部分，它主要由主动齿轮、从动齿轮和机架等组成，如图 1－1－10 所示。齿轮传动属于啮合传动，它的作用是传递回转运动。

机器中常用的机械传动还有带传动、链传动、蜗杆传动和轮系传动等。另外，还有组合传动机构。一部机器，特别是自动化机器，要实现较为复杂的运动过程，往往需要将多种传动机构组合起来。

（四）单缸内燃机中的构件与零件

1. 构件

能做相对运动的物体称为构件，构件是具有特定运动的运动单元。在内燃机中，活塞与气缸、活塞与连杆以及连杆与曲轴都能够做相对运动，因此它们都称为构件。构件可以是单一的整体，如图 1－1－11 所示的曲轴。

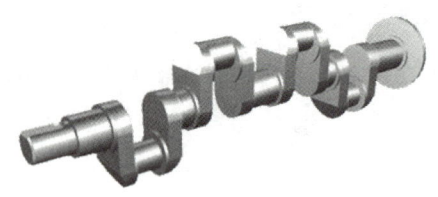

图 1 - 1 - 10　内燃机中的齿轮传动　　　　图 1 - 1 - 11　曲轴

　　构件也可以是若干个零件的刚性组合体，如图 1 - 1 - 12 所示的连杆就是由连杆体 1、连杆盖 2 和螺栓 3 等几个零件组成的，这些零件形成一个整体而进行运动，所以我们把构件称为运动单元。

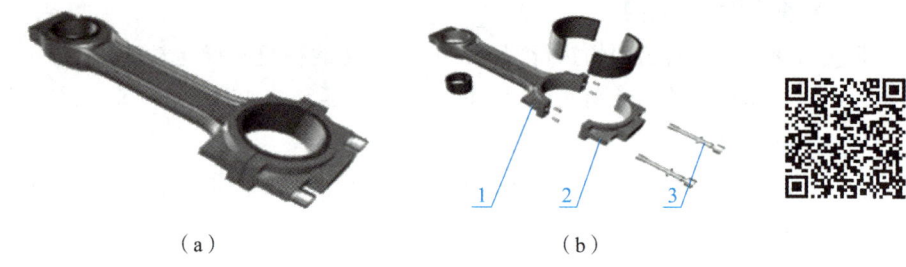

（a）　　　　　　　　　　　　　　　　（b）

图 1 - 1 - 12　连杆及其分解图
1—连杆；2—连杆盖；3—螺栓

2. 零件

　　组成机器的不可拆的基本单元称为机械零件（简称零件）。零件是机械加工的最小单元体，通常把它称为制造单元。零件分为两类：一类为通用零件，它在各种机器中都能看到，如图 1 - 1 - 13 所示的齿轮、螺钉、轴、弹簧等；另一类为专用零件，它只出现于某些机器中，如图 1 - 1 - 14 所示内燃机的活塞、涡轮叶片等。

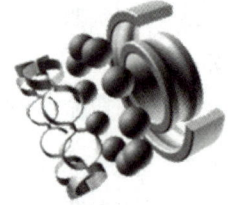

图 1 - 1 - 13　通用零件　　　　　　　　图 1 - 1 - 14　专用零件

3. 部件

　　部件是为完成同一工作，由若干个零件组成的协同工作组合体。构件与部件的区别就在于各组成零件之间是否有相对运动。图 1 - 1 - 15 所示为轴承部件。

做一做

图 1 - 1 - 15　轴承部件

　　结合图 1 - 1 - 7，简述单缸内燃机的工作过程，分析单缸内燃机主要有哪些组成部分及各组成部分之间有什么样的装配关系。

步骤三　分析机器与机构

 想一想

你们都见过哪些机器？又是如何区分机器和机构的？

如图 1-1-1 所示带式输送机，由电动机、带传动、减速器、滚筒和输送带等组成，电动机通过带传动和减速器带动滚筒转动，使输送带工作，其是把电能转换成机械能的典型实例。

如图 1-1-7 所示单缸内燃机，其主要由气缸体、活塞、进气阀、排气阀、连杆、曲轴、凸轮、顶杆、齿轮等组成，通过燃气在气缸内吸气—压缩—做功—排气四个冲程，使其燃烧的热能转变为曲轴转动的机械能。

由以上两个例子可以归纳出：机器的种类繁多，结构型式和用途也各不相同，但总的来说机器有三个共同的特征：

（1）都是人为的实物组合；

（2）各部分形成运动单元，各单元之间具有确定的相对运动；

（3）能实现能量转换或完成有用的机械功。

仅具备前两个特征的称为机构。机构是多个实物的组合，能实现预期的机械运动。机器是由机构组成的，一部机器可以包含几个机构，也可以只包含一个机构。

机器和机构的特征如图 1-1-16 所示。

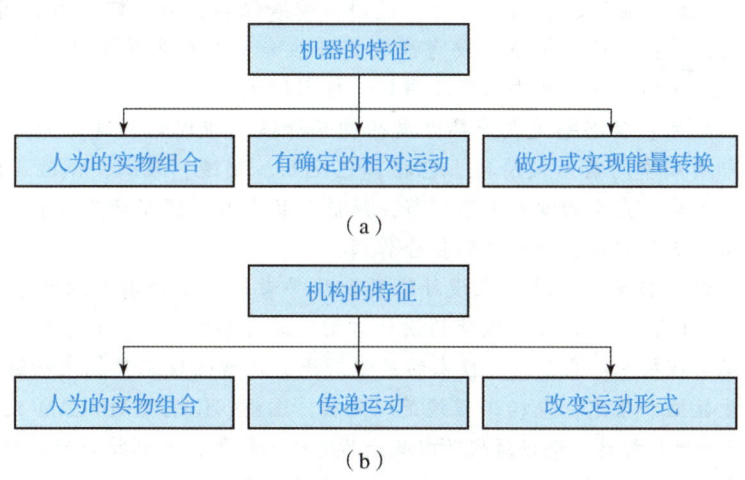

图 1-1-16　机器和机构的特征

> **提示：**
> 机器运转时，如果你走近机器或者操作机器，请一定严格遵守安全操作规范，不好奇、不猎奇，不得擅自乱动任何开关、按钮等，不懂的地方向老师或师傅们请教。

 任务评价

本任务配分权重表

序号	内容	分值/分	得分	备注
1	步骤一　认识带式输送机的结构	30		
2	步骤二　认识单缸内燃机的结构	20		
3	步骤三　分析机器与机构	50		

 技能训练

 做一做

（1）结合任务1.1，分析归纳机器与机构、构件与零件及部件本质上的区别与联系。

（2）分小组选择一台机器，比如车床、磨床或者汽车等，分析所选机器的组成及功能。

★ 新视野

全寿命周期设计技术

要求设计产品时不仅要考虑产品的功能和结构，而且要设计产品的全寿命周期，也就是要设计产品从规划、设计、制造、营销、运行、使用、维修保养，直到回收再利用处置的全过程。全寿命周期设计意味着：在设计阶段就要考虑到产品生命历程的所有环节，以求产品全寿命周期设计的综合优化。这项内容具体由以下三种设计技术组成：

（1）并行设计技术：其思想是在产品开发的初始阶段，即规划和设计阶段，就以并行的方式综合考虑其生命周期中所有后续阶段，包括工艺规划、制造、装配、试验、检验、营销、运输、使用、维修、保养，直至回收处置等环节，降低产品成本，提高产品质量。其基本特征是集成性，反映了产品全寿命周期各环节间的耦合作用。

（2）面向制造的新技术：该技术在设计阶段就尽早考虑与制造有关的约束，全面评价和及时改进产品设计，可以得到综合目标较优的设计方案，并可争取产品设计和制造的一次性成功。

（3）产品数据管理技术：它是设计技术的关键，能有效地管理在产品生命链各环节中产生的或者所需要的大量数据和信息，包括工程规范、文档、图纸、CAE/CAD/CAM文件、产品结构模型、产品设计结果、产品订单、供应商状况以及产品工作流程等，做到将正确的数据或信息在适当时间传递到正确的位置或传递给相应的人，这是产品全寿命周期数据管理技术研究的根本内容。

 巩固与拓展

一、知识脉络

对照本任务知识脉络图，梳理自己所掌握的知识体系，并与同学相互交流、研讨个人对机器与机构知识点或技能技巧的理解。

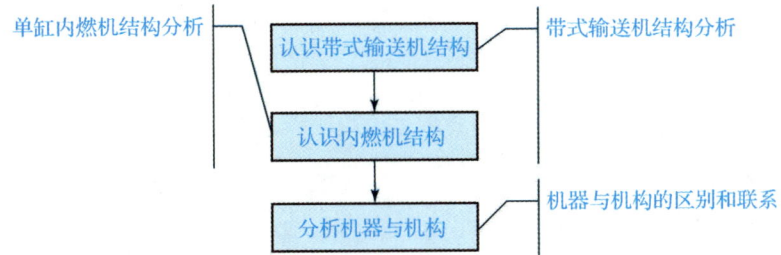

二、拓展任务

（1）根据任务1.1的工作步骤及方法，利用所学知识，自主完成自主学习手册中的拓展任务。

（2）查阅现代机器的相关知识，谈谈自己对现代机器特征的理解。

 自我分析与总结

学生改错	学生学会的内容

学生总结：

习题巩固

1. 名词解释：机器、机构、构件、零件。

2. 机器与机构有何区别?

任务1.2 平面机构运动简图绘制

工作任务

在前面我们知道，机构是由构件组成的，各构件之间具有确定的相对运动。实际构件的外形和结构往往很复杂，然而对机构进行分析和综合时，并不需要了解机构的真实外形和具体结构，只需要简明地表达机构的传动原理即可，即用简单的线条和符号画出图形来，以便进行方案讨论及运动、受力分析。这种用规定的线条与符号表示构件和运动副，来表达各构件间相对运动关系的简图称为机构运动简图。本任务就是绘制图 1-1-7 单缸内燃机机构的运动简图。

任务目标

知识目标	能力目标	素质目标
1. 了解运动副的概念及表达 2. 理解自由度和运动副约束 3. 掌握平面机构运动简图的绘制内容和方法	1. 能够辨识运动副的类型 2. 能够分析运动副约束 3. 能够按照机构运动简图绘制内容和方法，正确绘制机器的运动简图	1. 通过各种运动副分析，增强学生的思辨能力 2. 通过绘制机构运动简图，培养学生的空间想象力和严谨、精细的分析能力

任务实施

步骤一 认识运动副

相关知识

一、运动副概念

运动副是两构件直接接触而又能产生一定形式的相对运动的连接。

二、运动副分类

（1）根据两构件之间的相对运动，运动副可分为平面运动副和空间运动副，如图 1-2-1 和图 1-2-2 所示。

（2）根据两构件之间接触情况分类，运动副可分为低副和高副。

图 1-2-1 平面运动副

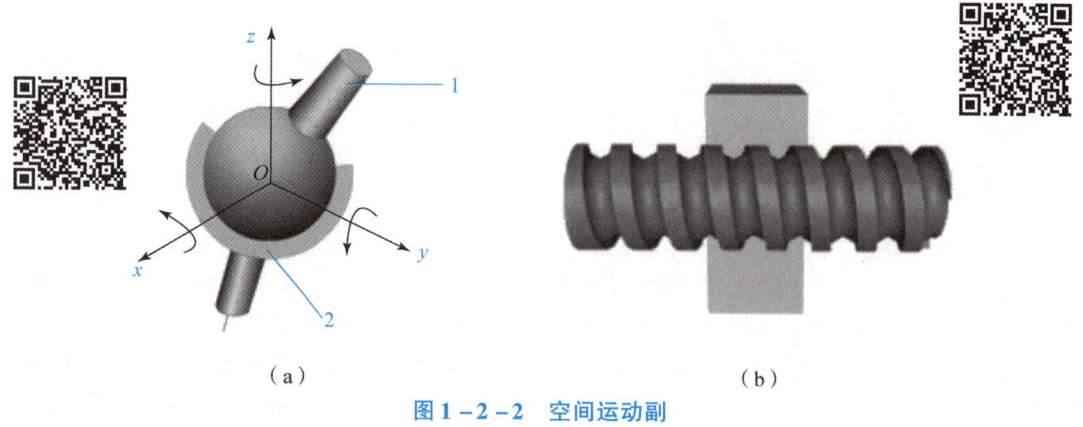

（a）　　　　　　　　　　　　　　　（b）

图 1-2-2　空间运动副

（a）球面副；（b）螺旋副

①低副。

两构件以面接触所形成的运动副称为低副。根据组成低副的两构件间相对运动的形式又可分为两种：

a. 转动副。若组成运动副的两构件间的相对运动为转动，则称这种运动副为转动副，也称铰链。如图 1-2-3 所示，轴承 1 相对于轴颈 2，只能允许轴颈绕轴承相对转动，运动副限制了轴颈 2 沿着 x 轴和 y 轴的移动。

b. 移动副。组成运动副两构件间的相对运动为移动，则称这种运动副为移动副，如图 1-2-4 所示，两构件间的相对运动只有沿着 x 轴的移动而没有沿着 y 轴移动和绕着任何其他轴转动。

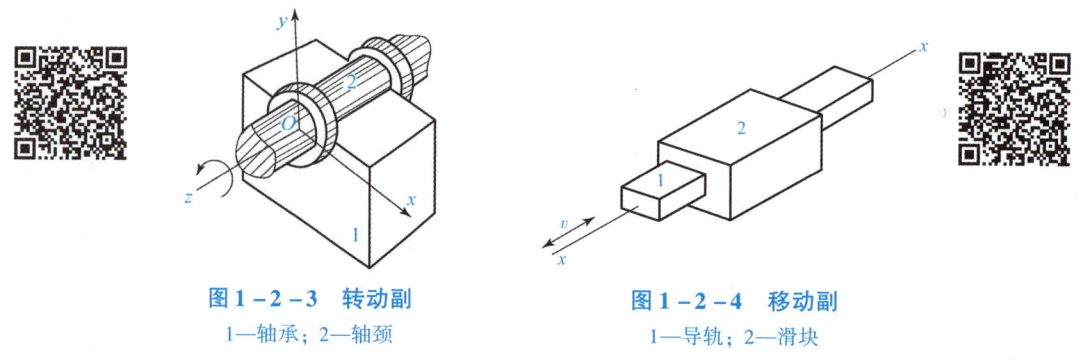

图 1-2-3　转动副

1—轴承；2—轴颈

图 1-2-4　移动副

1—导轨；2—滑块

②高副。

两构件通过点或线接触组成的运动副称为高副。组成高副的两构件间的相对运动为转动兼移动。图 1-2-5 中的凸轮与从动件、图 1-2-6 中的齿轮 1 与齿轮 2 分别在接触处组成高副。组成平面高副两构件间的相对运动是沿着接触处切线 $t-t$ 方向的相对移动和在平面内的相对转动。

（3）自由度和运动副约束。

一个处于空间自由状态的刚体（构件），对于空间直角坐标系来说，具有 6 个独立运动的参数，即沿着三个坐标轴的移动和绕三个坐标轴的转动。而对于一个做平面运动的构件而言，仅用三个独立运动的参数 x、y、α（见图 1-2-7）来描述。人们把构件相对于参考系具有的独立运动参数的数目称为构件的自由度。

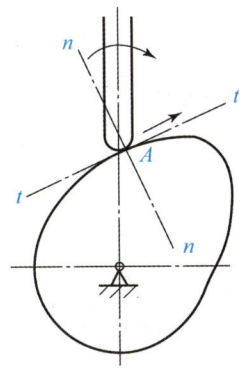

图 1 - 2 - 5　凸轮副

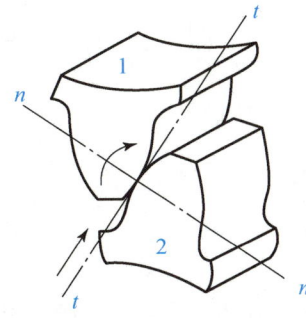

图 1 - 2 - 6　齿轮副

1，2—齿轮

　　两个构件通过运动副连接以后，相对运动受到限制。运动副对成副的两构件间的相对运动所加的限制称为约束。引入一个约束条件将减少一个自由度，而约束的多少及约束的特点取决于运动副的形式。

　　如图 1 - 2 - 3 所示的转动副限制了轴颈 2 沿 x 轴和 y 轴的移动，只允许轴颈绕轴承相对转动。转动副引入了 2 个约束，保留了 1 个自由度。

　　如图 1 - 2 - 4 所示的移动副，构件之间只能沿着 x 轴做相对移动，这种沿一个方向做相对移动的运动副也具有 2 个约束，保留了 1 个自由度。

　　如图 1 - 2 - 5 所示的凸轮高副中，构件 2 相对于构件 1 既可沿接触点处切线 $t - t$ 方向移动，又可绕接触点 A 转动。运动副保留了 2 个自由度，带进了 1 个约束。

　　（4）运动链和机构。

　　两个以上的构件以运动副连接而成的系统称为运动链。未构成首末相连的封闭环的运动链称为开链［见图 1 - 2 - 8（a）］，否则称为闭链［见图 1 - 2 - 8（b）］。在运动链中取 1 个构件加以固定（称为机架），当另一个构件（或少数几个构件）按给定的规律独立运动时，其余构件均随之做一定的运动，如果各构件之间具有确定的相对运动，则这种运动链就称为机构。机构中输入运动的构件称为原动件，其余的可动构件则称为从动件。由此可见，机构是由原动件、从动件和机架三部分构成的。

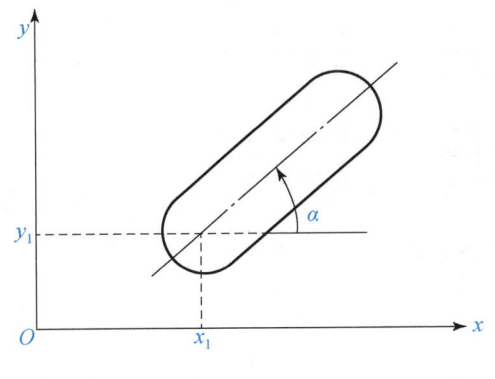

图 1 - 2 - 7　平面机构的自由度

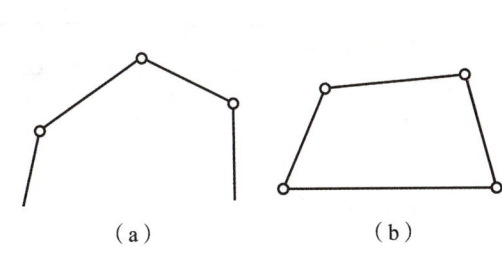

（a）　　　　　（b）

图 1 - 2 - 8　运动链

步骤二 分析运动副及其构件表示方法

 相关知识

一、构件

构件均用线段或小方块来表示，画有斜线的表示机架。

二、转动副

两构件组成转动副时，其表示方法如图1-2-9所示。图面垂直于回转轴线时用图1-2-9（a）表示，图面不垂直于回转轴线时用图1-2-9（b）表示。表示转动副的圆圈，其圆心必须与回转轴线重合。若一个构件具有多个转动副，则在两条线交接处涂黑，或在其内画上斜线，如图1-2-9（c）所示。

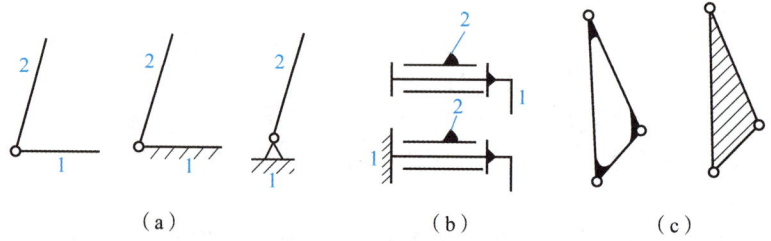

图1-2-9 转动副的表示方法

三、移动副

两构件组成移动副的表示方法如图1-2-10所示，移动副的导路必须与相对移动方向一致。图1-2-10中画阴影线的构件表示机架。

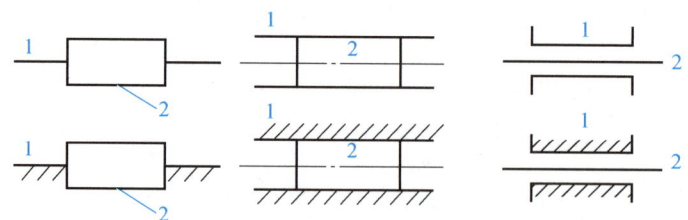

图1-2-10 移动副的表示方法

四、平面高副

两构件组成平面高副时，其运动简图中应画出两构件接触处的曲线轮廓。对于凸轮、滚子，习惯上画出其全部轮廓，如图1-2-11（a）所示；对于齿轮，常用点画线画出其节圆，如图1-2-11（b）所示。

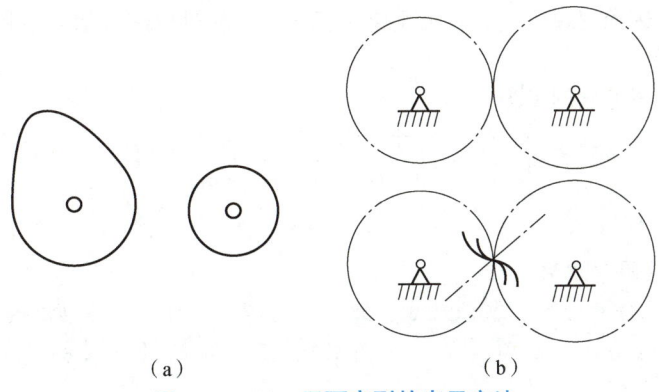

（a）　　　　　　　　（b）

图 1－2－11　平面高副的表示方法

步骤三　绘制平面机构运动简图的步骤

机构运动简图中一般应包括下列内容：

（1）构件数目；

（2）运动副的数目和类型；

（3）构件之间的连接关系；

（4）与运动变换相关的构件尺寸参数；

（5）原动件及其运动特性。

 **想一想**

同学们思考：机构运动简图与机构示意图有什么样的区别呢？

在绘制机构运动简图时，应当弄清楚机构的实际结构和运动传递情况。为此，需首先确定原动部分和工作部分，再沿运动传递路线弄清运动关系，从而确定构件数目、运动副的类型和数目。绘制机构运动简图可按以下步骤进行。

一、分析机构的结构和运动情况

分析机构的结构和运动传递情况，找出机架、原动件和从动件。从原动件开始，沿传动线路分析各构件的相对运动情况，确定运动关系。

二、确定构件数目、运动副的类型和数目

计算出构件数目，分析构件间的连接关系，确定运动副的类型和数目。

三、测量运动尺寸

测量运动尺寸，即测量出机构运动副间的相对位置尺寸。对于杆件，即测量出构件的长度。

四、选取视图平面

对于平面机构，取构件运动平面作为视图平面。

五、绘制机构运动简图

选择适当的比例尺，定出各运动副之间的相对位置，并用简单的线条和规定的符号画出机

构运动简图。图中各运动副顺序以大写英文字母标出，各构件以阿拉伯数字标出，并将主动件的运动方向用箭头标明。

绘制机构运动简图的比例尺为

$$\mu_1 = \frac{\text{运动尺寸的实际长度}(\text{m 或 mm})}{\text{图上所画的长度}(\text{mm})}$$

步骤四　绘制单缸内燃机运动简图

由图 1-1-7 可知，壳体及气缸体 8 是机架，缸内活塞 5 是原动件。活塞与气缸体构成移动副，活塞 5 与连杆 3 相对转动构成转动副；运动通过连杆 3 传给曲轴 2，连杆 3 与曲轴 2 构成转动副；曲轴 2 将运动通过与之相连的小齿轮 10 传给大齿轮 1，大、小齿轮与机架构成转动副；滚子将运动传给顶杆 4，大、小齿轮之间及凸轮与平底之间都构成高副；滚子与顶杆 4 构成转动副；顶杆 4 与机架构成移动副。

选择适当的比例尺，按照规定的线条和符号绘出该机构的运动简图，如图 1-2-12 所示，图中构件 5 是原动件。

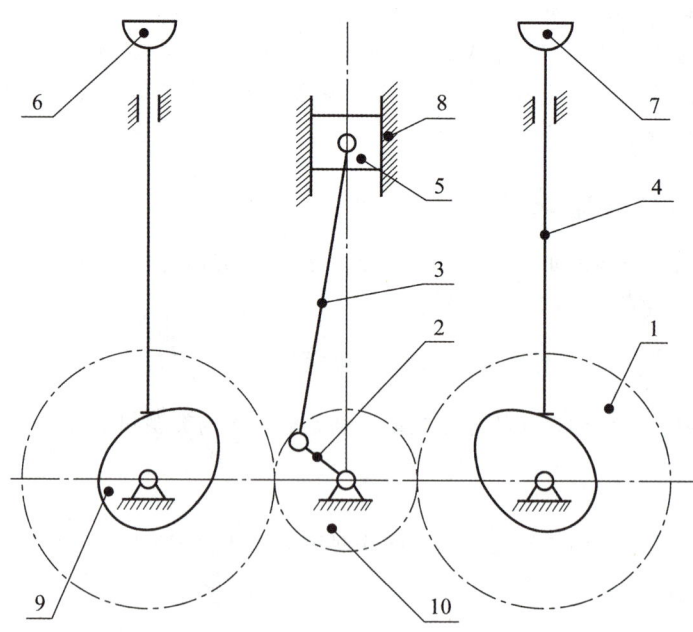

图 1-2-12　内燃机的机构运动简图

本任务配分权重表

序号	内容	分值/分	得分	备注
1	步骤一　认识运动副	10		
2	步骤二　分析平面机构运动简图	20		
3	步骤三　绘制平面机构运动简图的步骤	20		
4	步骤四　绘制单缸内燃机运动简图	50		

技能训练

做一做

请同学们分小组，按照上述设计步骤绘制出图 1-1-1 所示带式输送机的运动简图。

★新视野

机械设计的基本要求

机械设计应满足以下几方面的基本要求：

（1）实现预定功能。

设计的机器能实现预定的功能，并在规定的工作条件和规定的期限内正常运行。

（2）满足可靠性要求。

机器由许多零、部件组成，其可靠度取决于零、部件的可靠度。机械系统的零、部件越多，其可靠度也就越低，因此在设计机器时应尽量减少零、部件数目。

（3）满足经济性要求。

经济性指标是一项综合性指标，要求设计及制造成本要低、机器生产率高、能源和材料消耗少、维护及管理费用低等。

（4）操作方便、工作安全。

操作系统要简便可靠，有利于减轻操作人员的劳动强度，要有各种保险装置，以消除由于误操作而引起的危险，避免人身及设备事故的发生。

（5）造型美观、环保。

机械产品的造型直接影响到产品的销售和竞争力，在当前机械设计中是一个不容忽视的环节，还要尽可能地降低噪声，减轻对环境的污染。

对不同用途的机器还可能提出一些其他的要求，如巨型机器有起重、运输的要求，生产食品的机器有保持清洁和不污染环境的要求等。

巩固与拓展

一、知识脉络

对照本任务知识脉络图，梳理自己所掌握的知识体系，并与同学相互交流、研讨个人对机器与机构知识点或技能技巧的理解。

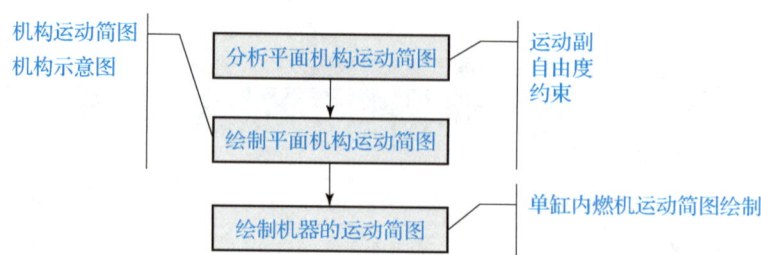

二、拓展任务

（1）根据任务 1.1 的工作步骤及方法，利用所学知识，自主完成自主学习手册中的拓展任务。

（2）查阅现代机器的相关知识，谈谈自己对现代机器特征的理解。

 自我分析与总结

学生改错	学生学会的内容

学生总结：

习题巩固

1. 什么叫运动副？运动副分为哪几类？
2. 机构运动简图有什么作用？如何绘制机构运动简图？
3. 绘出题3图所示颚式破碎机机构的运动简图。

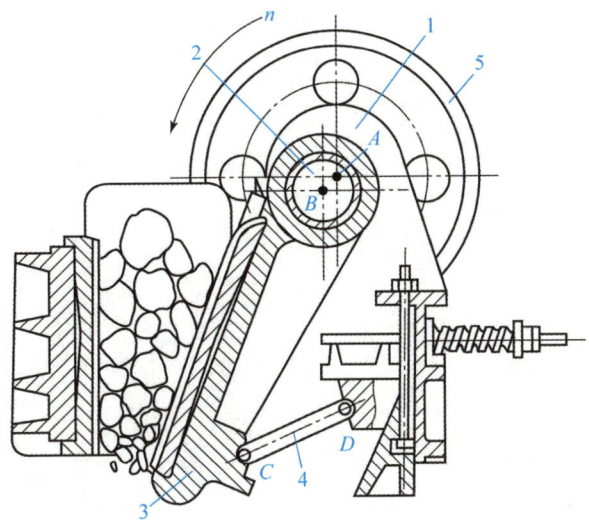

题 3 图　颚式破碎机
1—机架；2—偏心轮；3—动颚板；4—摇杆；5—飞轮

项目二 执行机构设计

 项目导读 ▶▶▶

执行机构属于一部机器的执行系统部分，其功能是驱动执行构件按给定的运动规律运动，实现预期的工作。执行机构一般位于机器的末端，直接与工作对象接触。执行系统可以包括一个或多个执行机构。日常生活中，机器执行机构有多种类型，比如飞机起落架中平面连杆机构、内燃机进排气机构等，如图 2 – 1 所示。因此，分析执行机构的基本类型、工作特性及设计方法等是本项目的学习重点。

执行机构设计主要分为三部分内容，如下所示。

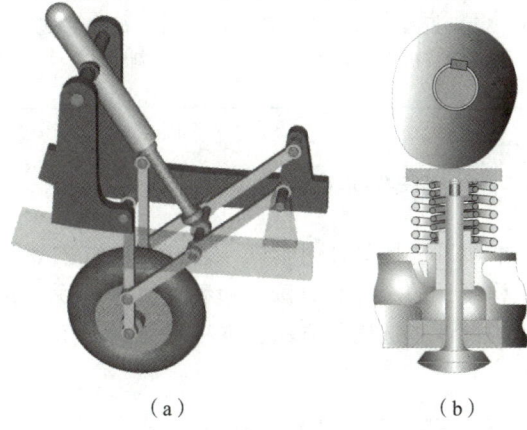

（a）　　　　　　　　（b）

图 2 – 1　机器中的执行机构

（a）飞机起落架；（b）内燃机排气机构

大国工匠张宗伟

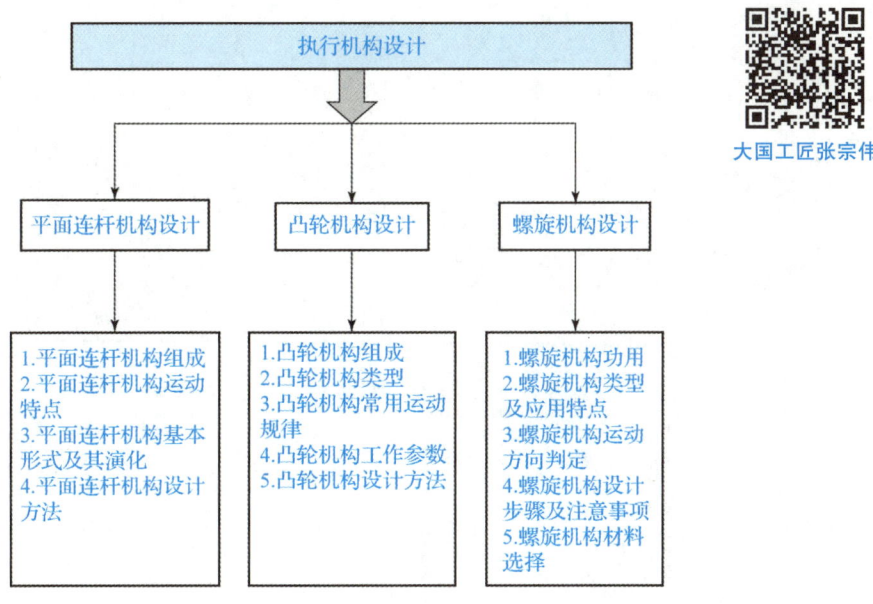

执行机构设计

平面连杆机构设计

1.平面连杆机构组成
2.平面连杆机构运动特点
3.平面连杆机构基本形式及其演化
4.平面连杆机构设计方法

凸轮机构设计

1.凸轮机构组成
2.凸轮机构类型
3.凸轮机构常用运动规律
4.凸轮机构工作参数
5.凸轮机构设计方法

螺旋机构设计

1.螺旋机构功用
2.螺旋机构类型及应用特点
3.螺旋机构运动方向判定
4.螺旋机构设计步骤及注意事项
5.螺旋机构材料选择

 **项目学习目标**

知识目标	能力目标	素质目标
1. 掌握平面四杆机构的类型、特性和运动分析 2. 掌握平面四杆机构的受力分析和运动设计 3. 熟悉平面四杆机构的演化方法 4. 掌握凸轮机构的分类与应用 5. 熟悉常用从动件运动规律及特点 6. 熟悉解析法设计凸轮轮廓曲线 7. 掌握螺旋机构的运动分析	1. 能够分析四杆机构的基本形式及特点 2. 能够分析平面四杆机构的基本特性 3. 能够用图解法设计平面四杆机构 4. 懂得"反转法"原理 5. 能够用图解法设计凸轮轮廓曲线 6. 能够进行螺旋机构传动方向的判断	1. 通过执行机构运动分析，培养学生分析和解决问题的能力 2. 通过分析死点现象及应用，学会一分为二看问题 3. 通过执行机构设计，学会设计科学规范的方法和步骤 4. 在小组合作学习中，培养学生团队协作的意识

 项目任务实施

  本项目选择单缸内燃机，通过对单缸内燃机中曲柄滑块机构和凸轮机构的设计，学会执行机构设计的步骤和方法，随后可以举一反三地完成其他不同类型平面四杆机构的设计及螺旋机构设计和选用的方法，本项目分为三个设计任务，按照基于工作过程系统化的步骤实施。

任务2.1 平面连杆机构设计

工作任务

图 2 – 1 – 1 所示为单缸内燃机中的曲柄连杆机构，假如活塞的行程 $h = 150$ mm，导路偏距 $e = 0$，曲柄连杆比（曲柄半径/连杆长度）$\lambda = r/L = 1/3$，试用图解法设计曲柄及连杆的长度。如果导路偏距 $e = 75$ mm，行程速比系数 $K = 1.4$，该机构又该如何设计？

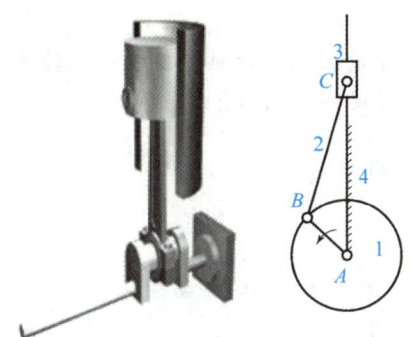

图 2 – 1 – 1 单缸内燃机中的曲柄滑块机构

任务目标

知识目标	能力目标	素质目标
1. 了解平面连杆机构的组成及其运动特点 2. 熟悉平面连杆机构的基本形式和演化形式的应用 3. 理解曲柄、急回运动、死点等特性 4. 掌握平面连杆机构设计的方法及步骤	1. 能够根据杆件长度判定四杆机构的类型 2. 能够辨析典型机构中的四杆机构类型 3. 能够设计计算曲柄连杆机构 4. 能够利用机构特性进行设计计算	1. 通过小组活动，培养团队合作精神 2. 通过机构类型辨识，培养勤于思考和敢于创新的优良作风 3. 通过四杆机构的设计计算，培养严谨精细、一丝不苟的工作态度

相关知识

一、平面连杆机构概述

1. 平面连杆机构

平面连杆机构是由若干个构件通过低副连接而成的机构，又称为平面低副机构。

2. 平面四杆机构

由四个构件通过低副连接而成的平面连杆机构，则称为平面四杆机构，它是平面连杆机构中最常见的形式，也是组成平面多杆机构的基础。

3. 铰链四杆机构

构件之间的连接全部是转动副的四杆机构，称为铰链四杆机构。铰链四杆机构是平面四杆机构的基本形式，其他形式的四杆机构都可看成是在它的基础上通过演化而成的。图 2-1-2 所示为一铰链四杆机构。固定不动的杆 *AD* 为机架；与机架相连的杆 1 和杆 3 称为连架杆，其中能做整周回转的连架杆称为曲柄，只能在小于 360° 的一定范围内摆动的连架杆则称为摇杆；连接两连架杆的杆 4 称为连杆。

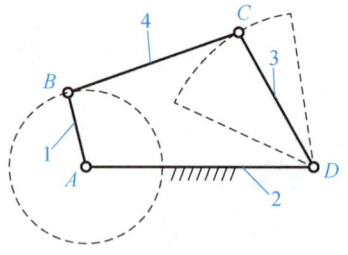

图 2-1-2　铰链四杆机构

1，3—连架杆；2—机架；4—连杆

 **想一想**

根据图 2-1-1 所示内燃机中的曲柄滑块机构及其运动简图，分析该机构是否是四杆机构，以及它与一般的平面四杆机构有何异同。

二、平面连杆机构的运动特点

> **提示：**
>
> 从运动副连接形式上思考平面连杆机构的运动特性。平面连杆机构属于低副连接，即构件之间是面接触形式。

（一）优点

（1）承载能力大，易润滑，不易磨损，易加工，易获得较高的制造精度；

（2）改变杆的相对长度，从动件运动规律不同；

（3）能够实现多种运动轨迹曲线和运动规律。

（二）缺点

（1）产生动载荷，不适合高速运动；

（2）构件和运动副多，累积误差大，运动精度低，效率低；

（3）设计复杂，难以实现精确的运动轨迹。

 **任务实施**

步骤一　认识平面四杆机构

相关知识

一、铰链四杆机构的基本型式

铰链四杆机构中，根据连架杆运动形式的不同，可分为曲柄摇杆机构、双曲柄机构和双摇杆机构三种基本形式。

（一）曲柄摇杆机构

如图 2-1-3 所示的铰链四杆机构中，杆 4 是固定不动的，称为机架。不与机架相连的杆 2 称为连杆。杆 1 和杆 3 分别与机架直接连接，称为连架杆。两连架杆中，杆 1 能绕回转中心 A 做整周回转，称为曲柄；杆 3 不能绕回转中心 D 做整周回转，只能来回摆动一个角度，称为摇杆。这种两连架杆之一为曲柄、另一连架杆为摇杆的铰链四杆机构称为曲柄摇杆机构。

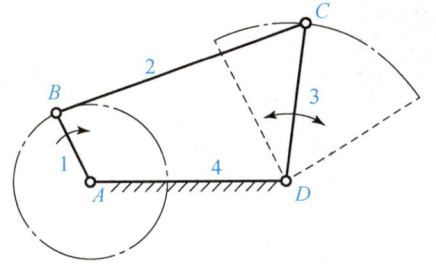

图 2-1-3　曲柄摇杆机构
1—曲柄；2—连杆；3—摇杆；4—机架

曲柄摇杆机构在生产中的应用是很广泛的，如图 2-1-4（a）所示搅拌器机构和图 2-1-4（b）所示雷达天线机构均是曲柄摇杆机构的实际应用。

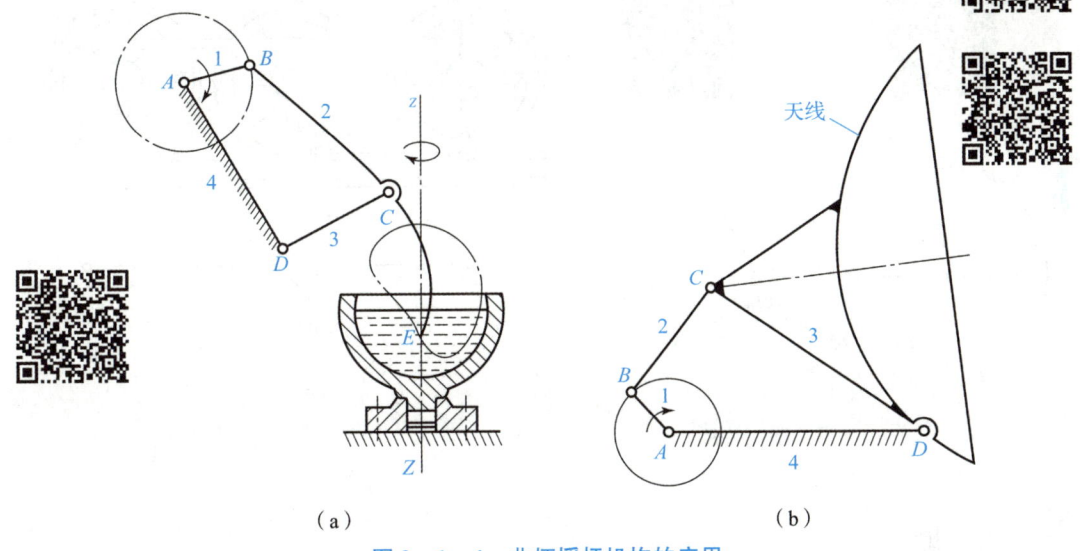

（a）　　　　　　　　　　　　　　　　（b）

图 2-1-4　曲柄摇杆机构的应用
（a）搅拌器机构；（b）雷达天线机构
1—曲柄；2—连杆；3—摇杆；4—机架

 **想一想**

你还能举出哪些曲柄摇杆机构的应用实例？

（二）双曲柄机构

两连架杆均为曲柄的铰链四杆机构称为双曲柄机构，如图 2-1-5 所示。在双曲柄机构中，如果两曲柄的长度不相等，主动曲柄等速回转一周，从动曲柄则变速回转一周，如图 2-1-6 所示的惯性筛就是这种双曲柄机构的典型应用。

若双曲柄机构中两曲柄长度相等，且连杆与机架的长度也相等，则该机构称为平行双曲柄机构，如图 2-1-7 所示。该机构当原动曲柄 AB 转动到 AD 直线上时，从动曲柄 CD 有两种运动可能，即运动不确定，可以通过增加辅助构件等方式来克服。如图 2-1-8 所示机车车轮联动机构即为平行双曲柄机构，它增设了一个曲柄 2（辅助构件），以防止该机构变为反向双曲柄机构。运动的不确定性解决后，其运动特点是：当原动曲柄做等速转动时，从动曲柄会以相同的角速度沿同一方向转动，连杆则做平行运动。

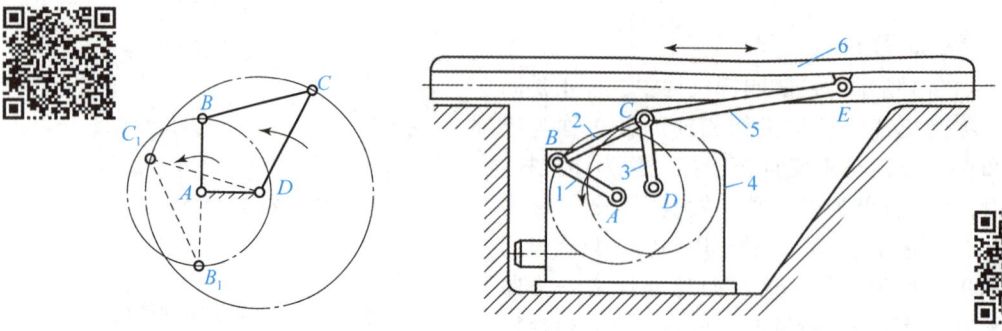

图 2-1-5 双曲柄机构

图 2-1-6 惯性筛

1—原动曲柄；2，5—连杆；3—从动曲柄；

4—机架；6—滑块（筛子）

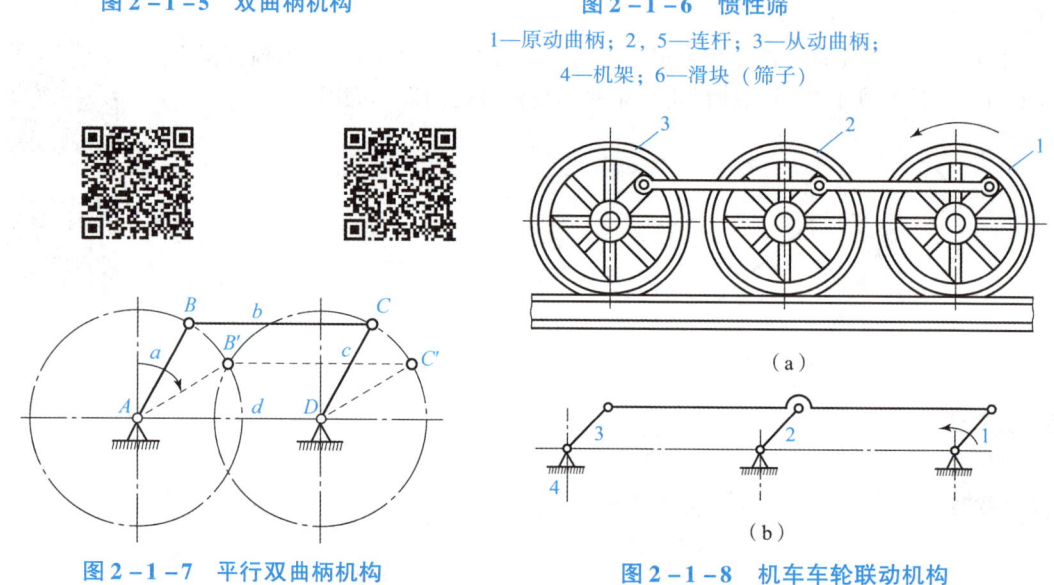

（a）

（b）

图 2-1-7 平行双曲柄机构

图 2-1-8 机车车轮联动机构

1—原动曲柄；2—辅助曲柄；3—从动曲柄；4—机架

想一想

试分析如图 2-1-9 所示车门的启闭机构是哪种类型的铰链四杆机构？它是如何工作的？

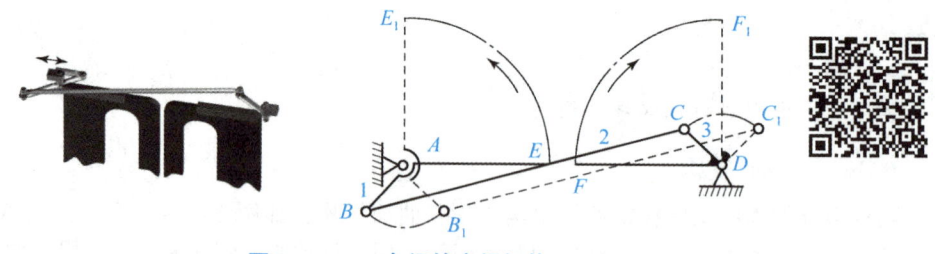

图 2-1-9 车门的启闭机构

1—曲柄；2—连杆；3—曲柄

（三）双摇杆机构

两连架杆均为摇杆的铰链四杆机构称为双摇杆机构，如图 2-1-10 所示，B_1C_1D 及 C_2B_2A 是其两个极限位置。在双摇杆机构中，两摇杆可分别为主动件，当原动摇杆摆动时，通过连杆带动从动摇杆摆动。如图 2-1-11 所示飞机起落架机构即双摇杆机构。

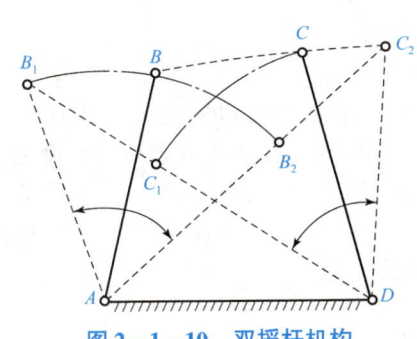

图 2-1-10　双摇杆机构

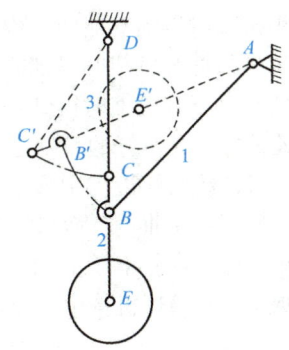

图 2-1-11　飞机起落架机构

二、铰链四杆机构曲柄存在的条件

铰链四杆机构三种基本形式的区别在于连架杆是否为曲柄，下面讨论连架杆成为曲柄的条件。

如图 2-1-12 所示，设 $a < d$，连架杆若能整周回转，必有两次与机架共线，如图 2-1-12（b）和图 2-1-12（c）所示，可得三个不等式；若运动过程中出现图 2-1-13 所示的共线情况，则上述不等式变成等式，即：

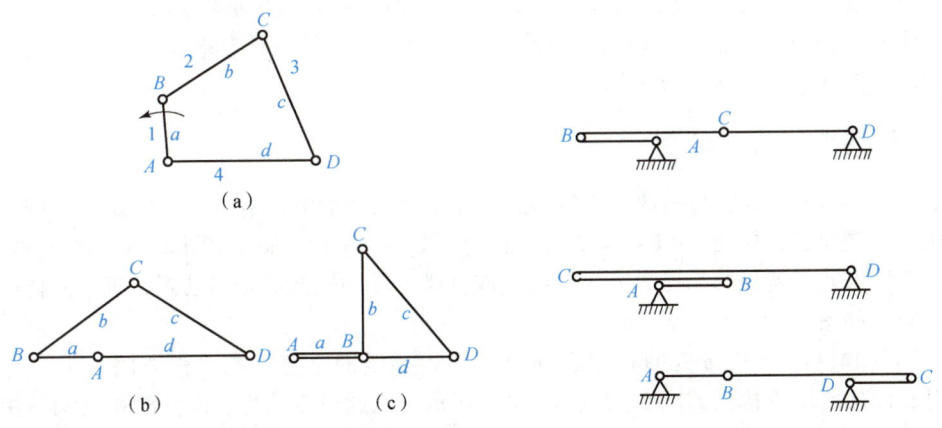

图 2-1-12　铰链四杆机构的运动过程　　图 2-1-13　运动中可能出现的四杆共线情况

$$\left.\begin{array}{l} a + d \leqslant b + c \\ b \leqslant (d - a) + c,\ 即\ a + b \leqslant d + c \\ c \leqslant (d - a) + b,\ 即\ a + c \leqslant d + b \end{array}\right\}$$

将以上三式的任意两式相加，可得

$$a \leqslant b,\ a \leqslant c$$

由此可知，曲柄必为最短杆。

若设 $a > d$，同理有：

$$d \leqslant a,\ d \leqslant b,\ d \leqslant c$$

可得 AD 为最短杆。曲柄存在的条件如下：

（1）最长杆与最短杆的长度之和应不大于其他两杆长度之和，即杆长条件。

（2）连架杆或机架之一为最短杆。

根据有曲柄的条件可以推论如下：

推论一：当最长杆与最短杆长度之和小于或等于其余两杆长度之和时：

（1）最短杆为机架时得到双曲柄机构；

（2）最短杆的相邻杆为机架时得到曲柄摇杆机构；

（3）最短杆的对面杆为机架时得到双摇杆机构。

推论二：当最长杆与最短杆的长度之和大于其余两杆长度之和时，只能得到双摇杆机构。

应指出的是，当铰链四杆机构中最短杆与最长杆长度之和大于其余两杆长度之和时，则不论哪一杆为机架，都不存在曲柄，而只能是双摇杆机构。但要注意推论二中所述的双摇杆机构与推论一中所述的双摇杆机构有本质上的区别。推论一中所述的双摇杆机构中的连杆能做整周转动，而推论二中所述的双摇杆机构中的连杆则只能做摆动。

步骤二　分析平面四杆机构的演化过程

相关知识

机构的演化是指在各构件相对运动关系保持不变的情况下，对某些构件的形状、长度以及运动副尺寸、机架等进行改变，以得到其他类型的平面四杆机构。四杆机构的演化，不仅是为了满足运动方面的要求，还是为了改善受力状况以及满足结构设计上的需要等。

各种演化机构的外形虽然各不相同，但性质以及分析和设计方法却相似，为连杆机构的研究提供了方便。四杆机构的演化方法如下。

一、转动副转化为移动副

如图 2-1-14（a）所示的曲柄摇杆机构。把杆 4 做成环形槽，槽的中心在 D 点，把杆 3 做成弧形滑块，与槽配合，如图 2-1-14（b）所示。图 2-1-14（a）和图 2-1-14（b）所示机构的运动性质等效。若槽的半径无穷大，则变成直槽，转动副变成了移动副，机构演化成偏置曲柄滑块机构，如图 2-1-14（c）所示。

在图 2-1-14（c）中，e 为曲柄中心 A 至直槽中心线的垂直距离，称为偏心距。当 $e=0$ 时，称为对心曲柄滑块机构，如图 2-1-14（d）所示。因此可以认为，曲柄滑块机构是由曲柄摇杆机构演化而来的。

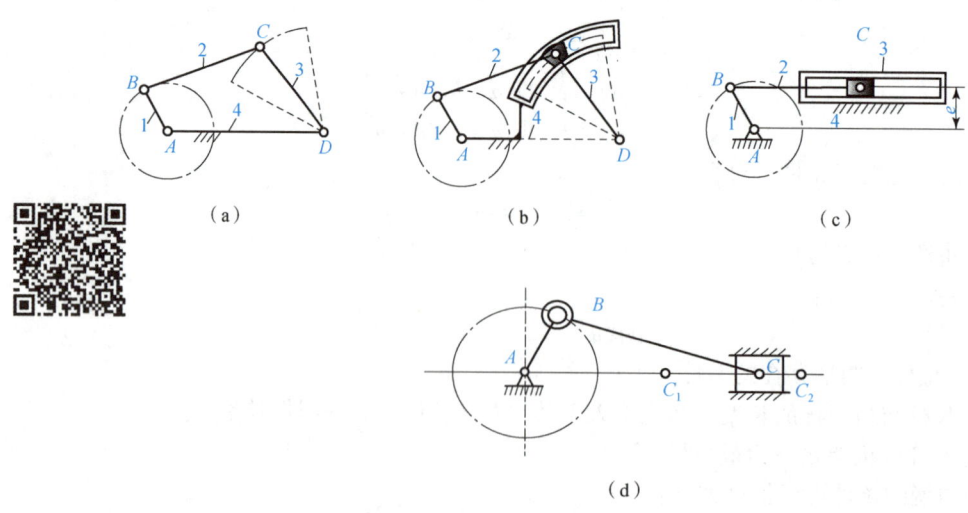

（a）　　　　　　　　　　（b）　　　　　　　　　　（c）

（d）

图 2-1-14　曲柄摇杆机构的演化

 想一想

图 2 - 1 - 1 所示内燃机中的平面连杆机构是曲柄滑块机构吗？由什么机构演化而来？

二、选用不同的构件为机架

运动链中以不同构件作为机架以获得不同机构的演化方法称为机构的倒置。

如图 2 - 1 - 15（a）所示的曲柄滑块机构，以不同构件作为机架可以获得不同的机构。

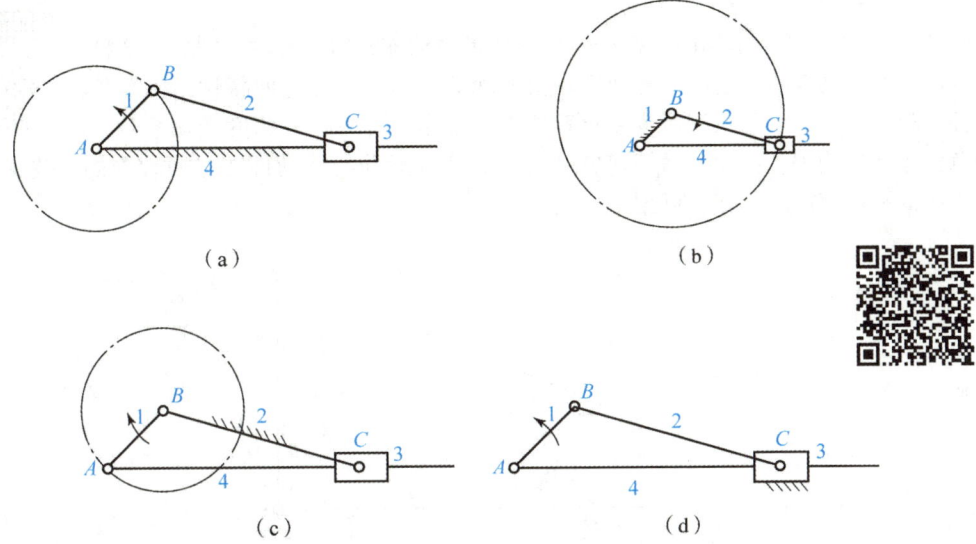

（a）　　　　　　　　　　　　（b）

（c）　　　　　　　　　　　　（d）

图 2 - 1 - 15　曲柄滑块机构的演化

（a）曲柄滑块机构；（b）转动导杆机构；（c）曲柄摇块机构；（d）移动导杆机构

三、扩大转动副

由于结构需要，通常将机构中转动副 B 的半径扩大，超过曲柄 AB 的尺寸则演化成偏心轮机构，如图 2 - 1 - 16 所示，称此圆盘为偏心轮，几何中心与回转中心间的距离称为偏心距（等于曲柄长度）。

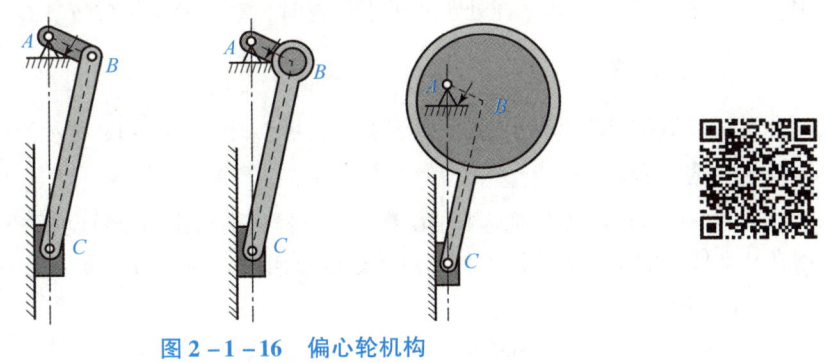

图 2 - 1 - 16　偏心轮机构

 想一想

曲柄滑块机构除了在内燃机中采用，还有哪些应用实例呢？曲柄滑块机构演化之后能应用于哪些领域？

步骤三 分析平面四杆机构传动特性

一、急回特性

如图 2-1-17 所示的曲柄摇杆机构，如果原动件做匀速转动，则从动摇杆的回程所用的时间较短，这种回程速度较快的现象叫作机构的急回特性。机构急回特性的相对程度，可用行程速度变化系数 K 来表示，称为行程速度变化系数，即在急回运动机构中，主动件做等速转动时，做往复运动的从动件在空回程中的平均速度与工作行程中的平均速度的比值，可用下式表示：

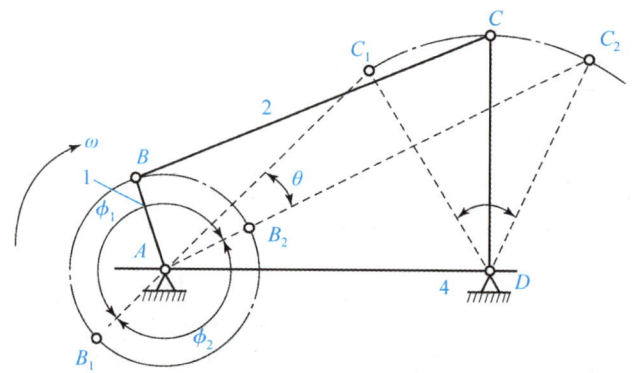

图 2-1-17 极位夹角

$$K = \frac{\text{从动件回程平均速度}}{\text{从动件工作平均速度}} = \frac{C_1C_2/t_2}{C_1C_2/t_1} = \frac{t_1}{t_2} = \frac{\phi_1}{\phi_2} = \frac{180° + \theta}{180° - \theta} \qquad (2-1-1)$$

$$\theta = 180° \frac{K-1}{K+1}$$

式中：θ——极位夹角，即摇杆处于两极限位置时，对应曲柄两位置 AB_1 与 AB_2 之间所夹的锐角。

二、传动特性

常用压力角和传动角表示四杆机构的传力性能。图 2-1-18 所示为曲柄摇杆机构。

(一) 压力角

在不考虑摩擦时，如果把连杆 BC 看作二力杆，则它作用于从动摇杆上的力是沿 BC 方向的，作用在从动件上的驱动力与该力作用点的速度方向所夹的锐角 α 称为压力角。

(二) 传动角

连杆 BC 和从动件 CD 之间所夹的锐角 $\angle BCD = \gamma$。

传动角与压力角互为余角。F 可分成两个分力 F_t 和 F_n，由图 2-1-18 可得：

切向分力：

$$F_t = F\cos\alpha = F\sin\gamma$$

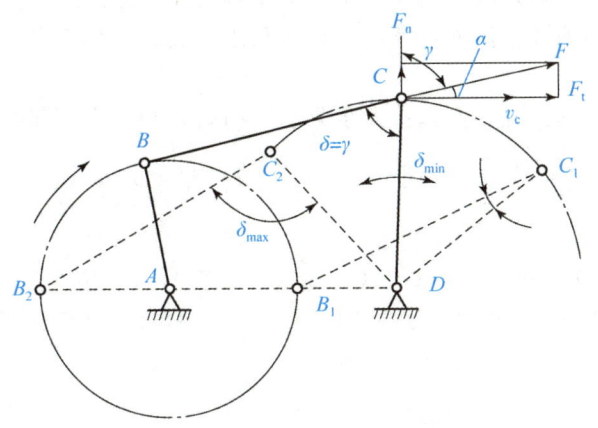

图 2 – 1 – 18　压力角与传动角

法向分力：

$$F_n = F\cos\gamma = F\sin\alpha$$

由此可知，γ 加大，则 F_t 加大，对传动有利。

为保证机构良好的传力性能，设计时一般要求 $\gamma_{min} \geqslant 40°$；对于高速大功率机械，应使 $\gamma_{min} \geqslant 50°$。为此，必须确定 $\gamma = \gamma_{min}$ 时机构的位置，并检验 γ_{min} 的值是否大于上述许用值。

 **想一想**

如图 2 – 1 – 18 所示曲柄摇杆机构最小传动角出现的位置在哪里？

做一做

用作图法标识出任务 2.1 中偏置曲柄滑块机构的最小传动角。

三、死点

曲柄 AB 为从动件，当连杆 BC 与曲柄 AB 处于共线位置时，连杆 BC 与曲柄 AB 之间的传动角 $\gamma = 0°$，压力角 $\alpha = 90°$，这时摇杆 CD 经连杆 BC 传给从动件曲柄 AB 的力通过曲柄转动中心 A，转动力矩为零，从动件不转，机构停顿，机构所处的这种位置称为死点位置，如图 2 – 1 – 19 所示。

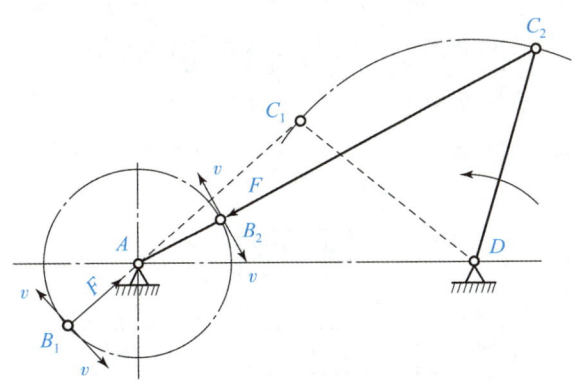

图 2 – 1 – 19　死点位置

死点现象是不利于机构传动的，所以机构要顺利通过死点位置必须采取以下措施：

（1）利用从动件的惯性，例如：家用缝纫机利用安装在曲柄上的飞轮的惯性来冲过死点位置。

（2）采用错位排列的方式，例如：火车驱动机构就是利用多套机构的相互错开来克服死点的。

 多学一点

工程上有时也利用死点来实现一定的工作要求。如图 2-1-20 所示的飞机起落架，当机轮放下时，BC 杆与 CD 杆共线，机构处于死点位置，地面对机轮的力不会使 CD 杆转动，以保证降落可靠。

 **想一想**

如图 2-1-21 所示的夹具夹紧机构是如何利用死点位置来进行工作的？

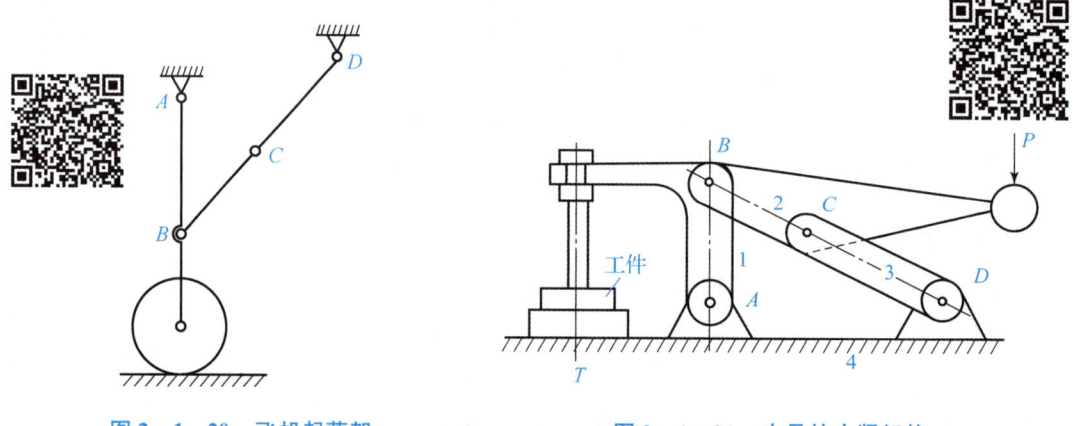

图 2-1-20　飞机起落架　　　　　图 2-1-21　夹具的夹紧机构

 **做一做**

学习任务中内燃机的工作冲程，以滑块为原动件是否有死点位置？偏置式曲柄滑块机构的死点位置又在哪里？请绘制出来。

步骤四　设计平面连杆机构

一、平面连杆机构设计方法

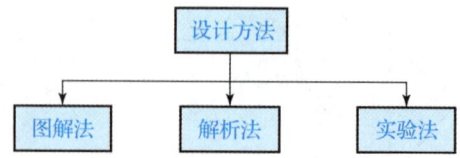

平面连杆机构的设计方法主要有图解法、实验法和解析法，其特点如下：

（1）图解法直观、清晰，简单易行，但精确程度差；

（2）实验法和图解法有类似之处，且工作烦琐；

（3）解析法精确度较好，但计算求解复杂。

本学习任务只介绍用图解法设计。

二、平面连杆机构设计步骤

（1）先按运动条件设计四杆机构；

（2）再检验其他条件（如检验最小传动角、是否满足曲柄存在条件、机构的运动空间尺寸等）。

 **想一想**

根据图 2－1－1 所示的内燃机对心式曲柄滑块机构，分析滑块运动至极限位置时，其行程与曲柄长度的关系。

相关知识

一、设计对心式曲柄滑块机构

（一）确定曲柄长度

根据图 2－1－1 的分析，显然，滑块的工作行程是曲柄长度的 2 倍，故曲柄长度为

$$r = 150 \div 2 = 75 \text{（mm）}$$

（二）确定连杆长度

根据曲柄连杆比 $\lambda = r/L = 1/3$，计算连杆长度为

$$L = 75 \times 3 = 225 \text{（mm）}$$

（三）绘制出该机构

二、设计偏置式曲柄滑块机构

（一）计算极位夹角

$$\theta = 180°(K-1)/(K+1) = 180 \times (1.4-1) \times (1.4+1) = 30°$$

（二）作出曲柄行程

作 $C_1 C_2 = H = 150$ mm，分别作射线 $C_1 O$、$C_2 O$，使 $\angle C_1 C_2 O = \angle C_2 C_1 O = 90° - \theta$，得交点 O，如图 2－1－22 所示。

（三）画圆

以 O 点为圆心，以 OC_1 为半径画圆。

（四）确定曲柄回转中心

作一条直线与 $C_1 C_2$ 平行，其间的距离等于偏心距 $e = 75$ mm，则此直线与上述圆的交点即为曲柄轴心 A 的位置。当 A 确定后，曲柄和连杆的长度也随之确定，如图 2－1－22 所示。

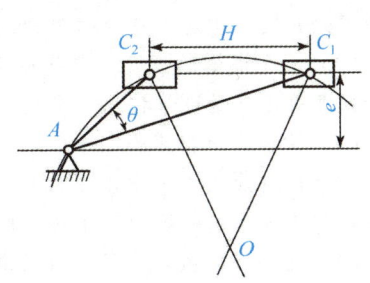

图 2－1－22　偏置曲柄滑块机构的设计

 做一做

同学们分小组，按照上述设计步骤绘制出对心曲柄滑块机构和偏置曲柄滑块机构的设计，完成学习任务。

任务评价 NEWS!

序号	内容	分值/分	得分	备注
1	明确铰链四杆机构的分类及特点	10		
2	判断铰链四杆机构的类型	20		
3	区分四杆机构的演化形式	20		
4	完成四杆机构的设计计算	30		
5	绘制四杆机构设计图	20		

技能训练

如题图所示偏置曲柄滑块机构。已知行程速度变化系数 $K = 1.5$，滑块行程 $h = 50$ mm，偏距 $e = 20$ mm，试用图解法求：

（1）曲柄长度 l_{AB} 和连杆长度 l_{BC}；

（2）曲柄为原动件时机构的最大压力角 α_{max} 和最大传动角 γ_{max}；

（3）滑块为原动件时机构的死点位置。

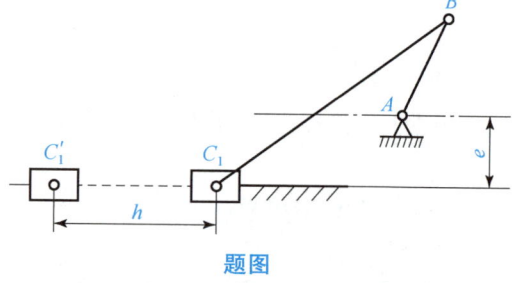

题图

竞争优势创建设计技术

竞争机制和供求关系是市场经济的两大特点，要求设计人员用新观点、新原理和新功能来设计不断满足顾客需要的新产品。主要包含：

（1）产品创新设计技术：创新设计是针对新的或预测的需求，从已知的、经过实践检验可行的理论和技术出发，充分运用创造性思维，构思并设计出过去所没有的全新事物的技术过程。

（2）面向成本的设计：它是在保证功能和质量的前提下，通过降低成本来提高产品经济性，以加强竞争优势的设计技术。实践证明，产品成本的70%以上决定于设计。

（3）快速设计技术：由于市场的动态多变性，使产品投放市场的时间日益成为决定产品竞争力的重要因素。快速设计技术是在现代设计理论和方法的指导下，应用微电子、信息和管理等现代科学技术，以缩短产品开发周期为目的的一切设计技术的总称。

（4）虚拟设计技术：计算机仿真技术是以计算机为工具，建立实际或联想的系统模型，并在不同条件下对模型进行动态运行（实验）的一门综合性技术。

（5）智能设计技术：由于缺乏人类设计师所具有的推理和决策能力，故传统 CAD 系统已不能

满足设计过程自动化的要求，于是智能 CAD（ICAD）的理论研究和应用实践便随之而产生了。ICAD 系统既具有传统 CAD 系统的数值计算和图形处理能力，又具有知识处理能力，能够对设计的全过程提供智能化的计算机支持。智能设计就是对智能 CAD 理论和应用的研究。

 ## 巩固与拓展

一、知识巩固

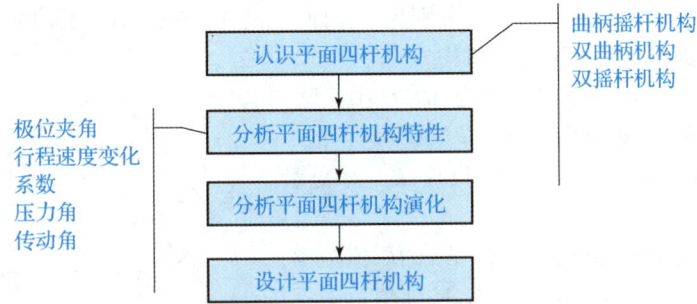

对照本任务知识脉络图，梳理自己所掌握的知识体系，并与同学相互交流、研讨个人对知识点、技能点技巧的理解，注重提升职业素养。

二、拓展任务

根据任务 2.1 的工作步骤及方法，利用所学知识，完成自主学习手册中的拓展任务。

 ## 自我分析与总结

学生改错	学生学会的内容

学生总结：

1. 铰链四杆机构有哪些基本类型？各有何特点？

2. 什么是曲柄？什么是摇杆？铰链四杆机构中曲柄存在的条件是什么？

3. 什么是急回特性？试举出急回特性的应用实例。

4. 何谓死点？试举出几个利用和克服死点的实例。

5. 什么是压力角？它对机构工作性能有何影响？

6. 已知铰链四杆机构各构件的长度分别为 $a = 240$ mm，$b = 600$ mm，$c = 400$ mm，$d = 500$ mm。若分别取各杆件为机架，将得到何种机构？

7. 如题 7 图所示，在平面四杆机构 $ABCD$ 中，已知 AB、BC、CD 三杆的长度分别为 $L_{AB} = 100$ mm，$L_{BC} = 200$ mm，$L_{CD} = 300$ mm，机架 AD 的长度 L_{AD} 为变量。试求：

（1）当此机构为曲柄摇杆机构时，L_{AD} 的取值范围；

（2）当此机构为双曲柄机构时，L_{AD} 的取值范围；

（3）当此机构为双摇杆机构时，L_{AD} 的取值范围。

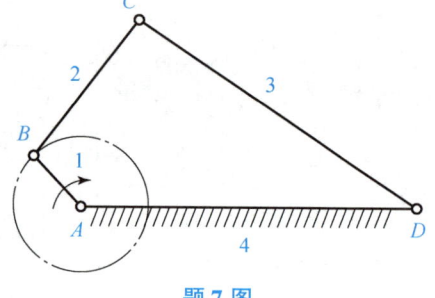

题 7 图

工作任务

图 2 - 2 - 1 所示为内燃机配气机构的盘形凸轮，已知理论轮廓基圆半径 r_b = 50 mm，凸轮顺时针匀速转动，当凸轮转过150°时，从动件以等速运动规律上升30 mm；再转过120°时，从动件以余弦加速度运动规律回到原位；凸轮转过其余90°时，从动件静止不动。试用作图法进行设计。

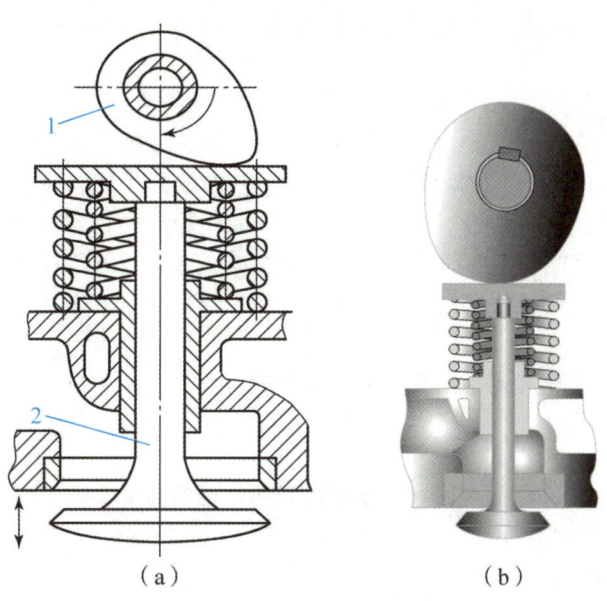

（a） （b）

图 2 - 2 - 1 内燃机配气机构中的盘形凸轮

1—盘形凸轮；2—气门杆

任务目标

知识目标	能力目标	素质目标
1. 了解凸轮机构的功能、分类及结构组成 2. 掌握各类型凸轮机构的特点 3. 掌握凸轮机构主要参数的选择方法 4. 掌握凸轮机构设计的步骤和方法	1. 能够分析各类型凸轮机构的特点 2. 能够正确选择凸轮机构主要参数 3. 能够正确分析和应用凸轮机构从动件运动规律 4. 能够利用图解法完成盘形凸轮机构设计	1. 通过凸轮机构主要参数选择，培养规范和贯标意识 2. 通过凸轮机构的设计，培养一丝不苟的工作态度和精益求精的工匠精神 3. 通过小组合作，培养团队意识和协调沟通能力

步骤一 认识凸轮机构

凸轮是一种具有曲线轮廓或凹槽的构件，它通过与从动件的高副接触，将凸轮的连续转动或移动转换为从动件的移动或摆动。因此只要设计出适当的凸轮轮廓曲线，就可以使从动件实现任何预期的运动规律。

一、凸轮机构的组成

如图 2-2-1 所示，盘形凸轮 1 按顺时针方向回转，凸轮的曲线轮廓等半径圆弧部分连续与从动件气门杆 2 的平底接触，气门关闭不动；当凸轮 1 的曲线轮廓向径逐渐增大部分与气门杆 2 的平底接触时，气门开启；当凸轮 1 的曲线轮廓向径逐渐减小部分与气门杆 2 的平底接触时，气门关闭。所以凸轮机构通过其向径的变化可使从动杆 2 按预期规律上下往复移动，从而达到控制气阀开闭的目的。

凸轮机构由凸轮、从动件和机架等三个基本构件组成。

 **想一想**

气门开启与关闭时间的长短对内燃机的工作有何影响？说明其重要性。

二、凸轮机构的类型

（一）按凸轮的形状分类

1. 盘形凸轮 ［见图 2-2-2（a）］

它是凸轮中最基本的形式。凸轮是绕固定轴转动且向径变化的盘形零件，凸轮与从动件互做平面运动，是平面凸轮机构。

2. 移动凸轮 ［见图 2-2-2（b）］

移动凸轮可看作是回转半径无限大的盘形凸轮，凸轮做往复直线移动，其也是平面凸轮机构的一种。

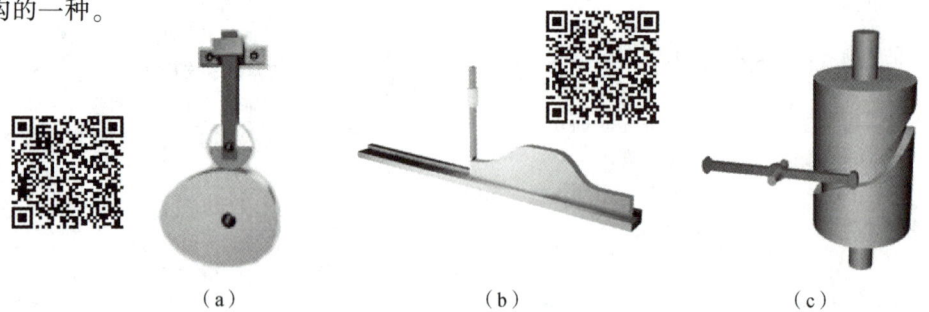

（a） （b） （c）

图 2-2-2 按凸轮的形状分类
（a）盘形凸轮；（b）移动凸轮；（c）圆柱凸轮

3. 圆柱凸轮 ［图 2 - 2 - 2 (c)］

圆柱凸轮可看作移动凸轮绕在圆柱体上演化而成的，从动件与凸轮之间的相对运动为空间运动，是一种空间凸轮机构。圆柱凸轮可以用圆柱体上的凹槽来控制从动件的运动规律，也可以用圆柱体的端面轮廓曲线来控制。

（二）按从动件的端部形状分类

1. 尖顶从动件 ［见图 2 - 2 - 3 (a)］

尖顶能与复杂的凸轮轮廓保持接触，从而实现任意预期的运动规律。但由于凸轮与从动件之间通过点或线接触，容易产生磨损，所以只适用于受力较小的低速凸轮机构。

2. 滚子从动件 ［见图 2 - 2 - 3 (b)］

在从动件端部装一滚子，即成为滚子从动件。滚子与凸轮之间为滚动摩擦，磨损较小，并且可以承受较大的载荷。其缺点是凸轮上凹陷的轮廓未必能很好地与滚子接触，从而影响实现预期的运动规律。

3. 平底从动件 ［见图 2 - 2 - 3 (c)］

在从动件端部固定一平板，即为平底从动件。平底与凸轮之间易于形成油膜，利于润滑，适用于高速运行，而且凸轮驱动从动件的力始终与平底垂直，传动效率高。其缺点也是凸轮上凹陷的轮廓未必能很好地与平底接触。

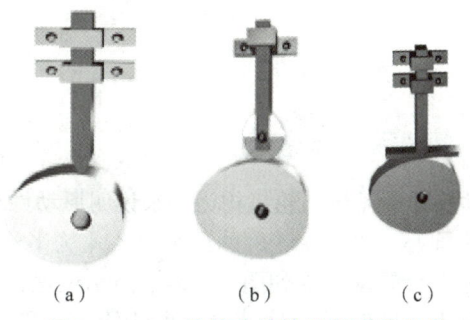

（a）　　　　　（b）　　　　　（c）

图 2 - 2 - 3　按从动件的端部形状分类

（a）尖顶从动件；（b）滚子从动件；（c）平底从动件

（三）按从动件运动形式分类

1. 直动从动件 （见图 2 - 2 - 3）

在直动从动件中，若导路轴线通过凸轮的回转轴，则称为对心直动从动件，如图 2 - 2 - 3 所示，否则称为偏置直动从动件，如图 2 - 2 - 4 (a) 所示。

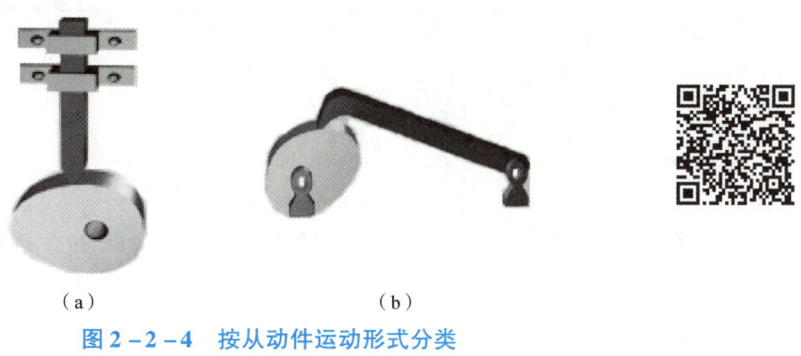

（a）　　　　　　　　　　（b）

图 2 - 2 - 4　按从动件运动形式分类

（a）偏置直动从动件；（b）摆动从动件

2. 摆动从动件 ［见图 2-2-4（b）］

摆动从动件，即从动杆做往复摆动。

 **想一想**

本任务中的凸轮机构按不同的方式划分，同学们将它如何命名？

三、凸轮机构的特点

（一）凸轮机构的优点

（1）只要设计出凸轮轮廓曲线，从动件就能实现任何预期的运动规律。

（2）结构设计简单、紧凑，使用方便。

（二）凸轮机构的缺点

（1）属于高副机构，承载能力低，适用于传力不大的场合，主要用于控制机构。

（2）凸轮轮廓加工困难。

步骤二　分析凸轮机构从动件常用运动规律

 **相关知识**

一、盘形凸轮机构的基本尺寸和运动参数

现以图 2-2-5 所示尖顶移动从动件盘形凸轮机构为例来说明原动件凸轮与从动件间的工作过程和有关名称。以凸轮轴心 O 为圆心，以凸轮轮廓的最小向径 r_b 为半径所作的圆称为基圆，r_b 为基圆半径，凸轮以等角速度 ω 顺时针转动。在如图 2-2-5 所示位置，尖顶与 A 点接触，A 点是基圆与开始上升的轮廓曲线的交点，此时从动件的尖顶离凸轮轴心最近，从动件处于上升的最低位置。

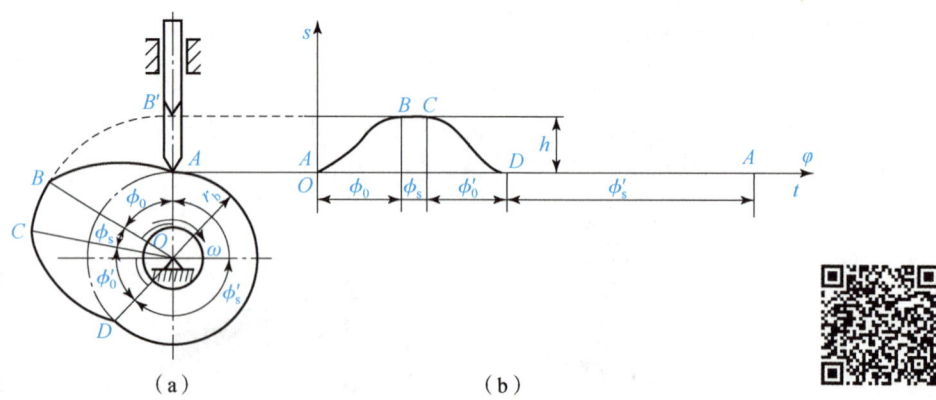

（a）　　　　　　　　　　（b）

图 2-2-5　对心尖顶直动从动件盘形凸轮机构的运动过程

（一）推程

凸轮转动，向径增大，从动件按一定规律被推向远处，到向径最大的 B 点与尖顶接触时，

从动件被推向最远处，这一过程称为推程，与之对应的转角（∠AOB）称为推程运动角 ϕ_0。从动件移动的最大距离称为行程，用 h 表示。

（二）远休止

凸轮继续转动，圆弧 BC 与尖顶接触，由于凸轮的向径没有变化，故从动件在最远处停止不动，对应的转角称为远休止角 ϕ_s。

（三）回程

凸轮继续转动，尖顶与向径逐渐变小的 CD 段轮廓接触，从动件返回，这一过程称为回程，对应的转角称为回程运动角 ϕ_0'。

（四）近休止

凸轮继续转动，圆弧 DA 与尖顶接触时，由于凸轮的向径没有变化，从动件在最近处停止不动，对应的转角称为近休止角 ϕ_s'。

当凸轮继续回转时，从动件重复上述的升—停—降—停的运动循环。通常推程是凸轮机构的工作行程，而回程则是凸轮机构的空回行程。

从动件的位移 s 与凸轮转角 φ 的关系可以用曲线来表示，该曲线称为从动件的位移曲线（也称为 $s-\varphi$ 曲线），如图 2－2－5（b）所示。由于大多数凸轮做等速转动，转角与时间成正比，因此横坐标也代表时间 t。位移曲线直观地表示了从动件的位移变化规律，它是凸轮轮廓设计的依据。

 **想一想**

本任务中的凸轮机构的运动参数分别是什么？数据为多少？

二、常用的从动件运动规律

（一）等速运动规律

从动件上升或下降的速度为一常数的运动规律称为等速运动规律。

设凸轮以等角速度 ω_1 回转，当凸轮转过推程运动角 ϕ 时，推杆等速上升 h，其推程的运动方程为

$$\left. \begin{array}{l} s = \dfrac{h\varphi}{\phi} \\[2mm] v = \dfrac{h\omega_1}{\phi} \\[2mm] a = 0 \end{array} \right\} \qquad (2-2-1)$$

在推程阶段，凸轮以等角速度 ω_1 转动，经过 T 时间，凸轮转过的推程运动角为 ϕ，而从动件等速完成的行程为 h。从动件的位移 s 与凸轮转角 φ 成正比，其推程运动线图如图 2－2－6 所示，即位移曲线为一过原点的倾斜直线。

在回程阶段，凸轮以等角速度 ω 转动，经过 T' 时间，凸轮转过回程运动角 ϕ'，而从动件等速下降 h。同理，可推得从动件在回程阶段的运动方程。

由图 2－2－6 可知，从动件在运动开始时，凸轮开始转动的瞬

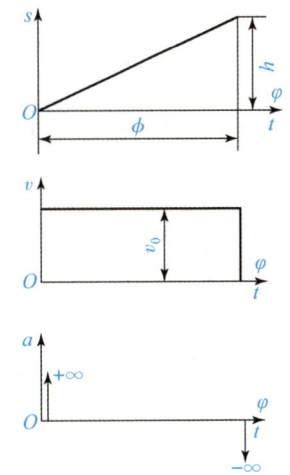

图 2－2－6　等速运动规律

间，速度由零突变为 v_0，运动终止时，速度由 v_0 突变为零，由于速度发生突变，而此时的加速度在理论上达到无穷大（当然由于材料的弹性变形，实际上不能达到无穷大），致使从动件突然产生非常大的惯性力，因而使凸轮机构受到极大的冲击，这种冲击称为刚性冲击，这对工作是不利的。因此，如果单独采用这种运动规律，则只适用于低速轻载的场合。

试绘制本任务中凸轮顺时针匀速转过 $150°$，从动件以等速运动上升 30 mm 的位移线图。

（二）余弦加速度运动规律

当质点在圆周上做匀速运动时，质点在该圆直径上的投影所构成的运动规律称为简谐运动规律。从动件做简谐运动规律时，其加速度是按余弦规律变化的，故这种运动规律称为余弦加速度运动规律。

当推程的加速度按余弦规律变化时，其推程的运动方程式为

$$
\left.
\begin{aligned}
s &= \frac{h\left[1 - \cos(\pi\varphi/\phi)\right]}{2} \\
v &= \frac{\pi h\omega_1 \sin(\pi\varphi/\phi)}{2\phi} \\
a &= \frac{\pi^2 h\omega_1^2 \cos(\pi\varphi/\phi)}{2\varphi_1^2}
\end{aligned}
\right\}
\tag{2-2-2}
$$

图 2-2-7 所示为推程余弦加速度运动规律的运动线图。由图可见，这种运动规律在始末两点加速度发生突变，故会引起柔性冲击，因此在一般情况下它也只适用于中速中载场合。当从动件做升、降、升运动循环时，若在推程和回程中都采用这种运动规律，则可用于高速凸轮机构。

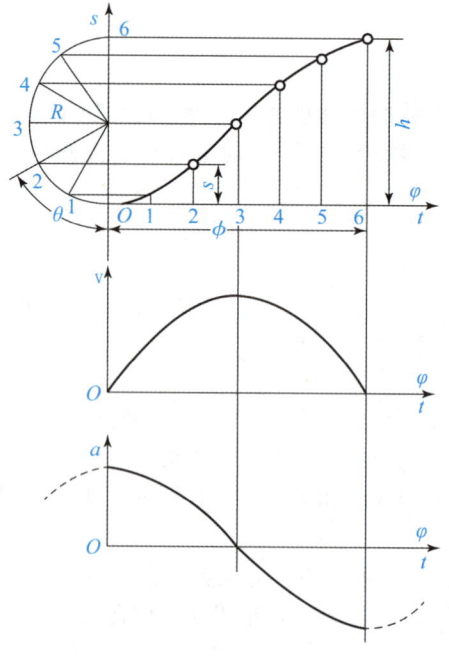

图 2-2-7 余弦加速度运动规律

这种运动规律位移曲线的画法如图 2 – 2 – 7 所示。以从动件的行程 h 为直径画半圆，将此半圆和横坐标轴上的推程运动角 ϕ 对应分成相同等分（图中为 6 等分），再过半圆周上各分点作水平线与 φ 中的对应等分点的垂直线各交于一点，过这些点连成光滑曲线即为所画的推程位移曲线。

 做一做

试绘制本任务中凸轮顺时针匀速转过 120°，从动件以余弦加速度回到原位的位移图。

（三）其他运动规律

除上述运动规律外，还有等加速等减速运动规律及正弦加速度等运动规律。等加速等减速运动规律的速度曲线是连续的，不会产生刚性冲击，但其加速度会有突变且为有限值，故会产生柔性冲击，可用于中速轻载的场合。正弦加速度运动规律的加速度是连续的，故在整个运动过程中既无刚性冲击又无柔性冲击，它们多用于高速凸轮机构中。

有时为了满足使用要求，也可以对位移曲线图进行局部修改，或将几种运动规律加以组合使用，以便获得较理想的运动特性和动力特性。对某些低速且运动规律要求又不甚严格的凸轮机构，还可以用圆弧和直线作为凸轮轮廓。总之，设计时必须根据实践中的使用要求和具体条件来选择从动件的运动规律。

三、从动件运动规律的选择

在选择从动件运动规律时，应根据机器工作时运动要求来确定。如机床中控制刀架进刀的凸轮机构，要求刀架进刀时做等速运动，则从动件要选择等速运动规律，至于行程始、末端，可以通过拼接其他运动规律的曲线来消除冲击；对无一定运动要求，只需要从动件有一定位移量的凸轮机构，如夹紧送料等凸轮机构，可只考虑加工方便，采用圆弧、直线等组成的凸轮轮廓；对于高速机构，应减小惯性力、改善动力性能，可选用正弦加速度运动规律或其他改进型的运动规律。

步骤三　分析影响凸轮机构工作的参数

设计凸轮机构，不仅要保证从动件能实现预期的运动规律，而且还要求动力性能好和结构紧凑。影响这些要求的主要因素是压力角、基圆半径和滚子半径。

一、压力角的选择

所谓压力角，是作用于从动件上的驱动力与该力作用点绝对速度之间所夹的锐角。在不计摩擦时，高副中构件间的力是沿法线方向作用的，因此凸轮机构的压力角为：凸轮轮廓曲线上某点的法线方向（受力方向）与从动件的运动速度方向之间所夹的锐角，称为凸轮轮廓上该点的压力角。凸轮轮廓上各点的压力角不等。

图 2 – 2 – 8 所示为尖顶直动从动件凸轮机构。当不计凸轮与从动件之间的摩擦时，作用于从动件的法向力 F 可分解成两个分力，即

$$F_1 = F \cdot \sin\alpha \text{（有害分力）}$$

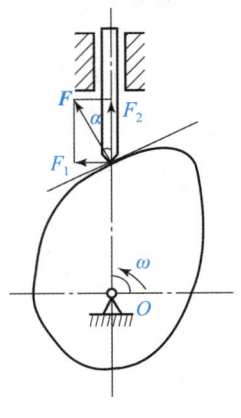

图 2 – 2 – 8　凸轮机构的压力角

$$F_2 = F \cdot \cos\alpha \ (\text{有效分力})$$

F_2 的方向与从动件运动方向相同，是推动从动件产生速度的有效分力；F_1 垂直于从动件，作用于从动件的导路上，是导路的正压力，也是产生摩擦损耗的有害分力。显然，压力角 α 越小，有效分力越大，有害分力越小；反之，压力角越大，有效分力越小，有害分力越大。凸轮机构因为有运动规律的要求，压力角 α 不可能很小，但也要防止压力角过大的情况，压力角过大，不仅有害分力大、摩擦损耗大，而且可能发生机构自锁现象。

由上述关系可知，压力角 α 越大，有效分力 F_2 越小，有害分力 F_1 越大。

当 α 角增大到某一数值时，由 F_1 引起的摩擦阻力超过有效分力 F_2，这时，不论施加多大的力 F，都不能使从动件运动，这种现象称为自锁。因此，为了保证凸轮机构的正常工作，必须对凸轮机构的压力角加以限制，即使其最大压力角 α_{max} 始终小于或等于许用压力角 $[\alpha]$。

推荐推程许用压力角取如下数值：移动从动件 $[\alpha] = 30°$，摆动从动件 $[\alpha] = 45°$。

回程中从动件通常是靠外力或自重作用返回的，一般不会出现自锁现象，压力角可以取大一些，推荐 $[\alpha] = 70° \sim 80°$。

凸轮轮廓曲线画好后，要进行压力角的校核，即凸轮轮廓曲线上各点的压力角不能大于许用压力。

一般的做法是按图 2 – 2 – 9 所示，在凸轮轮廓曲线上取升程范围内曲率半径较大的点上（视觉比较陡的地方），绘出法线和从动件的速度方向线，其夹角就是该点的压力角。经比较，若压力角大于许用压力角，则可采用增大基圆半径或将对心式从动件改为偏置式从动件的方法，以减小推程中的压力角。

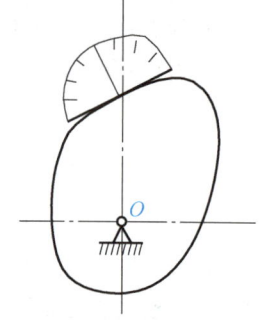

二、凸轮基圆半径的选择

图 2 – 2 – 9　压力角的测量

基圆半径是凸轮设计中的一个重要参数，它对凸轮机构的结构尺寸、传力性能、运动特性等都有影响。因此，选择凸轮基圆半径时应考虑以下因素。

基圆半径的大小直接影响压力角的大小，从而影响凸轮的工作能力。如图 2 – 2 – 10 所示，同一个凸轮预选两种半径的基圆 r_{b1}、r_{b2}，且 $r_{b1} < r_{b2}$，当凸轮转过角 δ 时，从动件都位移 s，从图 2 – 2 – 10 中可知，两种基圆半径其压力角不同，$\alpha_1 > \alpha_2$，也就是基圆半径小的压力角比基圆半径大的压力角大。为得到较好的凸轮传力性能、提高传动效率，凸轮的压力角应取小些，即基圆半径应取大些。

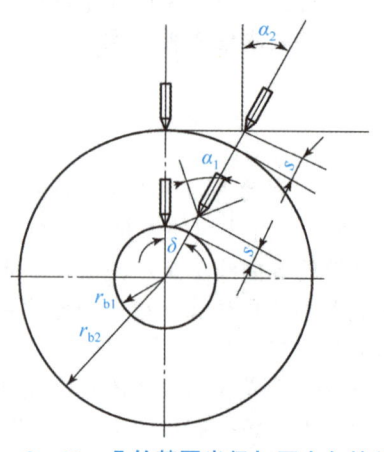

图 2 – 2 – 10　凸轮基圆半径与压力角的关系

凸轮机构工作时，有较大的轴压力，为提高传动刚度，凸轮的支承轴直径不能太小，这样凸轮基圆半径就要取大些。一般情况下，为使凸轮机构紧凑些，在传动刚度允许的情况下，凸轮基圆半径又需要尽量取小一些。具体设计可按下列经验公式确定。

（1）当 $e=0$ 时，偏距圆的切线就是过 O 点的径向线（即从动件反转后的导路线），按上述相同方法即得到对心式直动尖顶从动件盘形凸轮的轮廓曲线。

$$r_b = 1.8r + r_g + (6 \sim 10)\,\text{mm}$$

式中：r_b——凸轮基圆半径（mm）；

r——凸轮轴半径（mm）；

r_g——凸轮从动件滚子半径（mm）。

（2）当 $e>0$ 即采用偏置式从动件时，如图 2-2-11 所示，若凸轮逆时针转动，从动件偏置在凸轮转动中心右侧时压力角较小；当凸轮顺时针转动时，从动件采用左偏置压力角较小。因此，为了减小压力角，宜取较大的基圆半径；欲使结构紧凑，则应尽可能减小基圆半径。因此，设计时在满足 $\alpha_{\max} \leqslant [\alpha]$ 的条件下应尽可能取小的基圆半径。

三、滚子半径的选择

滚子从动件由于摩擦和磨损小而在凸轮机构中得以广泛应用，滚子半径的大小又直接影响凸轮机构的传动性能，为了提高滚子的强度和耐磨性，应选择较大的滚子半径，但滚子半径的增大将受到理论轮廓曲线上最小曲率半径的限制。具体设计可按以下方法进行。

（1）了解滚子半径 r_g 与凸轮轮廓曲率半径 ρ 和实际凸轮轮廓曲率半径 ρ' 的关系。如图 2-2-12（a）所示，凸轮外凸部分理论轮廓最小曲率半径为 $\rho_{\min}$，实际轮廓曲率半径 $\rho' = \rho_{\min} - r_g$。

（2）对 $\rho_{\min}$ 和 r_g 进行比较。

若 $\rho_{\min} > r_g$，则 $\rho' > 0$，这时实际轮廓是较为圆滑的曲线。

若 $\rho_{\min} \leqslant r_g$，则 $\rho' \leqslant 0$，滚子的包络线有一部分互相干涉而变尖，如图 2-2-12（b）所示，工作时，不仅变尖部分极易损坏，而且因相交部分在加工时被切去使从动件的运动失真。

综上所述，为使凸轮机构正常加工与运行，应保证 $\rho_{\min} > r_g$。

图 2-2-11 偏置式从动件凸轮机构

1—凸轮；2—从动件；3—机架

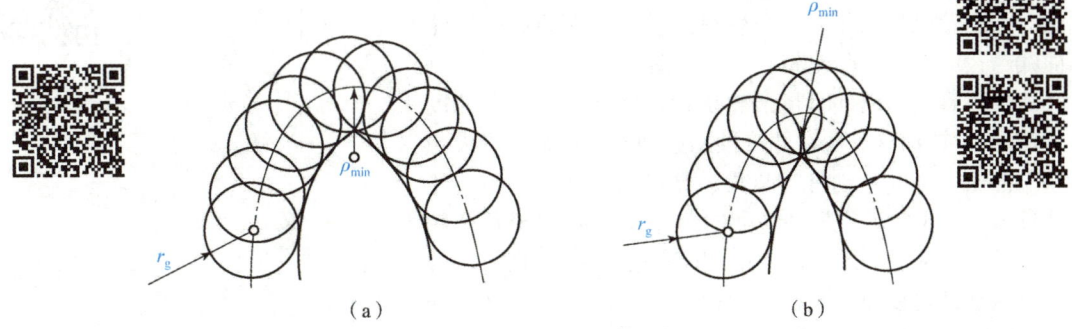

（a）　　　　　　　　　　（b）

图 2-2-12 滚子半径的选择

在实际应用中，选择滚子半径 r_g 时，考虑到强度和传力情况，r_g 应该取大些；但考虑到滚子半径过大，大于曲线凸出部分而使曲线变尖，则 r_g 又要取小些。一般取 $r_g = (0.1 \sim 0.5)r_0$，然后校验 $r_g \leqslant 0.8\rho_{\min}$，这样既能有足够的强度和较好的传力性能，又能使凸轮升程轮廓曲线和回程轮廓曲线中间的过渡弧较圆滑而不变尖。

 **做一做**

请同学们对盘形凸轮平底从动件的参数进行分析。

步骤四　设计凸轮机构

 **想一想**

设计盘形凸轮轮廓曲线的目的是什么呢？

相关知识

一、凸轮机构的完整设计过程

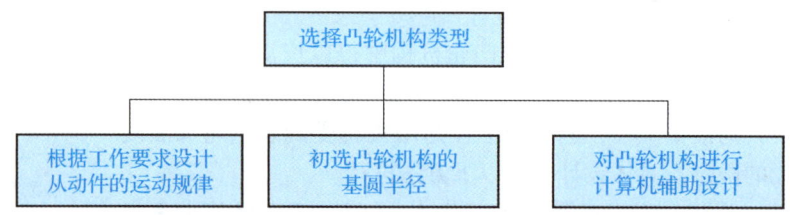

二、凸轮轮廓曲线的设计方法

从动件的运动规律和凸轮基圆半径确定后，即可进行凸轮轮廓设计，其设计方法有图解法和解析法两种。图解法简便易行，而且直观，但作图误差大、精度较低，适用于低速或对从动件运动规律要求不高的一般精度凸轮设计。对于精度要求高的高速凸轮、靠模凸轮，必须用解析法列出凸轮轮廓曲线的方程，借助于计算机辅助设计精确地设计凸轮轮廓。另外，采用的加工方法不同，则凸轮轮廓的设计方法也不同。这里只介绍用图解法设计凸轮轮廓。

用图解法设计凸轮轮廓曲线，是以相对运动原理为基础的。当凸轮机构工作时，凸轮是运动的；而绘制凸轮轮廓曲线时，应假想使凸轮相对静止。图 2-2-13 所示为一对心式尖顶直动从动件盘形凸轮机构，当凸轮以等角速度 ω_1 绕轴心 O 转动时，从动件按预期运动规律运动。现设想在整个凸轮机构（从动件、凸轮、导路）上加一个与凸轮角速度 ω_1 大小相等、方向相反的角速度 $-\omega_1$，于是凸轮静止不动，而从动件与导路一起以角速度 $-\omega_1$ 绕凸轮转动，且从动件仍以原来的运动规律相对于导路移动（或摆动）。由于从动件尖顶与凸轮轮廓始终接触，所以加上反转角速度后从动件尖顶的运动轨迹就是凸轮轮廓曲线。把原来转动的凸轮看成静止不动的，而把原来静止不动的导路及原来往复移动的从动件看成反转运动的这一原理，称为"反转法"原理。假如从动件是滚子从动件，则滚子中

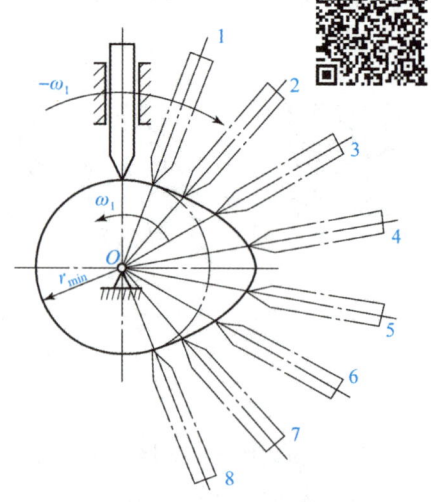

图 2-2-13　凸轮反转法设计原理

心可看作从动件的尖顶，其运动轨迹就是凸轮的理论轮廓曲线，凸轮的实际轮廓曲线是与理论轮廓曲线相距滚子半径 r_g 的一条等距曲线。

三、对心式直动平底从动件盘形凸轮轮廓曲线的设计

此设计可将推杆导路中心线与其平底的交点 O 视为尖顶推杆的尖顶，先用反转法确定尖顶的各位置点。

设计步骤如下：

（1）选取适当的比例尺作从动件的位移曲线图，如图 2-2-14（b）所示，并将位移曲线图横坐标上代表推程运动角 δ_1 和回程运动角 δ_2 的线段分为若干等份，过这些等分点分别作垂线，这些垂线与位移曲线相交所得的线段 $11'$、$22'$、$33'$、…即代表相应位置的从动件位移量。

（2）选取与位移曲线图相同的比例尺。任取一点 O 为圆心，以已知的基圆半径 r_b 作凸轮的基圆。

（3）自 OA_0 开始，沿 $-\omega$ 方向在基圆上量取各运动阶段的凸轮转角 δ_1、δ_2、δ_3，再将这些角度各分为与从动件位移曲线图同样的等份，从而在基圆上得相应的等分点 A'_1、A'_2、A'_3、…，连接 OA'_1、OA'_2、OA'_3、…即代表机构在反转后各瞬时位置从动件尖顶相对导路（即移动方向）的方向线。

（4）在 OA'_1、OA'_2、OA'_3、…的延长线上分别截取 A'_1A_1、A'_2A_2、A'_3A_3、…，得到机构反转后从动件尖顶的一系列位置点 A_1、A_2、A_3、…。

（5）过 A_1、A_2、A_3、…作一系列代表平底的直线，作此直线族的包络线即为凸轮的工作轮廓曲线，如图 2-2-14（a）所示。

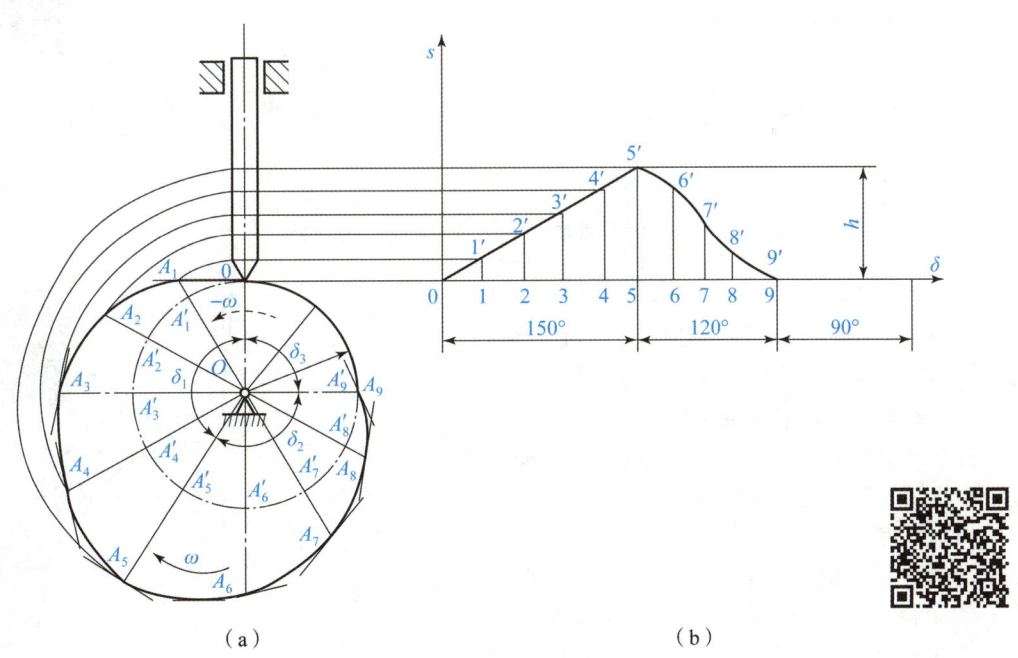

（a） （b）

图 2-2-14 对心式直动尖顶从动件盘形凸轮轮廓的设计

四、创新设计

（一）偏置直动尖顶从动件盘形凸轮轮廓的设计

已知偏距为 e，基圆半径为 r_0，凸轮以角速度 ω 顺时针转动，从动件的位移图线如图 2-2-15

（b）所示，设计该凸轮的轮廓曲线。

设计步骤如下：

（1）以与位移线图相同的比例尺作偏距圆（以 e 为半径的圆）及基圆，过偏距圆上任一点 K 作偏距圆的切线作为从动件导路，并与基圆相交于 B_0 点，该点也就是从动件尖顶的起始位置。

（2）从 OB_0 开始按 $-\omega$ 方向在基圆上画出推程运动角 $180°(\phi_0)$、远休止角 $30°(\phi_s)$、回程运动角 $90°(\phi'_0)$、近休止角 $60°(\phi'_s)$，相应段与位移线图对应划分出若干等份，得点 C_1、C_2、C_3、$\cdots$。

（3）过各等分点 C_1、C_2、C_3、$\cdots$ 向偏距圆作切线，作为从动件反转后的导路线。

（4）在以上导路线上，从基圆上的点 C_1、C_2、C_3、$\cdots$ 开始向外量取相应的位移量得 B_1、B_2、B_3、$\cdots$，即 $B_1C_1 = 11'$，$B_2C_2 = 22'$，$B_3C_3 = 33'$，得出反转后从动件尖顶的位置。

（5）将点 B_1、B_2、B_3、$\cdots$ 连成光滑曲线即是凸轮的轮廓曲线。

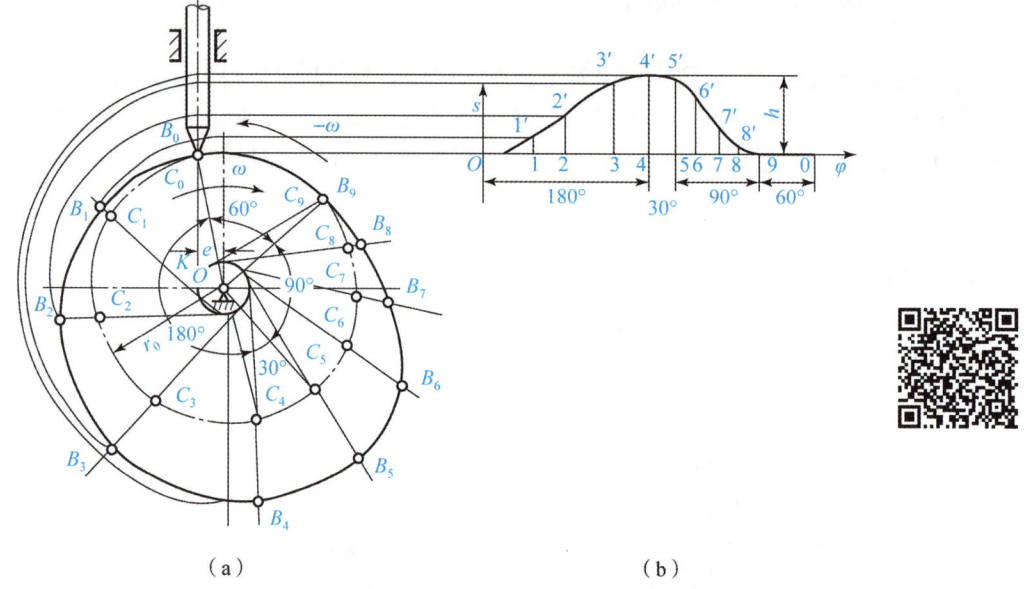

（a）　　　　　　　　　　　　　（b）

图 2 - 2 - 15　偏置直动尖顶从动件盘形凸轮设计

（二）滚子从动件盘形凸轮轮廓的设计

仍利用上述已知条件，需再给定滚子半径，其凸轮轮廓曲线的画法可分两步进行。

（1）绘制凸轮的理论轮廓曲线。

将滚子中心看作尖顶从动件的尖顶，按上述方法作凸轮的理论轮廓曲线 η。

（2）绘制凸轮的实际轮廓曲线。

以理论轮廓曲线 η 上各点为圆心，以滚子半径 r_g 为半径作一系列的圆，最后作这些圆的包络线 η'，η' 就是滚子从动件盘形凸轮的实际轮廓曲线，如图 2 - 2 - 16 所示。从图中可知，滚子从动件盘形凸轮的基圆半径是在理论轮廓上度量的。

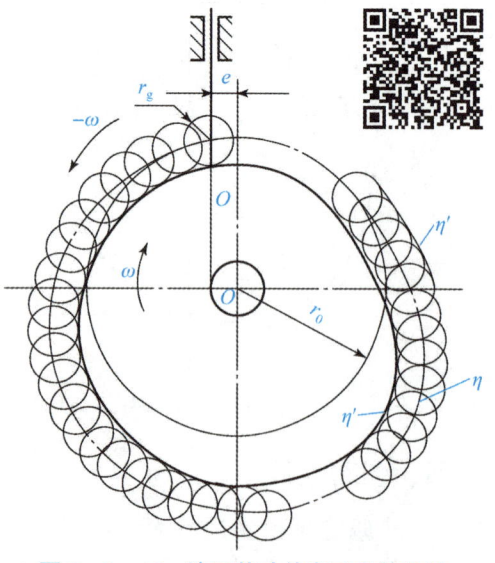

图 2 - 2 - 16　滚子从动件盘形凸轮设计

多学一点

凸轮轮廓的加工方法

1. 铣、锉削加工

对于低速、轻载场合的凸轮，可以应用"反转法"在未淬火凸轮轮坯上通过作图法绘制出轮廓曲线，采用铣床或用手工锉削办法加工而成，必要时可进行淬火处理。这种方法的缺点是加工出来的凸轮的变形难以得到修正。

2. 数控加工

数控加工是目前常用的一种凸轮加工方法。加工时应用解析法求出凸轮轮廓曲线上各点的极坐标 (ρ, θ) 值，然后用专用编程软件进行编程，在数控线切割机床上对淬火后的凸轮进行切割加工。此方法加工出的凸轮精度高，适用于高速、重载的场合。

做一做

同学们分小组，按照上述设计步骤，设计并绘制出内燃机配气机构中盘形凸轮构件外形图样，完成学习任务。

任务评价

序号	内容	分值/分	得分	备注
1	明确凸轮机构的功能	10		
2	能够分清不同类型凸轮机构	10		
3	明确从动件常用运动规律特点	20		
4	能够正确选择凸轮机构的主要参数	20		
5	能够完成盘形凸轮机构设计	30		
6	能够完成凸轮机构创新设计	10		

技能训练

请认真观察绕线机中排线机构的特点及运动情况，分析排线机构的类型，说出其运动规律，同时写出排线机构设计的步骤和方法。

★ 新视野

机械创新设计技术

机械创新设计是充分发挥设计者的创造力，利用人类已有的相关科学技术成果进行创新构思，设计出具有新颖性、创造性及实用性的机构或机械产品的一种实践活动。它包括两个部分：一是改进和完善生产或生活中现有机械产品的技术性能、可靠性、经济性、适用性等；二是创新设计出新机器、新产品，以满足新的生产或生活的需要。

机械创新设计的一般过程可以归纳为以下三步：

第一，确定机械的基本原理，它会涉及机械学对象不同层次、不同种类的机构组合，或不同学科知识、技术的问题。

第二，机构结构类型综合及优选，优选的结构类型对机械整体性能和经济性具有重大影响，机械发明专利的大部分属于结构类型的创新设计。

第三，机构运动尺寸综合及其运动参数优选，其难点在于求得非线性方程组的完全解，为优选方案提供较大的空间。随着优化法、代数消元法等数学方法引入机构学，该问题有了突破性的进展。

机械创新设计涉及多学科，如机械、液压、电力、气动、热力、电子、光电、电磁及控制等多种科技的交叉、渗透与融合。

在进行机械创新设计时应尽可能在较多方案中进行方案优选，即在大的设计空间内，基于知识、经验、灵感与想象力的系统中搜索并优化设计方案。

机械创新设计是多次重复、多次筛选的过程，每一设计阶段有其特定内容与方法，但各阶段之间又密切相关，形成一个整体的系统设计。

 **巩固与拓展**

一、知识巩固

对照本任务知识脉络图，梳理自己所掌握的知识体系，并与同学相互交流、研讨个人对某些知识点或技能技巧的理解，注重提升职业素养。

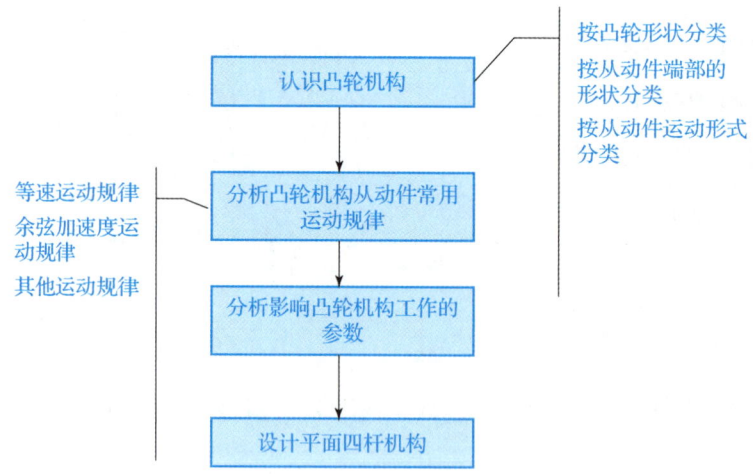

二、拓展任务

根据任务 2.1 的工作步骤及方法，利用所学知识，完成自主学习手册中的拓展任务。

 自我分析与总结

学生改错	学生学会的内容

学生总结:

 习题巩固

1. 凸轮机构有哪些基本类型？各有何特点？
2. 凸轮机构从动件常用的运动规律有哪些？各有何特点？
3. 影响凸轮机构工作的主要参数有哪些？如何选择？
4. 凸轮设计时，若得出 $\alpha > [\alpha]$，应采取什么办法来解决这个问题？
5. 如题 5 图所示，试用作图法在图上标出各凸轮从图示位置按逆时针方向转过 45° 后，凸轮机构的压力角。

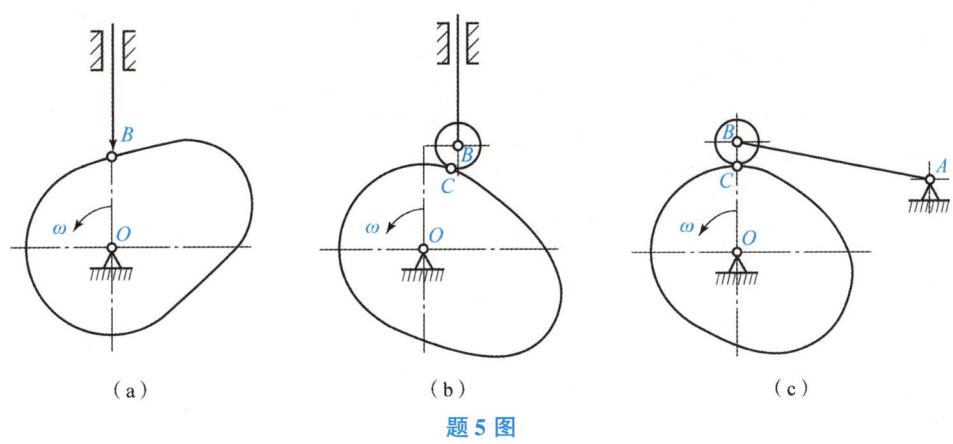

（a）　　　　　　（b）　　　　　　（c）

题 5 图

任务2.3　螺旋传动机构设计

工作任务

学徒工小赵使用如图2-3-1所示CA6140车床车削一外圆表面，需要横向进刀1 mm，在其师傅的指导下，小赵顺时针转动中滑板手轮1/5 r，试判断该车床中滑板丝杠的旋向并计算滑板丝杠的导程。

图 2-3-1　CA6140 车床示意图
1—丝杠；2—刀架；3—尾座

任务目标

知识目标	能力目标	素质目标
1. 了解螺旋传动的功用、类型及应用特点 2. 掌握螺旋传动方向的判定 3. 计算螺旋传动的运动距离 4. 掌握螺旋传动机构螺母和螺杆材料的选择	1. 能够根据螺旋传动的特点，正确选择螺旋传动的类型 2. 能够根据螺旋传动的用途，完成螺旋结构的设计 3. 能够完成螺旋机构材料的选择 4. 能够掌握螺旋传动的设计步骤和方法	1. 通过将理论与实际相结合，提升学生的专业能力和职业素养 2. 培养学生团队的协作意识及语言表达能力 3. 培养学生的空间思维和逻辑思维能力

任务实施

步骤一　认识螺旋传动机构

想一想

日常生活中你都见过哪些螺旋传动呢？

一、螺旋传动的作用

螺旋机构由螺杆、螺母和机架组成，它主要用于将旋转运动转变为直线运动，同时传递运动和动力。

CA6140 车床中有螺旋传动。在该车床中丝杠将进给运动传给溜板箱，完成螺纹车削；中滑板丝杠用于横向进给，小滑板丝杠可以实现横向、纵向或斜向进给运动，尾座丝杠可实现套筒的纵向进给运动。

二、螺旋传动的运动特点

螺旋传动机构与其他将回转运动变为直线运动的传动方式相比具有以下特点：

（一）优点

（1）结构简单，仅需内、外螺纹组成螺旋副即可。

（2）降速比大，可以实现微调和降速传动。

（3）增力显著，承载能力高。在主动件上作用一个不大的转矩，则从动件上能获得很大的推力，如螺旋千斤顶。

（4）易于自锁。在普通螺旋传动中，无论轴向加多大力，只要不损坏螺牙，都不会产生轴向移动，这种现象叫自锁。螺旋传动能实现自锁是其使用中的一个重要特点。

（5）工作连续，传动平稳，无噪声。

（二）缺点

（1）传动效率低，有自锁性时，$\eta < 50\%$；传动精度低。

（2）刚性和稳定性均较差。

（3）磨损快、寿命短，低速时有爬行现象（滑移）。

三、螺旋传动的类型

螺旋传动的类型见表 2 − 3 − 1。

表 2 − 3 − 1　螺旋传动的类型

分类依据	螺纹类型	图例	说明
按螺旋副的用途分	传力螺旋		特点：以传递动力为主，以较小的转矩获得较大的轴向力。一般在低转速下工作，每次工作时间短或间歇工作。一般要求有自锁能力。如螺旋压力机和螺旋千斤顶

分类依据	螺纹类型	图例	说明
按螺旋副的用途分	传导螺旋	 车床丝杠传导螺旋	特点：以传递运动为主，常用作实现机床中刀具和工作台的直线进给。通常工作速度较高，在较长时间内连续工作，要求具有较高的传动精度。例如机床刀架进给机构
	调整螺旋	 镗床镗刀调整螺旋	特点：用以调整、固定零件的相对位置。调整螺旋不经常转动，一般在空载下调整。例如：机床、仪器及测试装置中的微调机构
按螺纹副的摩擦性质分	滑动螺旋		主要由螺杆、螺母和支承结构组成。螺杆与螺母之间为滑动摩擦。螺杆一般情况选用右旋螺纹。 特点：结构简单，便于制造，易于自锁，但其摩擦阻力大，传动效率低，磨损大，传动精度低
	滚动螺旋		主要由滚珠、螺杆、螺母及滚珠循环装置组成。当螺杆或螺母转动时，滚动体在螺杆与螺母间的螺纹管道内滚动，使螺杆与螺母间为滚动摩擦，从而提高传动精度和传动效率。 特点：滚珠螺旋传动具有滚动摩擦阻力小、传动精度高、传动效率高（一般为92%～98%）、传动平稳、动作灵活等优点。但其结构复杂，制造成本高

分类依据	螺纹类型	图例	说明
按螺纹副的摩擦性质分	静压螺旋		靠压力油的油压来承受外载荷，螺旋副之间为液体摩擦。 特点：摩擦阻力小，传动效率高，但结构复杂，无自锁性能，成本较高，传动效率高（可达99%）
按工作原理分	普通螺旋		螺旋机构可以用来把回转运动变为直线移动，在各种机械设备和仪器中得到广泛应用
	差速式螺旋机构		优点：既能得到极小的位移，其螺纹的导程又无须太小，因而便于加工制造。 用途：差速式螺旋机构常用于较精密的机械或仪器中，如测微器、分度机构及机床刀具的微调机构等

想一想

CA6140 车床中螺旋传动属于上述哪一种类型？描述其工作过程。

步骤二 分析滑动螺旋的结构及材料

相关知识

一、滑动螺旋的结构

（一）螺母结构

1. 整体螺母

如图 2-3-2 所示，整体螺母不能调整间隙，只能用在轻载且精度要求较低的场合。

2. 组合螺母

图 2-3-3 所示为车床中滑板丝杠与螺母。首先将固定螺钉 1 旋松，通过拧紧调整螺钉 2 驱使调整楔块 3 将其两侧螺母拧紧，以便减少丝杠与螺母之间的间隙，提高传动精度。调整后，要求中滑板丝杠手柄灵活，不能过紧，调整好后注意将固定螺钉 1 拧紧。

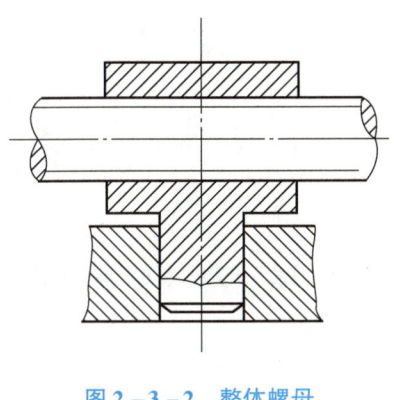

图 2-3-2　整体螺母

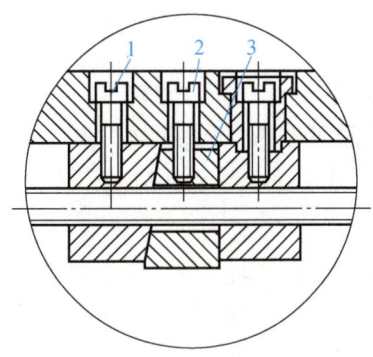

图 2-3-3　组合螺母

1—固定螺钉；2—调整螺钉；3—调整楔块

3. 对开螺母

如图 2-3-4 所示，这种螺母便于操作，一般用于车床溜板箱的螺旋传动中。

(二) 螺杆结构

传动螺旋通常采用牙型为矩形、梯形或锯齿形的右旋螺纹，特殊情况下也采用左旋螺纹。如为了符合操作习惯，车床横向进给丝杠螺纹即采用左旋螺纹。

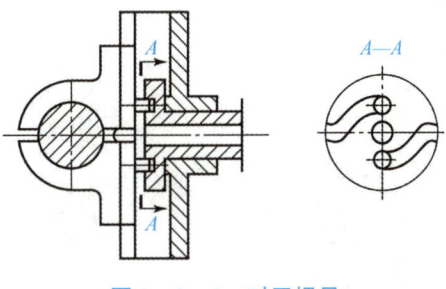

图 2-3-4　对开螺母

二、材料选择

由于滑动螺旋传动中的摩擦较严重，故要求螺旋传动材料的耐磨性能、抗弯性能都要好。一般螺杆材料的选用原则如下：

(1) 高精度传动时，多选用碳素工具钢。

(2) 需要较高硬度，如 50~56 HRC 时，可采用铬锰合金钢；当需要硬度为 35~45 HRC 时，可采用 65 Mn 钢。

(3) 一般情况下可采用 45 钢和 50 钢。

螺母材料可用铸造锡青铜，重载低速的场合可选用强度高的铸造铝铁青铜，而轻载低速时也可选用耐磨铸铁。

做一做

如果为 CA6140 车床中的螺旋传动的螺母和螺杆进行选材，你如何选择呢？陈述你的理由。

步骤三 设计螺旋传动机构

相关知识

想一想

螺旋传动时，从动件移动方向取决于哪些因素呢？

一、判定机床螺旋传动丝杠的旋向

螺旋传动时，从动件做直线运动的方向（移动方向）不仅与螺纹的回转方向有关，还与螺纹的旋向有关。正确判定螺杆或螺母的移动方向十分重要。

螺旋传动运动方向的判定见表2-3-2。

表2-3-2 螺旋传动运动方向的判定

判定方法	图例	说明
左、右手法则	右旋螺纹	右旋螺纹用右手，左旋螺纹用左手。手握空拳，四指指向与螺杆（或螺母）回转方向相同，大拇指竖直。有两种情况： （1）若螺杆（或螺母）回转并移动，螺母（或螺杆）不动，则大拇指指向即为螺杆（或螺母）的移动方向。 （2）若螺杆（或螺母）回转，螺母（或螺杆）移动，则大拇指指向的相反方向即为螺母（或螺杆）的移动方向
实例1	2　3 1—床鞍；2—丝杠；3—开合螺母	螺杆（或螺母）回转，螺母（或螺杆）移动，则大拇指指向的相反方向即为螺母（或螺杆）移动方向

用左右手法则判断 CA6140 车床中螺旋传动丝杠的旋向。

二、计算机床螺旋传动丝杠的导程

在螺旋传动中，螺杆（或螺母）的移动距离与螺纹的导程有关。螺杆相对于螺母每回转一圈，螺杆（或螺母）移动一个导程的距离。因此，移动距离等于回转圈数与导程的乘积，即

$$L = NP_h \tag{2-3-1}$$

式中：L——螺杆或螺母的移动距离（mm）；

N——回转圈数；

P_h——螺纹导程（mm）。

移动速度可按下式计算：

$$v = nP_h \tag{2-3-2}$$

式中：v——螺杆或螺母的移动速度（mm/min）；

n——转速（r/min）。

本任务配分权重表

序号	内容	分值/分	得分	备注
1	认识螺旋传动	30		
2	分析滑动螺旋的结构及材料选择	20		
3	设计螺旋机构的参数	50		

设计要求与数据：

如图 2-3-5 所示镗床镗刀螺旋机构中，螺杆 1 有两段螺旋，导程分别为 $S_1 = 6$ mm，$S_2 = 5$ mm。

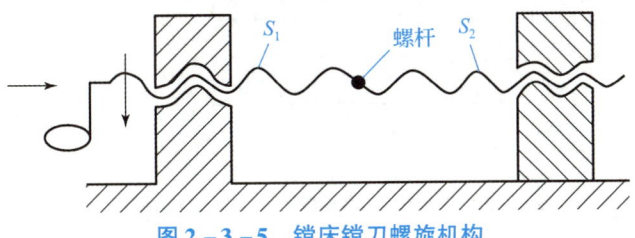

图 2-3-5　镗床镗刀螺旋机构

设计内容：

当手柄按如图2-3-2所示方向（从左往右看为顺时针）转动$\phi = \pi$时，按以下条件求螺母相对机架的移动距离及方向：

（1）当两段均为右旋时；

（2）当左边为左旋、右边为右旋时。

★新视野

机械优化设计技术

"机械优化设计"是一门新兴学科，它建立在数学规划理论和计算机程序设计基础上，通过计算机数值计算，能从众多的设计方案中找到尽可能完善或最适宜的设计方案，使期望的经济指标达到最优，它可以成功地解决其他方法难以解决的复杂问题。优化设计为工程设计提供了一种重要的科学设计方法，因而采用这种设计方法能大大提高设计效率和设计质量。

机械优化设计将机械设计的具体要求构造成数学模型，将机械设计问题转化为数学问题，构成一个完整的数学规划命题，逐步求这个规划命题，使其最佳地满足设计要求，从而获得可行性方案中的最优设计方案。优化设计改变了传统的设计方式。传统设计方法是被动地重复分析产品的性能，而不是主动设计产品的参数。作为一项设计不仅要求方案可行、合理，而且应该是某些指标达到最优的立项方案，并从大量的可行设计方案中找出一种最优化的设计方案，从而实现最优化的设计。优化设计可以满足多方面的性能要求、产品要求，且总体结构尺寸及传动效率高、生产成本低等，这些要求用传统设计方法是无法解决的。

实践证明，最优化设计是保证产品具有优良的性能、减少自重或体积、降低工程造价的一种有效的设计方法。

巩固与拓展

一、知识巩固

对照本任务知识脉络图，梳理自己所掌握的知识体系，并与同学相互交流、研讨个人对某些知识点或技能技巧的理解，注重提升职业素养。

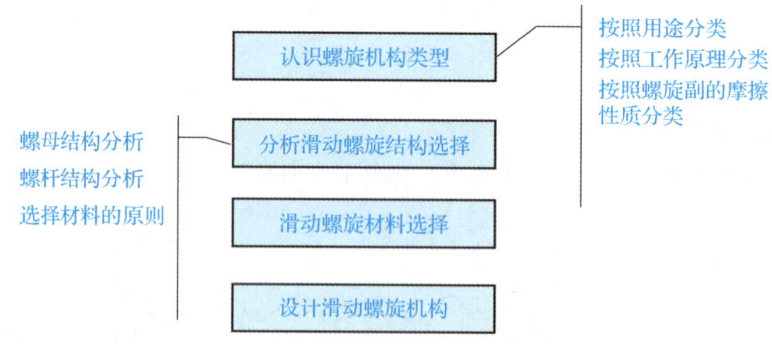

螺母结构分析
螺杆结构分析
选择材料的原则

认识螺旋机构类型 —— 按照用途分类 / 按照工作原理分类 / 按照螺旋副的摩擦性质分类

分析滑动螺旋结构选择

滑动螺旋材料选择

设计滑动螺旋机构

二、拓展任务

根据任务2.3的工作步骤及方法，利用所学知识，完成自主学习手册中的拓展任务。

 **自我分析与总结**

学生改错	学生学会的内容

学生总结:

 习题巩固

1. 螺旋传动的应用特点是什么?

2. 普通螺旋传动有哪几种应用形式?

3. 螺旋传动中,如何确定螺母(或螺杆)的移动方向?

4. 车床螺旋传动中,已知左旋双线螺杆的螺距为8 mm,若螺杆按题4图所示方向回转两周,螺母移动距离为多少?方向如何?

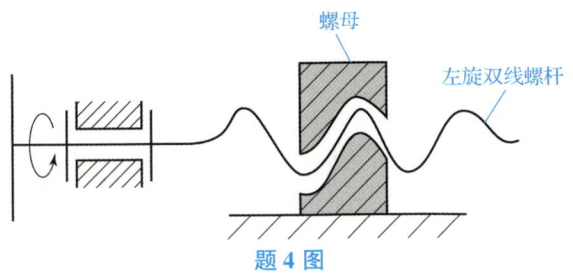

题 **4** 图

项目三 传动机构设计

 项目导读

传动机构是一台机器的传动系统部分，用来把动力系统的运动和动力传递给执行系统。如图3–1所示，成形机中的带传动、齿轮传动都是将电动机输出的运动和力传递给最后端的曲柄冲压滑块机构。因此，分析传动机构的类型、工作特性及设计方法等是本项目的学习重点。

传动机构设计内容主要分为四部分内容，如下所示。

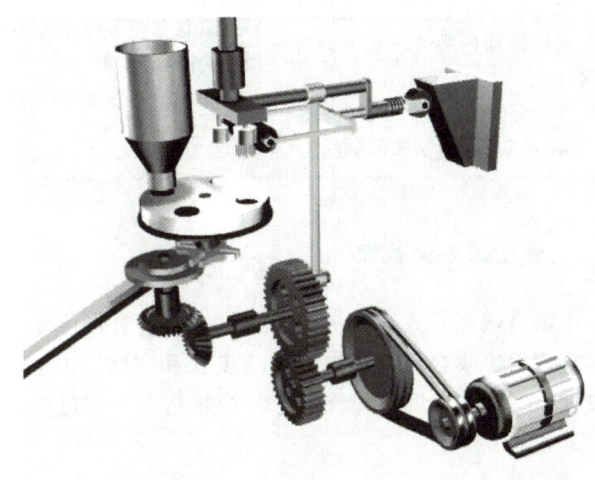

图 3 – 1 成形机中传动机构

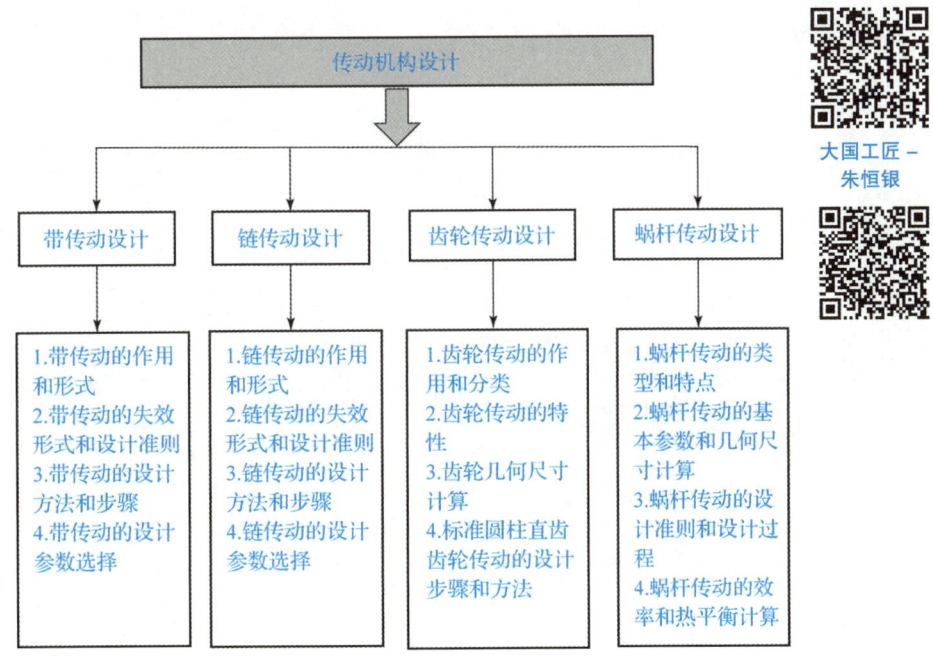

大国工匠 – 朱恒银

传动机构设计

带传动设计	链传动设计	齿轮传动设计	蜗杆传动设计
1.带传动的作用和形式 2.带传动的失效形式和设计准则 3.带传动的设计方法和步骤 4.带传动的设计参数选择	1.链传动的作用和形式 2.链传动的失效形式和设计准则 3.链传动的设计方法和步骤 4.链传动的设计参数选择	1.齿轮传动的作用和分类 2.齿轮传动的特性 3.齿轮几何尺寸计算 4.标准圆柱直齿轮传动的设计步骤和方法	1.蜗杆传动的类型和特点 2.蜗杆传动的基本参数和几何尺寸计算 3.蜗杆传动的设计准则和设计过程 4.蜗杆传动的效率和热平衡计算

 项目学习目标

知识目标	能力目标	素质目标
1. 掌握带传动、链传动、齿轮传动和蜗杆传动的类型 2. 掌握带传动、链传动、齿轮传动和蜗杆传动的性质及传动特点 3. 掌握带传动、链传动、齿轮传动和蜗杆传动的失效形式与设计准则 4. 掌握带传动、链传动、齿轮传动与蜗杆传动的设计步骤和方法	1. 能够分析各种传动机构的基本形式及特点 2. 能够分析各种传动机构的传动性质 3. 能够分析各种传动机构的失效形式和设计准则 4. 能够分析各种传动机构的设计步骤和方法	1. 通过传动机构运动分析，培养学生分析和解决问题的能力 2. 通过分析传动机构失效形式，让学生明白"凡事预则立、不预则废"的道理 3. 通过传动机构设计，学会设计科学规范的方法和步骤 4. 在小组合作学习中，培养学生团队协作的意识

 项目任务实施

本项目选择带式输送机作为载体，通过对带传动、链传动及减速器中齿轮传动、蜗杆传动的设计，让学生学会传动机构设计的步骤和方法，并可以举一反三地完成其他不同类型的传动机构设计。本项目分四个设计任务，按照基于工作过程系统化的步骤实施。

工作任务

设计带式输送机中的普通 V 带传动。电动机为 Y 系列三相异步电动机，额定功率 $P = 70$ kW，转速 $n_1 = 730$ r/min，鼓风机转速 $n_2 = 500$ r/min。该机启动载荷较小，工作平稳，载荷变动小，每天工作 16 h。

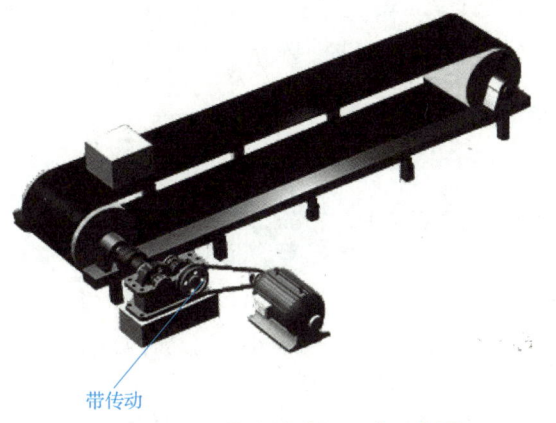

带传动

图 3 – 1 – 1　带式输送机运动示意图

任务目标

知识目标	能力目标	素质目标
1. 了解带传动的作用及类型 2. 掌握带传动的运动特性 3. 掌握带传动主要参数的选择 4. 掌握带传动的设计方法和步骤	1. 能够根据传动特点区分带传动的类型 2. 能够分析带传动受力，选取合适的设计参数 3. 能够根据工作要求进行带传动的设计计算	1. 通过小组活动，培养团队合作的能力 2. 通过带传动的设计计算，培养学生能够严格执行良好的职业习惯和严谨精细的工作态度

任务实施

步骤一　认识带传动

相关知识

一、带传动的概述

带传动是一种常用的机械传动装置，主要作用是传递转矩和改变转速。大部分带传动是依靠挠性传动带与带轮间的摩擦力来传递运动和动力的。

带传动一般由主动轮 1、从动轮 2、传动带 3 和机架 4 组成，如图 3 - 1 - 2 所示。

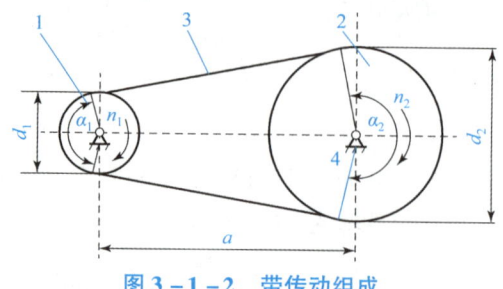

图 3 - 1 - 2　带传动组成

1—主动轮；2—从动轮；3—传动带；4—机架

二、带传动的特点

提示：

主要对带传动的运动特性进行分析。

（一）优点

（1）带传动属于挠性传动，传动平稳，噪声小，可缓冲吸振。

（2）结构简单，易于制造，安装要求较低。

（3）过载时，带会在带轮上打滑，从而起到保护其他传动件免受损坏的作用。

（4）带传动允许较大的中心距，结构简单，制造、安装和维护较方便，成本低廉。

（二）缺点

（1）传动的外廓尺寸较大，结构不紧凑，且对轴的压力大。

（2）带与带轮之间存在弹性滑动和打滑，传动比不能严格保持不变。

（3）带传动的效率低，带的寿命较短。

（4）需要张紧装置。

三、带传动的分类

（一）按传动原理分

1. 摩擦带传动

靠传动带与带轮间的摩擦力传递运动和动力，如 V 带传动、平带传动和圆带传动等。

2. 啮合带传动

靠带内侧凸齿与带轮外缘上的齿槽相啮合实现传动，如图 3 - 1 - 3 所示的同步带传动。

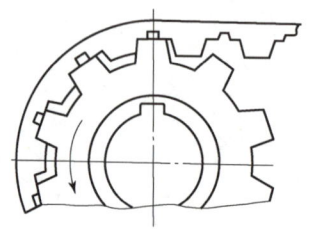

图 3 - 1 - 3　同步带传动

（二）按用途分

1. 传动带

传递运动和动力用。

2. 输送带

输送物品用。

（三）按传动带的截面形状分

1. 平带

如图 3-1-4（a）所示，平带的截面形状为矩形，内表面为工作表面。常用的平带有胶带、编织带和强力锦纶带等。

2. V 带

如图 3-1-4（b）所示，V 带的截面形状为等腰梯形，两侧面为工作表面。传动时 V 带与轮槽两侧面接触，在同样压紧力 F_Q 的作用下，V 带的摩擦力比平带大，传递功率也较大，且结构也较紧凑。

3. 多楔带

如图 3-1-4（c）所示，它是在平带的基体上由多根 V 带组成的传动带。多楔带结构紧凑，传递功率很大。

4. 圆形带

如图 3-1-4（d）所示，横截面为圆形，只用于小功率传动。

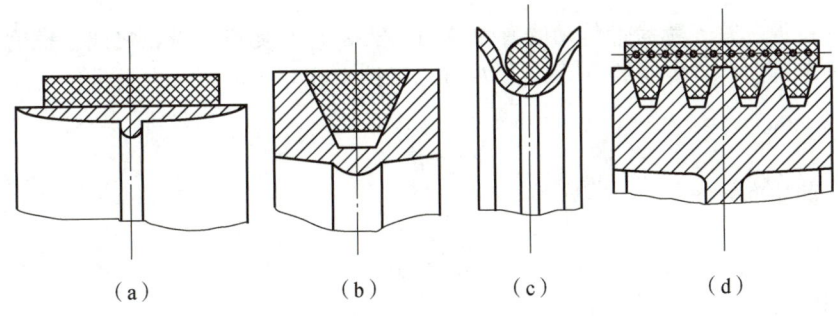

（a）　　　　　　（b）　　　　　　（c）　　　　　　（d）

图 3-1-4　传动带的截面形状

（a）平带；（b）V 带；（c）圆形带；（d）多楔带

 **做一做**

如图 3-1-1 所示带式输送机中的带传动属于哪一类传动形式？其传动比是如何进行计算的呢？

步骤二　分析带传动的运动特性

想一想

如果带传动中的带松弛地安装在带轮上，会发生什么情况呢？如果要进行带的预紧，预紧力又如何控制呢？

一、分析带传动的受力

传动带在工作前必须以一定的预紧力套在带轮上。当传动带静止时，带两边承受相等的拉力，称为初拉力 F_0，如图 3 - 1 - 5 （a）所示。当传动带传动时，由于带与带轮接触面间摩擦力的作用，带两边的拉力不再相等，如图 3 - 1 - 5 （b）所示。绕入主动轮的一边被拉紧，拉力由 F_0 增加到 F_1，称为紧边；绕入从动轮的一边被放松，拉力由 F_0 减少到 F_2，称为松边。设环行带的总长度不变，则紧边拉力的增加量 $F_1 - F_0$ 应等于松边拉力的减少量 $F_0 - F_2$，即

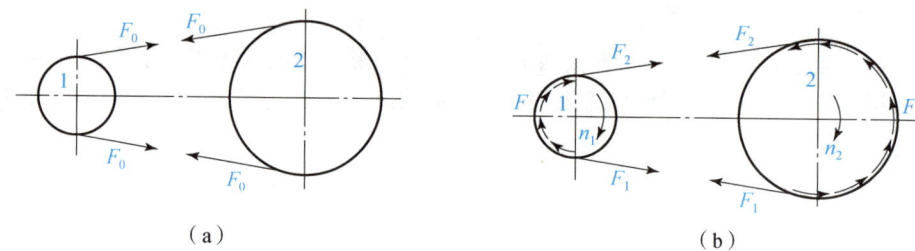

（a）　　　　　　　　　　　　　　　　　（b）

图 3 - 1 - 5　带传动的工作原理图

（a）不工作时；（b）工作时

$$F_0 = \frac{1}{2}(F_1 + F_2) \tag{3 - 1 - 1}$$

带两边的拉力之差 F 称为带传动的有效拉力。实际上 F 是带与带轮之间摩擦力的总和，在最大静摩擦力范围内，带传动的有效拉力 F 与总摩擦力相等。F 同时也是带传动所传递的圆周力，即

$$F = F_1 - F_2 \tag{3 - 1 - 2}$$

带所传递的功率为

$$P = \frac{Fv}{1\ 000} \tag{3 - 1 - 3}$$

式中：P——传递功率；

　　　F——有效圆周力，单位为 N；

　　　v——带的速度，单位为 m/s。

在一定初拉力 F_0 的作用下，带与带轮接触面间摩擦力的总和有一极限值。当带所传递的圆周力超过带与带轮接触面间摩擦力总和的极限值时，带在带轮上将发生明显的相对滑动，这种现象称为打滑。带打滑时从动轮转速急剧下降，使传动失效，同时也加剧了带的磨损，因此应避免出现带打滑现象。

当传动带与带轮表面间即将打滑，摩擦力达到最大值，即有效圆周力达到最大值时，忽略离心力的影响，紧边拉力 F_1 和松边拉力 F_2 之间的关系用欧拉公式表示，即

$$\frac{F_1}{F_2} = e^{f\alpha} \tag{3 - 1 - 4}$$

式中：F_1，F_2——带的紧边拉力和松边拉力，单位为 N；

　　　e——自然对数的底，e ≈ 2.718；

f——带与带轮接触面间的摩擦系数$\left(\text{V 带用当量摩擦系数分} f_{\text{v}} \text{代替} f, f_{\text{v}} = \dfrac{f}{\sin\varphi/2}\right)$；

α——包角，即带与带轮接触面的弧长所对应的中心角，单位为 rad。

由式（3－1－1）、式（3－1－2）和式（3－1－4）可得

$$F = 2F_0 \frac{e^{f\alpha} - 1}{e^{f\alpha} + 1} \tag{3－1－5}$$

式（3－1－5）表明，带所传递的圆周力 F 与下列因素有关：

（1）初拉力 F_0。F 与 F_0 成正比，增大初拉力 F_0，带与带轮间正压力增大，则传动时产生的摩擦力就越大，故 F 就越大。但 F_0 过大会加剧带的磨损，致使带过快松弛，缩短其工作寿命。

（2）摩擦系数 f。f 越大，摩擦力也越大，F 就越大。F 与带和带轮的材料、表面状况、工作环境等条件有关。

（3）包角 α。F 随 α 的增大而增大，因为增加 α 会使整个接触弧上摩擦力的总和增加，从而提高传动能力。因此，水平装置的带传动通常将松边放置在上面，以增大包角。由于大带轮的包角 α_2 大于小带轮的包角 α_1，打滑首先在小带轮上发生，所以只需考虑小带轮的包角 α_1。一般要求 $\alpha_1 \geqslant 120°$。

联立式（3－1－2）和式（3－1－4），可得带传动在不打滑条件下所能传递的最大圆周力为

$$F_{\max} = F_1\left(1 - \frac{1}{e^{f\alpha}}\right) \tag{3－1－6}$$

二、分析带传动的应力

带传动工作时，带中将产生以下几种应力。

（一）紧边拉应力 σ_1 和松边拉应力 σ_2

紧边拉应力：

$$\sigma_1 = \frac{F_1}{A}$$

松边拉应力：

$$\sigma_2 = \frac{F_2}{A}$$

式中：A——带的横截面面积。

（二）弯曲应力 σ_{b}

带绕在带轮上时，由于弯曲而产生弯曲应力，其值为

$$\sigma_{\text{b}} \approx E \frac{h}{d_{\text{d}}}$$

式中：E——带的弹性模量（MPa）；

h——带的高度，单位为 mm；

d_{d}——V 带的基准直径，单位为 mm。

弯曲应力只发生在带上包角所对的圆弧部分。由公式可知，当基准直径越小时，带所产生的弯曲应力越大，所以小带轮的弯曲应力 σ_{b1} 比大带轮的弯曲应力 σ_{b2} 大。

（三）离心应力 σ_{c}

当带以速度 v 沿着带轮轮缘作圆周运动时，带本身的质量将引起离心力。由于离心力的作用，带中产生离心拉力，此力在带中产生离心应力，其值为

$$\sigma_{\text{c}} = \frac{qv^2}{A}$$

式中：q——传动带单位长度的质量，单位为 kg/m，各种型号 V 带的 q 值见表 3－1－1；

v——传动带的速度，单位为 m/s。

表 3 - 1 - 1　基准宽度制 V 带每米长的质量 q

带型	Y	Z	A	B	C	D	E	SPZ	SPA	SPB	SPC
$q/(\text{kg} \cdot \text{mm}^{-1})$	0.02	0.06	0.10	0.17	0.30	0.62	0.90	0.07	0.12	0.20	0.37

图 3 - 1 - 6 所示为带工作时的应力分布情况。

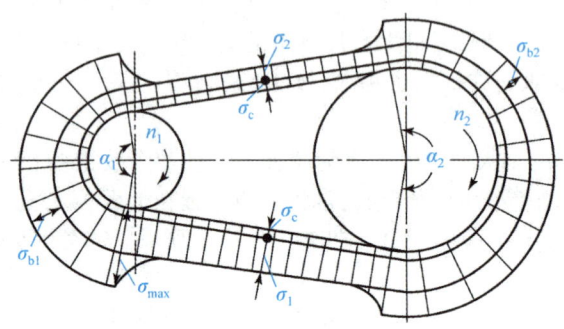

图 3 - 1 - 6　带的应力分布

由以上分析可得出以下结论：

（1）带工作时任意截面上的应力是随位置不同而变化的，所以，带在变应力下工作。

（2）最大应力点发生在紧边绕入小带轮处，此点最大应力值近似的表示为

$$\sigma_{max} = \sigma_1 + \sigma_{b1} + \sigma_c$$

为保证带具有足够的疲劳寿命，应满足：

$$\sigma_{max} = \sigma_1 + \sigma_{b1} + \sigma_c \leqslant [\sigma] \tag{3 - 1 - 7}$$

式中：$[\sigma]$——带的许用应力。

$[\sigma]$ 是在 $\alpha_1 = \alpha_2 = 180°$ 规定的带长和应力循环次数、载荷平稳等条件下通过实验确定的。

想一想

带传动中所受的最大应力应该在哪一个部位？为什么呢？

三、分析带传动的特性

（一）弹性滑动

传动带是弹性体，受到拉力后会产生弹性伸长，伸长量随拉力大小的变化而改变。带由紧边绕过主动轮进入松边时，带内拉力由 F_1 减小为 F_2，其弹性伸长量也由 δ_1 减小为 δ_2。这说明带在绕经带轮的过程中，相对于轮面向后缩了 $\Delta\delta(\Delta\delta = \delta_1 - \delta_2)$，带与带轮面间出现局部相对滑动，导致带的速度逐渐小于主动轮的圆周速度，如图 3 - 1 - 7 所示。同样，当带由松边绕过从动轮进入紧边时，拉力增加，带逐渐被拉长，沿轮面产生向前的弹性滑动，使带的速度逐渐大于从动轮的圆周速度。这种由于带的弹性变形而产生的带与带轮间的滑动称为弹性滑动。

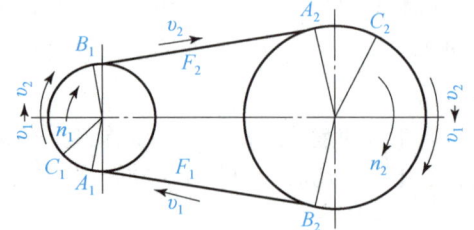

图 3 - 1 - 7　带传动的弹性滑动

带的弹性滑动使从动轮的圆周速度 v_2 低于主动轮的圆周速度 v_1，其速度的降低率用滑动率 ε 表示，即

$$\varepsilon = \frac{v_1 - v_2}{v_1} = \frac{\pi d_1 n_1 - \pi d_2 n_2}{\pi d_1 n_1}$$

式中：n_1，n_2——主动轮、从动轮的转速，单位为 r/min；

d_1，d_2——主动轮、从动轮的直径，单位为 mm，对 V 带传动则为带轮的基准直径。

由此可得带传动的传动比为

$$v = \frac{z_1 p n_1}{60 \times 1\,000} \tag{3-1-8}$$

因带传动的滑动率 $\varepsilon = 0.01 \sim 0.02$，其值很小，所以在一般传动计算中可不予考虑。

> **提示：**
>
> 由 $P = Fv/1\,000$，在 P 一定的情况下，v 越高，F 越小，$F_1 - F_2$ 越小，弹性滑动越轻。故在多级传动中，带传动一般布置在高速级。

（二）打滑

带传动是靠摩擦工作的，初拉力一定，当传递的有效圆周力超过带与带轮间的极限摩擦力时，带就会在带轮轮面上发生明显的相对移动，这种现象称为打滑。当带传动出现打滑现象时，虽然主动带轮仍在继续转动，但从动轮及传动带有较大的速度损失，甚至完全不动。在正常工作时，打滑是一种有害现象，它将加剧带的磨损并使传动失效。因此，应当避免出现打滑现象。但打滑也有正面作用，当机器过载时，打滑能起到过载保护的作用。

弹性滑动和打滑是两个截然不同的概念，区别如表 3-1-2 所示。

表 3-1-2　弹性滑动与打滑的不同

项目	弹性滑动	打滑
现象	局部带在局部轮面上发生的滑动	整个带在整个轮面上发生的移动
产生的原因	带两边的拉力差	超载
结论	不可避免	可避免

想一想

打滑现象一般发生在大带轮还是小带轮上？为什么？带传动中的弹性滑动现象能够避免吗？

步骤三　设计带传动

 **相关知识**

一、分析带传动的失效形式和设计准则

（一）V 带的主要失效形式有两种，即打滑和疲劳损坏

打滑：带所传递的圆周力超过了带与带轮接触面间摩擦力总和的极限值时，带在带轮上会发生明显的相对滑动。

带的疲劳破坏：带在交变应力作用下构件发生的破坏。

（二）带传动的设计准则

针对带传动的主要失效形式，带传动的设计准则是：在保证带传动不打滑的前提下，具有一定的疲劳强度和寿命。

保证不打滑的条件：带传递的有效圆周力 F 小于或等于带与带轮间的极限摩擦力，即

$$F \leqslant F_{fmax}$$

保证带传动具有一定疲劳强度和寿命的条件：带所受最大应力小于带的许用应力 $[\sigma]$，即

$$\sigma_{max} = \sigma_{b1} + \sigma_1 + \sigma_c \leqslant [\sigma]$$

二、带传动的设计

（一）已知条件

通常情况下设计 V 带传动时已知的原始数据有：所需传递的额定功率 P；小带轮转速 n_1、大带轮的转速 n_2 或传动比；传动的用途和工作条件；传动位置和总体尺寸限制，原动机种类等。

（二）设计计算方法和步骤

1. 确定计算功率 P_c

根据传递的功率 P、原动机及工作机的类型、载荷性质和每天运转的小时数等因素确定，即

$$P_c = K_A P$$

式中：K_A——工作情况系数，查表 3 − 1 − 3 可得。

表 3 − 1 − 3　V 带的工作情况系数 K_A

工况		K_A					
		空、轻载启动			重载启动		
		每天工作小时数/h					
		< 10	10 ~ 16	> 16	< 10	10 ~ 16	> 16
载荷变动微小	液体搅拌机、通风机和鼓风机（≤7.5 kW），离心式水泵和压缩机，轻型输送机	1.0	1.1	1.2	1.1	1.2	1.3
载荷变动小	带式输送机（不均匀载荷），通风机（>7.5 kW），旋转式水泵和压缩机，发电机，金属切削机床，印刷机，旋转筛，锯木机和木工机械	1.2	1.3	1.4	1.4	1.5	1.6
载荷变动较大	制砖机，斗式提升机，往复式水泵和压缩机，起重机，磨粉机，冲剪机床，橡胶机械，振动筛，纺织机械，重载输送机	1.2	1.3	1.4	1.4	1.5	1.6
冲击载荷	破碎机（旋转式、颚式等），磨碎机（球磨、棒磨、管磨）	1.3	1.4	1.5	1.5	1.6	1.8

2. 选择带的型号

带式输送机中所用的传动带为普通 V 带，属于标准件。标准普通 V 带都制成无接头的环形，其结构如图 3-1-8 所示，抗拉体的结构分为帘布芯 V 带［见图 3-1-8（a）］和绳芯 V 带［见图 3-1-8（b）］两种类型。

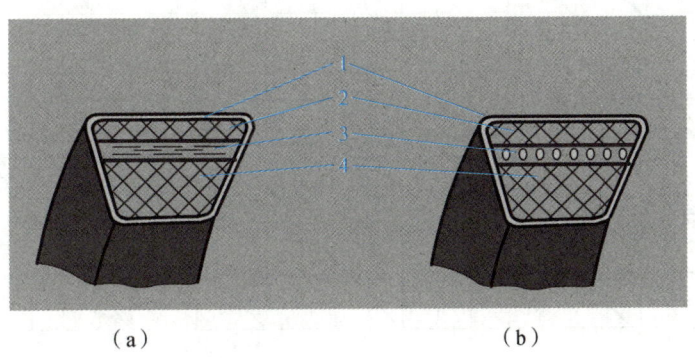

图 3-1-8 V 带横截面结构

（a）帘布 V 带；（b）绳芯 V 带

1—包布层；2—伸张层；3—强力层；4—压缩层

（1）普通 V 带型号。国家标准规定（GB/T 11544—2012），按截面尺寸的大小普通 V 带分为 Y、Z、A、B、C、D、E 七种型号，窄 V 带根据截面尺寸分为 SPZ、SPA、SPB、SPC 四种型号。V 带截面尺寸见表 3-1-4。

表 3-1-4 V 带截面尺寸

型号	Y	Z SPZ	A SPA	B SPB	C SPC	D	E
b/mm	6	10	13	17	22	32	38
b_p/mm	5.3	8.5	11	14	19	27	32
h/mm	4	6	8	11	14	19	23
A/mm^2	18	47	81	138	230	476	637
楔角 θ	40°						

（2）普通 V 带的主要参数。带绕在带轮上时产生弯曲，外层受拉伸长，内层受压缩短，内外层之间必有一长度不变的中性层，其宽度 b_p 称为节宽。V 带轮上与 b_p 相应的带轮直径 d_d 称为基准直径，与带轮基准直径相应的带的周线长度称为基准长度，用 L_d 表示。

（3）普通 V 带的标记。普通 V 带的标记是由型号、基准长度和标准号三部分组成，如基准长度为 1 600 mm 的 B 型普通 V 带，其标记为

$$B1600 \ GB/T \ 11544—2012$$

V 带的标记及制造年月和生产厂名，通常都压印在带的外表面。

（4）选择 V 带的型号。根据计算功率 P_c 和主动轮转速 n_1，由图 3-1-9 选择 V 带型号。当所选的坐标点在图中两种型号分界线附近时，可选择两种型号分别进行计算，然后择优选用。

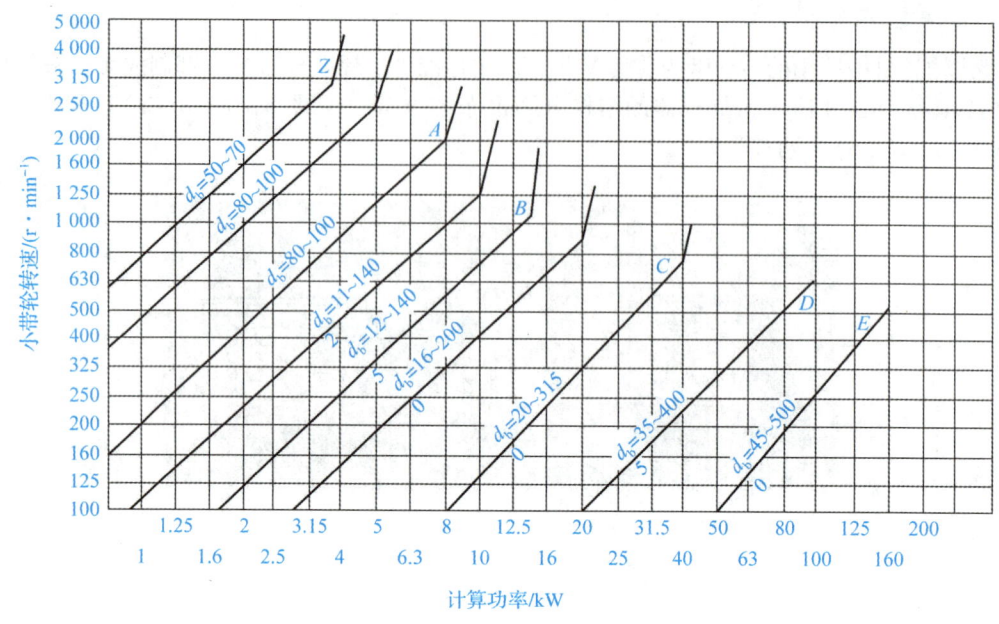

图 3 - 1 - 9　普通 V 带选型图

做一做

结合上述任务，根据计算功率和小带轮的转速，选择带式输送机中带的型号。

3. 确定 V 带轮的基准直径 d_{d1} 和 d_{d2}

（1）初选小带轮的基准直径 d_{d1}。

设计时应取小带轮的基准直径 $d_{d1} \geqslant d_{dmin}$，$d_{dmin}$ 的值查表 3 - 1 - 5。带轮直径越小，结构越紧凑，但带的弯曲应力增大，寿命降低，而且带的速度也降低，单根带的基本额定功率减小，所以小带轮的基准直径 d_{d1} 不宜选得太小。

表 3 - 1 - 5　带轮最小基准直径（GB/T 10412—2002）　　　　　　　mm

带型	Y	Z	A	B	C	D	E	SPZ	SPA	SPB	SPC
d_{dmin}	20	50	75	125	200	355	500	63	90	140	224

注：带轮基准直径系列：20，22.4，25，28，31.5，40，45，50，56，63，71，75，80，85，90，95，100，106，112，118，125，132，140，150，160，170，180，200，212，224，236，150，265，280，300，315，335，355，375，400，425，450，475，500，530，560，600，630，670，710，750，800，900，1 000，1 060，1 120，1 250，1 400，1 500，1 600，1 800，2 000，2 240，2 500。

（2）验算带的速度 v。

由 $v = \dfrac{\pi d_d n}{60 \times 1\,000}$ 来计算带的速度 v，并满足 $5\ \text{m/s} \leqslant v \leqslant v_{max}$。对于普通 V 带，$v_{max} = 25 \sim 30\ \text{m/s}$；对于窄 V 带，$v_{max} = 35 \sim 40\ \text{m/s}$。如果 $v > v_{max}$，则离心力过大，即应减小 d_{d1}；如 v 过小（$v < 5\ \text{m/s}$），这将使所需的有效圆周力 F_e 过大，即所需带的根数过多，于是带轮的宽度、轴径及轴承的尺寸都要随之增大，故 v 过小时应增大 d_{d1}。

（3）计算从动轮的基准直径 d_{d2}。

$d_{d2} = id_{d1}$，并按 V 带轮的基准直径系列进行圆整。

做一做

结合上述任务，选择带轮的最小直径，并计算出大带轮的直径。

4. 分析与计算技术参数

带传动的中心距如过大，会引起带的抖动，且传动尺寸也不紧凑；中心距越小，带的长度越短，带的应力变化也就越频繁，会加速带的疲劳破坏，当传动比较大时，中心距太小将导致包角过小，降低传动能力。

（1）初步确定中心距 a_0 尺寸。

$$0.7(d_{d1} + d_{d2}) \leq a_0 \leq 2(d_{d1} + d_{d2})$$

（2）初步确定基准长度 L_{d0} 尺寸。

按下式计算所需带的基准长度：

$$L_{d0} = 2a_0 + \frac{\pi}{2}(d_{d1} + d_{d2}) + \frac{(d_{d2} - d_{d1})^2}{4a_0}$$

根据 L_{d0}，按照表 3-1-6 选取相近的基准长度 L_d。

表 3-1-6　普通 V 带的基准长度系列及长度修正系数

基准长度 L_d/mm	K_L						
	普通 V 带型号						
	Y	Z	A	B	C	D	E
400	0.96	0.87					
450	1.00	0.89					
500	1.02	0.91					
560		0.94					
630		0.96	0.81				
710		0.99	0.82				
800		1.00	0.85				
900		1.03	0.87	0.81			
1 000		1.06	0.89	0.84			
1 120		1.08	0.91	0.86			
1 250		1.11	0.93	0.88			
1 400		1.14	0.96	0.90			
1 600		1.16	0.99	0.93	0.84		
1 800		1.18	1.01	0.95	0.85		

基准长度 L_d/mm	K_L						
	普通 V 带型号						
	Y	Z	A	B	C	D	E
2 000			1.03	0.98	0.88		
2 240			1.06	1.00	0.91		
2 500			1.09	1.03	0.93		
2 800			1.11	1.05	0.95	0.83	
3 150			1.13	1.07	0.97	0.86	
3 550			1.17	1.10	0.98	0.89	
4 000			1.19	1.13	1.02	0.91	
4 500				1.15	1.04	0.93	0.90
5 000				1.18	1.07	0.96	0.92
5 600					1.09	0.98	0.95
6 300					1.12	1.00	0.97
7 100					1.15	1.03	1.00
8 000					1.18	1.06	1.02
9 000					1.21	1.08	1.05
10 000					1.23	1.11	1.07
11 200						1.14	1.10
12 500						1.17	1.12
14 000						1.20	1.15
16 000						1.22	1.18

（3）确定实际的中心距。

根据 L_d 来计算实际中心距。带传动实际中心距 a 用下式计算：

$$a = A + \sqrt{(A^2 - B)}$$

式中：$A = \dfrac{L_d}{4} - \dfrac{\pi(d_{d1} + d_{d2})}{8}$（mm）；$B = \dfrac{(d_{d2} - d_{d1})^2}{8}$（mm^2）。

由于带传动的中心距一般是可以调整的，故可近似计算：

$$a \approx a_0 + \frac{L_d - L_{d0}}{2}$$

考虑到安装调整和张紧的需要，实际中心距的变动范围为

$$a_{min} = a - 0.015L_d$$

$$a_{max} = a + 0.03L_d$$

结合上述任务，选择带式输送机中带传动的中心距和基准直径。

> **提示：**
> 带的基准长度要按照表3－1－6中的数据进行圆整。

（4）验算小带轮包角 α_1。

根据包角计算公式及对包角的要求，应保证：

$$\alpha_1 \approx 180° - 60° \times \frac{d_{d2} - d_{d1}}{a} \geqslant 90° \sim 120°$$

当包角小于允许值时，可以通过采取增加中心距的措施来增加小带轮的包角。

做一做

结合上述任务，计算带式输送机小带轮的包角，并验算是否符合带传动包角的要求。

（5）确定带的根数 z。

①单根 V 带传递的功率。

在包角 $\alpha = 180°$、特定带长、工作平稳的条件下，单根普通 V 带的基本额定功率 P_1 见表3－1－7。

表 3－1－7　单根普通 V 带的基本额定功率 P_1　　　　　　　　　　kW

带型	小带轮基准直径 d_{d1}/mm	小带轮的转速 n_1/(r·min^{-1})						
		400	730	800	980	1 200	1 460	2 800
Z 型	50	0.06	0.09	0.10	0.12	0.14	0.16	0.26
	63	0.08	0.13	0.15	0.18	0.22	0.25	0.41
	71	0.09	0.17	0.20	0.23	0.27	0.31	0.50
	80	0.14	0.20	0.22	0.26	0.30	0.36	0.56
A 型	75	0.27	0.42	0.45	0.52	0.60	0.68	1.00
	90	0.39	0.63	0.68	0.79	0.93	1.07	1.64
	100	0.47	0.77	0.83	0.97	1.14	1.32	2.05
	112	0.56	0.93	1.00	1.18	1.39	1.62	2.51
	125	0.67	1.11	1.19	1.40	1.66	1.93	2.98
B 型	125	0.84	1.34	1.44	1.67	1.93	2.20	2.96
	140	1.05	1.69	1.82	2.13	2.47	2.83	3.85
	160	1.32	2.16	2.32	2.72	3.17	3.64	4.89
	180	1.59	2.61	2.81	3.30	3.85	4.41	5.76
	200	1.85	3.05	3.30	3.86	4.50	5.15	6.43
C 型	200	2.41	3.80	4.07	4.66	5.29	5.86	5.01
	224	2.99	4.78	5.12	5.89	6.71	7.47	6.08
	250	3.62	5.82	6.23	7.18	8.21	9.06	6.56
	280	4.32	6.99	7.52	8.65	9.81	10.74	6.13
	315	5.14	8.34	8.92	10.23	11.53	12.48	4.16
	400	7.06	11.52	12.10	13.67	15.04	15.51	—

给出的单根 V 带的基本额定功率是在特定条件下（$\alpha = 180°$、特定的基准长度）得出的，当实际工作条件与上述条件不同时，应对 P_1 值进行修正，以求得实际工作条件下单根 V 带的许用功率 $[P_1]$，其计算公式为

$$[P_1] = (P_1 + \Delta P_1)K_\alpha K_L$$

式中：ΔP_1——基本额定功率增量（kW），由于 $i \neq 1$ 时，带在大带轮上的弯曲应力较小，故在寿命相同的条件下，可增大传递的功率，见表 3 – 1 – 8；

K_α——包角系数，考虑 $\alpha \neq 180°$ 时对传动能力的影响，见表 3 – 1 – 9；

K_L——长度系数，考虑带的基准长度不为特定长度时对传动能力的影响，见表 3 – 1 – 5。

②V 带根数的计算。

$$z = \frac{P_d}{[P_1]} = \frac{P_d}{(P_1 + \Delta P_1)K_\alpha K_L}$$

表 3 – 1 – 8　单根普通 V 带的基本额定功率的增量 ΔP_1　　　　　　kW

带型	小带轮转速 n_1 /(r·min^{-1})	传 动 比								
		1.00 ~ 1.01	1.02 ~ 1.04	1.05 ~ 1.08	1.09 ~ 1.12	1.13 ~ 1.18	1.19 ~ 1.24	1.25 ~ 1.34	1.35 ~ 1.51	1.52 ~ 1.99	≥2.0
Z 型	400	0.00	0.00	0.00	0.00	0.00	0.00	0.00	0.00	0.01	0.01
	730	0.00	0.00	0.00	0.00	0.00	0.00	0.01	0.01	0.01	0.02
	800	0.00	0.00	0.00	0.00	0.01	0.01	0.01	0.01	0.02	0.02
	980	0.00	0.00	0.00	0.01	0.01	0.01	0.01	0.02	0.02	0.02
	1 200	0.00	0.00	0.01	0.01	0.01	0.01	0.02	0.02	0.02	0.03
	1 460	0.00	0.00	0.01	0.01	0.01	0.01	0.02	0.02	0.02	0.03
	2 800	0.00	0.01	0.02	0.02	0.03	0.03	0.03	0.04	0.04	0.04
A 型	400	0.00	0.00	0.01	0.01	0.02	0.03	0.03	0.04	0.04	0.05
	730	0.00	0.01	0.02	0.03	0.04	0.05	0.06	0.07	0.08	0.09
	800	0.00	0.01	0.02	0.03	0.04	0.05	0.06	0.08	0.09	0.10
	980	0.00	0.01	0.03	0.04	0.05	0.06	0.07	0.08	0.10	0.11
	1 200	0.00	0.02	0.03	0.05	0.07	0.08	0.10	0.11	0.13	0.15
	1 460	0.00	0.02	0.04	0.06	0.08	0.09	0.11	0.13	0.15	0.17
	2 800	0.00	0.04	0.08	0.11	0.15	0.19	0.23	0.26	0.30	0.34
B 型	400	0.00	0.01	0.03	0.04	0.06	0.07	0.08	0.10	0.11	0.13
	730	0.00	0.02	0.05	0.07	0.10	0.12	0.15	0.17	0.20	0.22
	800	0.00	0.03	0.06	0.08	0.11	0.14	0.17	0.20	0.23	0.25
	980	0.00	0.03	0.07	0.10	0.13	0.17	0.20	0.23	0.26	0.30
	1 200	0.00	0.04	0.08	0.13	0.17	0.21	0.25	0.30	0.34	0.38
	1 460	0.00	0.05	0.10	0.15	0.20	0.25	0.31	0.36	0.40	0.46
	2 800	0.00	0.10	0.20	0.29	0.39	0.49	0.59	0.69	0.79	0.89
C 型	400	0.00	0.04	0.08	0.12	0.16	0.20	0.23	0.27	0.31	0.35
	730	0.00	0.07	0.14	0.21	0.27	0.34	0.41	0.48	0.55	0.62
	800	0.00	0.08	0.16	0.23	0.31	0.39	0.47	0.55	0.63	0.71
	980	0.00	0.09	0.19	0.27	0.37	0.47	0.56	0.65	0.74	0.83
	1 200	0.00	0.12	0.24	0.35	0.47	0.59	0.70	0.82	0.94	1.06
	1 460	0.00	0.14	0.28	0.42	0.58	0.71	0.85	0.99	1.14	1.27
	2 800	0.00	0.27	0.55	0.82	1.10	1.37	1.64	1.92	2.19	2.47

表 3 – 1 – 9　V 带的包角系数 K_α

小带轮包角/(°)	K_α	小带轮包角/(°)	K_α
180	1.00	145	0.91
175	0.99	140	0.89
170	0.98	135	0.88
165	0.96	130	0.86
160	0.95	125	0.84
155	0.93	120	0.82
150	0.92		

在确定 V 带的根数时，为了使各根 V 带受力均匀，根数不应过多，一般以不超过 8～10 根为宜，否则应改选带的型号重新计算。

 **做一做**

结合上述任务，计算带式输送机选用几根带合适？

（6）计算作用在带传动上的力。

 **想一想**

在安装新带时，有没有便捷的方法检测初拉力？

①初拉力的计算。

传动带在工作前必须以一定的预紧力套在带轮上。当传动带静止时，带两边承受相等的拉力，称为初拉力 F_0。初拉力大小是保证带传动正常工作的重要因素。如果过小，产生的摩擦力小，易发生打滑；如果过大，会使带疲劳寿命降低，轴和轴承上的压力加大。对于 V 带既要保证传动功率，又不能出现打滑。

单根 V 带最适宜的初拉力 F_0 为

$$F_0 = \frac{500P_c}{zv}\left(\frac{2.5}{K\alpha} - 1\right) + qv^2$$

由于新带易松弛，故对不能调整中心距的普通 V 带传动，安装新带时的初拉力应为计算值的 1.5 倍。

 **做一做**

结合上述任务，计算带式输送机中带传动的初拉力 F_0。

②带传动作用在轴上的压力。

V 带的张紧对轴和轴承产生的压力 F_Q 会影响轴和轴承的强度和寿命。为简化其运算，一般按静止状态下带轮两边均作用初拉力 F_0 进行计算，如图 3 – 1 – 10 所示，得

$$F_Q = 2F_0 z\sin\frac{\alpha_1}{2}$$

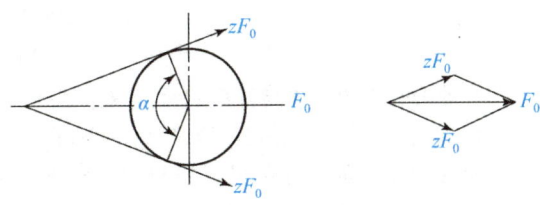

图 3 – 1 – 10　带传动作用在轴上的压力

计算学习任务中的带传动作用在带轮上的压力 F_Q。

（7）V 带轮的设计。

①确定带轮设计内容。

根据带轮的基准直径和带轮转速等已知条件，确定带轮的材料、结构形式、轮槽、轮辐和轮毂的几何尺寸、公差和表面粗糙度等相关技术要求。

②确定带轮的材料。

常用材料为灰铸铁 HT150 或 HT200。转速较高时可用铸钢或钢板冲压焊接结构，小功率时可用铸铝或塑料。

③确定带轮的结构形式。

带轮的结构设计，主要是根据带轮的基准直径选择结构；根据带的截面形状确定轮槽尺寸，由经验公式确定带轮的其他结构尺寸；绘制带轮的零件图，并按工艺要求注出相应的技术要求等。

带轮的结构由轮缘（外圈环形部分）、轮毂（与轴连接的筒形部分）和轮辐（连接轮缘和轮毂的中间部分）三部分组成。

根据轮辐结构的不同可将带轮分为实心式、腹板式、孔板式和椭圆轮辐式四种型式，如图 3-1-11 所示。

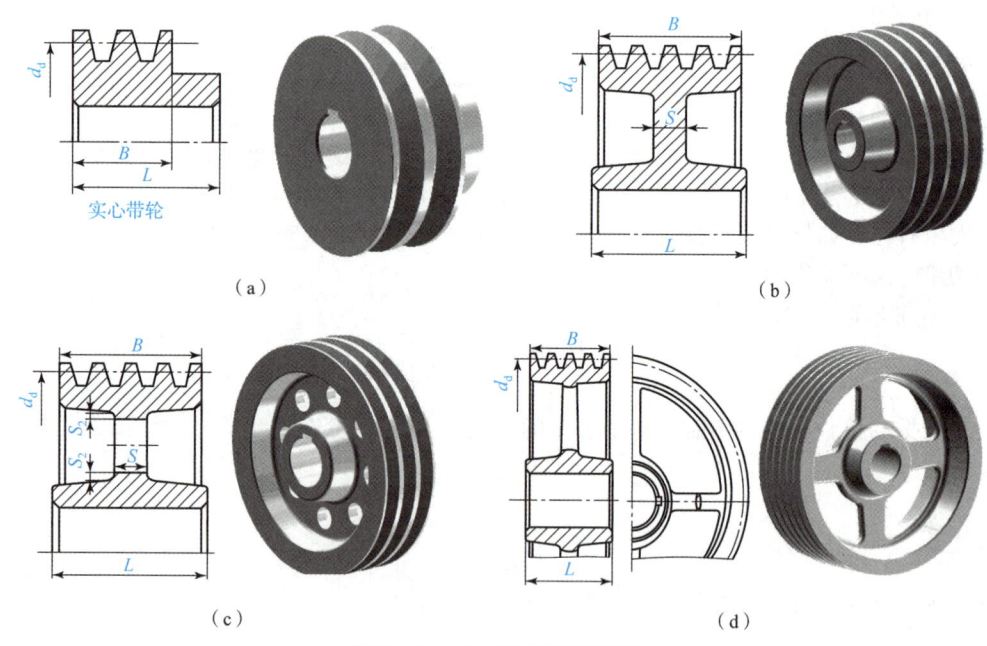

（a）　　　　　　　　　　　（b）

（c）　　　　　　　　　　　（d）

图 3-1-11　V 带轮的结构

（a）实心式；（b）腹板式；（c）孔板式；（d）椭圆轮辐式

V 带轮的结构形式与基准直径有关。当带轮的基准直径 $d_a \leqslant 2.5d$ [d 为安装带轮的轴的直径（mm）] 时，可采用实心式；当 $d_a \leqslant 300$ mm 时，可采用腹板式；当 $d_a \geqslant 300$ mm 时，可采用轮辐式。轮毂和轮辐的尺寸参见《机械设计手册》相关内容。

④V 带轮的轮槽。

V 带轮的轮槽与所选的 V 带的型号相对应，见表 3-1-4。带的两侧面夹角 φ 均为 40°，但带绕过带轮弯曲时会产生横向变形，使其夹角变小。为使带轮轮槽工作面和 V 带两侧面接触良好，一般轮槽楔角都制成小于 40°，且带轮直径越小，轮槽的楔角也越小。

⑤V 带轮的技术要求。

轮槽工作面不应有砂眼、气孔，轮辐及轮毂不应有缩孔和较大的凹陷。轮槽棱边要倒圆或倒钝。带轮轮槽工作面的表面粗糙度 Ra 为 3.2 μm，轮毂两侧面的表面粗糙度 Ra 为 6.3 μm，轮缘两侧面、轮槽底面的粗糙度取为 Ra 为 12.5 μm。带轮顶圆的径向圆跳动和轮缘两侧面的端面圆跳动按 11 级精度取值。其他条件参见 GB/T 11544—2012 中规定。

 **做一做**

（1）同学们分小组，按照上述设计步骤，对带式输送机中的带传动设计结果进行汇总。
（2）绘制带轮的结构图，填写技术要求，检查并签名。

任务评价

序号	内容	分值/分	得分	备注
1	明确带传动的类型和特点	10		
2	能够分析带传动的受力情况	20		
3	能够明确带传动的运动特性	10		
4	能够完成 V 带的设计计算	40		
5	能够绘制 V 带轮结构图	20		

技能训练

分析如图 3 – 1 – 12 所示台式钻床工作原理，主要分析带传动的类型和传动特点，写出带传动设计的步骤和方法。

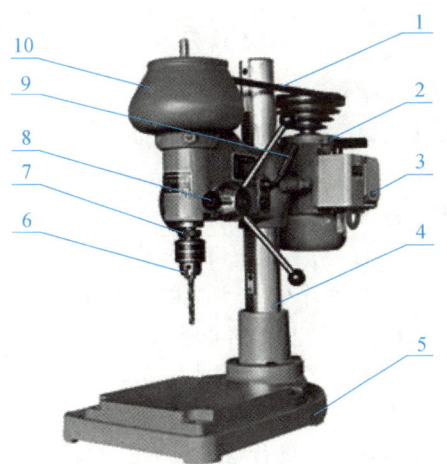

图 3 – 1 – 12　台式钻床的外形结构示意图

1—带传动；2—电动机；3—电气盒；4—立柱；5—底座；6—主轴；7—滚花螺母；
8—进给手柄；9—锁紧手把；10—主轴箱

 **巩固与拓展**

一、知识巩固

对照本任务知识脉络图，梳理自己所掌握的知识体系，并与同学相互交流、研讨个人对机器与机构知识点或技能技巧的理解，注重职业素养提升。

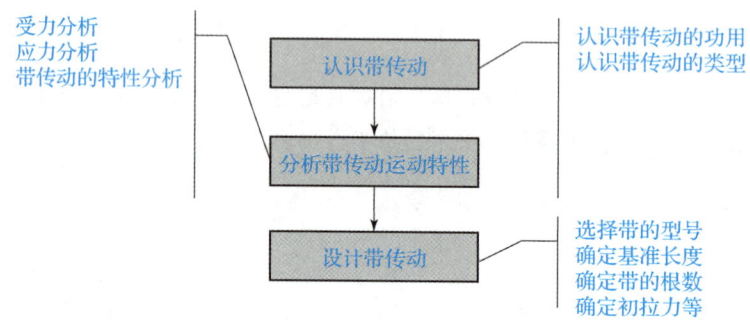

二、拓展任务

（1）根据任务完成的工作步骤及方法，利用所学知识，自主完成自主学习手册中的拓展任务。

（2）查阅《机械设计手册》中带传动的设计，谈谈自己对带传动设计的理解。

降低成本设计技术

降低成本的设计，是在保证功能和质量的前提下，通过降低成本来提高产品经济性以加强竞争优势的设计技术。实践证明，产品成本的70%以上取决于设计。因此，降低和优化产品成本已成为目前众多机电产品开发设计成功的关键。

一、产品成本构成

产品成本包括生产成本、运行成本和维修保障成本。生产成本又分为设计成本、生产准备成本、材料成本和装配成本。产品从设计到使用寿命结束的整个过程称为产品的寿命周期。产品的总成本也就是寿命周期总成本。

二、如何从设计环节降低成本呢？

设计阶段决定了产品的工作原理、零件数量、结构尺寸、材料选用，直接影响加工方法、使用性能等，对产品的成本影响最大。可以从以下几个方面入手：

（1）设计方案对成本的影响是最重要的一环；

（2）结构尺寸对成本的影响，同结构下随着构件尺寸增加，重量和产品成本会大大增加；

（3）零件数对成本的影响，产品由许多零件组成，零件数多，从加工到产品装配、资金运转等方面都会使得成本提高，同时使得供货时间拖长。

三、降低设计成本的措施

降低设计成本主要从降低和减少设计时间入手。

（1）采用计算机辅助设计。用计算机进行情报检索、计算、绘图并进行方案优化设计。

（2）系列设计。设计一种典型方案，利用相似原理及模块化设计原理，较快得到不同参数尺寸的多个系列方案，可以节约设计时间；系列方案变形越多，减少设计时间的效果越显著。

（3）一图多用。采用粘贴复印制图，一图多用，可以节约制图时间。

 自我分析与总结

学生改错	学生学会的内容

学生总结：

 习题巩固

（1）带传动有何运动特点？

（2）按照截面形状带传动有哪些分类？

（3）弹性滑动和打滑有何本质上的区别？为什么说弹性滑动是不可避免的？

（4）普通 V 带结构包括哪些部分？

（5）为什么 V 带传动应用广泛？V 带结构有何特点？标准规格如何？

（6）根据国家标准普通 V 带分为哪些型号？哪个型号的 V 带截面积最小？

（7）在机械传动系统中，为什么经常将带传动布置在最高级？

（8）什么叫包角？它对带传动有何影响？包角与哪些因素有关？

（9）V 带传动的计算准则是什么？

（10）试述 V 带设计计算的步骤。

（11）有一对 V 带轮，已知带的型号为 A 型，两个带轮的基准直径分别为 $d_{d1} = 125$ mm、$d_{d2} = 250$ mm，中心距 a 约为 450 mm，可调。试选择带的基准长度和确定实际的中心距。

工作任务

试设计一输送机的滚子链传动。已知传递功率 $P = 10$ kW，转速 $n_1 = 950$ r/min，$n_2 = 250$ r/min，电动机驱动，工作载荷平稳，单班工作，中心距可以调整，如图 3 – 2 – 1 所示。

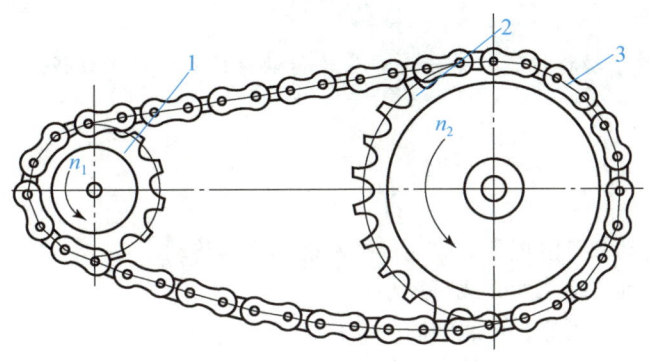

图 3 – 2 – 1   链传动

1—主动链轮；2—从动链轮；3—环形链条

 任务目标

知识目标	能力目标	素质目标
1. 了解链传动的作用及类型 2. 掌握链传动的运动特性 3. 掌握链传动主要参数的选择 4. 掌握链传动的设计方法和步骤	1. 能够根据传动特点，区分链传动的类型 2. 能够分析链传动受力，选取合适的设计参数 3. 能够根据工作要求进行链传动的设计计算	1. 通过小组活动，培养团队意识、合作精神和协调沟通的能力 2. 通过链传动设计计算，培养学生能够严格执行良好的职业习惯和严谨精细的工作态度

 任务实施

步骤一   认识链传动

相关知识

一、链传动的概述

链传动是一种具有中间挠性件的啮合传动，它由主动链轮 1、从动链轮 2 和绕在链轮上的环形链条 3 所组成，如图 3 – 2 – 1 所示，以链作中间挠性件，靠链与链轮轮齿的啮合来传递运动和动力。

想一想

生产生活中你见过哪些链传动？它们是如何运动的？传递的是运动还是动力？

二、链传动的特点

提示：
主要从链传动的运动特性及与带传动和齿轮传动特性的比较来分析。

（一）优点

与带传动相比：

（1）没有弹性滑动和打滑现象，故能保持准确的平均传动比；

（2）张紧力小，轴与轴承所受载荷较小；

（3）结构紧凑，传动可靠，传递圆周力大；

（4）传动效率较高，封闭式链传动的效率为 $97\% \sim 98\%$。

与齿轮传动相比：

（1）适用于两轴中心距较大的传动，并能吸收振动及缓冲；

（2）结构简单，成本低廉，安装精度要求低；

（3）能在高温、潮湿、多尘、油污等恶劣环境下工作。

（二）缺点

（1）链的瞬时速度和瞬时传动比不恒定，传动平稳性较差，工作时有冲击和噪声，不适用于高速场合；

（2）不适于载荷变化大和急速反转的场合；

（3）链条铰链易于磨损，从而产生跳齿脱链现象；

（4）只能用于传递平行轴间的同向回转运动。

（三）链传动应用范围

链传动主要用于要求工作可靠、传动中心距较大、工作条件恶劣，但对传动平稳性要求不高的场合。

链速：链速 $v \leqslant 15$ m/s；

传动比：传动比 $i \leqslant 7$；

功率：传递的功率 $P \leqslant 100$ kW；

中心距：中心距 $a \leqslant 5 \sim 6$ m。

三、链传动的类型

链传动的类型见表 3 – 2 – 1。

表 3 – 2 – 1　链传动的类型

分类依据	类型	图例	说明
按用途分类	传动链		在机械中用来传递运动和动力
	输送链		在输送机械中用来输送物料或机件
	曳引链		在起重机械中用来提升重物
按链的结构分类	滚子链		在生产中常用滚子链
	齿形链		齿形链运转较平稳，噪声小。适用于高速（40 m/s）、运动精度较高的传动中；但制造成本高，重量大

四、滚子链的结构

滚子链是由滚子 5、套筒 3、销轴 4、内链板 2 和外链板 1 组成的，如图 3 – 2 – 2 所示。内链板与套筒之间、外链板与销轴之间为过盈连接；滚子与套筒之间、套筒与销轴之间均为间隙配合。当链条与链轮啮合时，滚子沿链轮齿滚入，减轻了链与轮齿间的摩擦磨损。链板制成"8"字形，保证了各截面强度近于相等，同时用以减轻链条的重量及运动时的惯性。

滚子链已经标准化（GB/T 1243.1—2006），目前使用的滚子链分为 A、B 两个系列，常用的是 A 系列，其主要参数见表 3 – 2 – 2。

滚子链上相邻两滚子中心的距离称为链的节距，以 p 表示，它是链条的主要参数。国际上链节距均采用英制单位，我国标准中规定链节距采用米制单位。对应于链节距有不同的链号，用链号乘以 25.4/16 mm，所得的数值即为链节距 $p(\text{mm})$。链节距越大，链条的各零件尺寸越大，所能传递的功率越大。

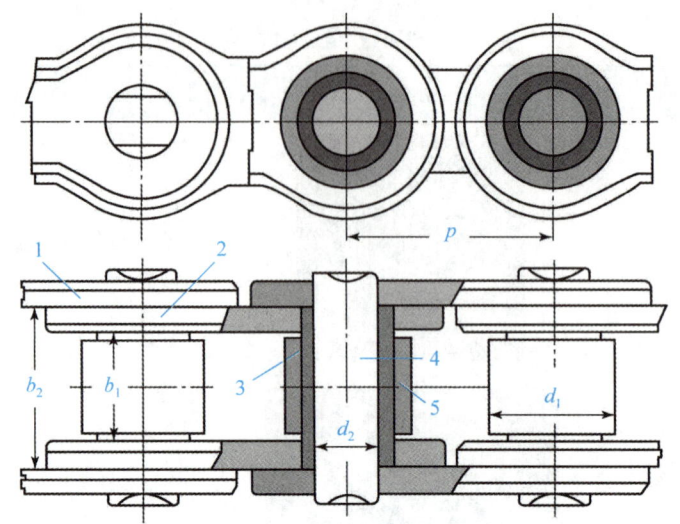

图 3 – 2 – 2　滚子链结构

1—外链板；2—内链板；3—套筒；4—销轴；5—滚子

表 3 – 2 – 2　A 系列滚子链的基本参数和尺寸

链号	节距 p/mm	排距 p_t/mm	滚子外径 d_1 /mm	极限载荷 F_Q （单排）/N	每米长质量 q （单排）/(kg·m^{-1})
08A	12.70	14.38	7.95	13 800	0.60
10A	15.875	18.11	10.16	21 800	1.00
12A	19.05	22.78	11.91	31 100	1.50
16A	25.4	29.29	15.88	55 600	2.60
20A	31.75	35.76	19.05	86 700	3.80
24A	38.10	45.44	22.23	124 600	5.60
28A	44.45	48.87	25.40	169 000	7.50
32A	50.80	58.55	28.58	222 400	10.10
40A	63.50	71.55	39.68	347 000	16.10
48A	76.20	87.83	47.63	500 400	22.60

注：使用过渡链节时，其极限拉伸载荷按表列数值的 80% 计算。

链条的长度用链节数表示，链节数一般取为偶数，以便构成环状时内、外链板正好相接，接头处用开口销［见图 3 – 2 – 3（a）］或弹簧卡［见图 3 – 2 – 3（b）］锁住。当链节数为奇数时，需要用过渡链节才能构成环状。过渡链节的弯链板［见图 3 – 2 – 3（c）］在工作时，会受到附加弯曲应力，故应尽量避免使用。

滚子链的标记方法为

链号—排数×链节数　标准编号

例如：08A—2×88 GB/T 1243—2006，表示 A 系列、节距 12.7 mm、双排、88 节的 A 系列套筒滚子链。

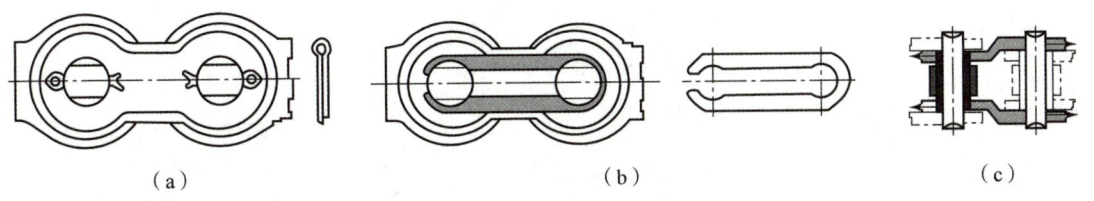

（a）　　　　　　　　　　　（b）　　　　　　　　　（c）

图 3 - 2 - 3　滚子链接头形式

（a）开口销；（b）弹簧卡；（c）过渡链节的弯链板

五、链轮结构和材料

（一）链轮的常用材料

链轮齿要有足够的接触强度和耐磨性，故齿面多经热处理。小链轮的啮合次数比大链轮多，所受冲击力也大，故所用材料一般优于大链轮。链轮的常用材料及齿面硬度见表 3 - 2 - 3。

表 3 - 2 - 3　链轮的常用材料及齿面硬度

材料	热处理	热处理后硬度	应用范围
15、20	渗碳、淬火、回火	50 ~ 60 HRC	$z \leqslant 25$，有冲击载荷的主、从动链轮
35	正火	160 ~ 200 HBS	在正常工作条件下，齿数较多（$z > 25$）的链轮
40、50、ZG310 - 570	淬火、回火	40 ~ 50 HRC	无剧烈振动及冲击的链轮
15Cr、20Cr	渗碳、淬火、回火	50 ~ 60 HRC	有动载荷及传递较大功率的重要链轮（$z < 25$）
35SiMn、40Cr、35CrMo	淬火、回火	40 ~ 50 HRC	使用优质链条的重要的链轮
Q235、Q275	焊接后退火	140 HBS	中低速度、传递中等功率的较大链轮
普通灰铸铁（不低于 HT200）	淬火、回火	260 ~ 280 HBS	$z > 50$ 的从动链轮
加布胶木	—	—	功率小于 6 kW、速度较高、要求传动平稳和噪声小的链轮

（二）链轮的结构

链轮的结构如图 3 - 2 - 4 所示。小直径链轮可制成实心式，如图 3 - 2 - 4（a）所示；中等直径的链轮可制成孔板式，如图 3 - 2 - 4（b）所示；直径较大的链轮可设计成组合式，如图 3 - 2 - 4（c）和图 3 - 2 - 4（d）所示。若轮齿因磨损而失效，则可更换齿圈。链轮轮毂部分的尺寸可参考带轮。

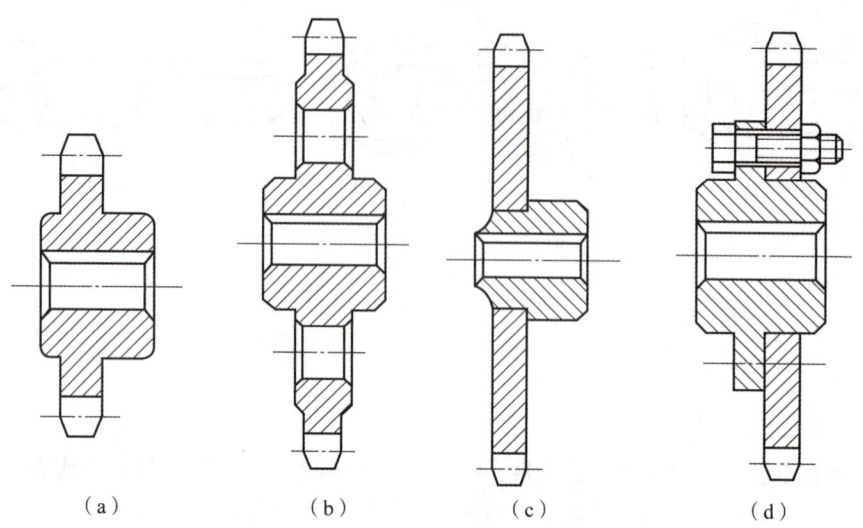

（a）　　　　　（b）　　　　　（c）　　　　　（d）

图 3 − 2 − 4　链轮结构

（a）实心式；（b）孔板式；（c），（d）组合式

步骤二　分析链传动的运动特性

相关知识

链条进入链轮后形成折线，因此链传动相当于一对多边形轮之间的传动，如图 3 − 2 − 5 所示。设 z_1、z_2 为两链轮的齿数，p 为节距（mm），n_1、n_2 为两链轮的转速（r/min），则链条线速度（简称链速）为

$$v = \frac{z_1 p n_1}{60 \times 1\,000} = \frac{z_2 p n_2}{60 \times 1\,000} \quad \text{m/s} \tag{3 − 2 − 1}$$

传动比为

$$i = \frac{n_1}{n_2} = \frac{z_2}{z_1} \tag{3 − 2 − 2}$$

以上两式求得的链速和传动比都是平均值。实际上，由于多边形效应，故瞬时链速和瞬时传动比都是变化的。

现按图 3 − 2 − 5 分析链轮和链条的速度。假设链条的上边始终处于水平位置，铰链 A 已进入啮合。当主动轮以角速度 ω_1 回转时，链轮分度圆的圆周速度为 w_1（如图 3 − 2 − 5 中铰链 A）。它沿链条前进方向的分速度为

$$v_\text{x} = \frac{d_1 \omega_1}{2} \cos\beta \tag{3 − 2 − 3}$$

式中：β——啮入过程中铰链 A 的圆周速度方向与链条前进方向的夹角，β 的变化范围为 $\left(-\frac{180°}{z_1} \right) \rightarrow 0° \rightarrow \left(+\frac{180°}{z_1} \right)$。

当 $\beta = 0°$ 时，链速最大，$v_\text{max} = \frac{d_1 \omega_1}{2}$；当 $\beta = \pm\frac{180°}{z_1}$ 时，链速最小，$v_\text{min} = \frac{d_1 \omega_1}{2} \cos\frac{180°}{z_1}$。

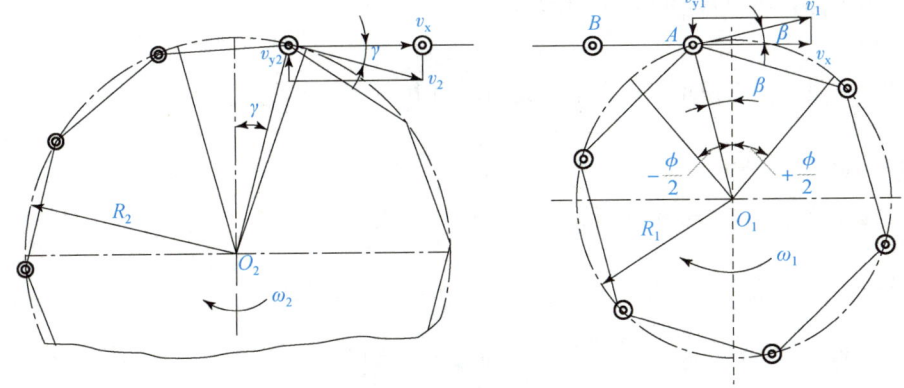

图 3 – 2 – 5 链传动的速度分析

由上可知链轮每转过一齿，链速就时快时慢地变化一次。

由此，当 ω_1 = 常数时，瞬时链速和瞬时传动比都做周期性变化。这种由于链条绕在链轮上形成多边形啮合传动而引起传动速度不均匀的现象，称为多边形效应。

链条在垂直于链节中心线方向的分速度为

$$v_{y1} = \frac{d_1\omega_1}{2}\sin\beta \qquad (3-2-4)$$

该速度同样会做周期性变化，使链条上下抖动。

从动轮的角速度 ω_2 是变化的，所以链速和链传动的瞬时传动比也是变化的。对于链传动来说平均传动比是准确的。

由上述分析可知，链传动工作时不可避免地会产生振动、冲击，引起附加的动载荷，因此链传动不适用于高速传动。

步骤三　设计链传动

一、链传动的失效形式

（一）疲劳破坏

链在松边拉力和紧边拉力的反复作用下，经过一定的循环次数，链板会发生疲劳破坏。正常润滑条件下，疲劳强度是限定链传动承载能力的主要因素。

（二）滚子套筒的冲击疲劳破坏

链传动的啮入冲击首先由滚子和套筒承受。在反复多次的冲击下，经过一定的循环次数，滚子、套筒会发生冲击疲劳破坏。这种失效形式多发生于中、高速闭式链传动中。

（三）销轴与套筒的胶合

当润滑不当或速度过高时，销轴和套筒的工作表面会发生胶合，胶合限定了链传动的极限转速。

（四）铰链磨损

铰链磨损后链节变长，容易引起跳齿或脱链。开式传动、环境条件恶劣或润滑密封不良时，极易引起铰链磨损，从而急剧降低链条的使用寿命。

（五）过载拉断

这种拉断常发生于低速重载或严重过载的传动中。

 想一想

生产生活中你见过哪几种链传动失效问题？

二、链传动的设计准则

（一）中低速链传动（$v > 0.6 \text{ m/s}$）的设计准则

对于一般链速 $v > 0.6 \text{ m/s}$ 的链传动，其主要失效形式为疲劳破坏，故设计计算通常以疲劳强度为主并综合考虑其他失效形式的影响。计算准则为：传递的功率值（计算功率值）小于等于许用功率值，即

$$P_c \leqslant [P]$$

式中：P_c——计算功率；

  $[P]$——许用功率。

（二）低速链传动（$v \leqslant 0.6 \text{ m/s}$）的设计准则

当链速 $v \leqslant 0.6 \text{ m/s}$ 时，链传动的主要失效形式为链条的过载拉断，因此应进行静强度计算，校核其静强度安全系数 S，即

$$S = \frac{F_Q m}{K_A F} \geqslant 4 \sim 8$$

式中：F_Q——单排链的极限拉伸载荷（见表 3 - 2 - 2）；

  m——链条排数；

  F——链的工作拉力（N），$F = \dfrac{1\,000P}{v}$，其中 P 为名义功率（kW）；

  v——链速（m/s）。

三、链传动的设计计算

（一）已知条件

链传动的用途和工作情况，原动机的类型，需要传递的功率，主动轮的转速，传动比以及外廓安装尺寸等。

（二）设计计算方法和步骤

1. 选择链轮齿数 z_1 和 z_2

为保证传动的平稳性，减少冲击和动载荷，小链轮齿数 z_1 不宜过小，通常按表 3 - 2 - 4 选取；大链轮齿数 $z_2 = iz_1$，通常取 $z_2 < 120$。

表 3 – 2 – 4　小链轮齿数

链速 $v/(\mathrm{m \cdot s^{-1}})$	0.6 ~ 3	3 ~ 8	>8
z_1	$\geqslant 17$	$\geqslant 21$	$\geqslant 35$

做一做

根据已学知识，确定任务 3.2 中需设计的链传动中大、小链轮的齿数。

> **提示：**
>
> 由于链节数常取为偶数，为使链条与链轮的轮齿磨损均匀，链轮齿数一般应取与链节数互为质数的奇数。
>
> 滚子链的传动比 $i(i = z_2/z_1)$ 不宜大于 7，一般推荐 $i = 2 \sim 3.5$，只有在低速时 i 可取大些。i 过大，链条在小链轮上的包角减小，啮合的轮齿数减少，从而加速轮齿的磨损。

2. 确定中心距和链节数

（1）初定中心距。

链传动的中心距过大或过小对传动都会造成不利影响。中心距过大，则链传动的结构大，且由于松边的垂度大会产生抖动；如果中心距过小，则链条在小链轮上的包角较小，啮合的齿数少，导致磨损加剧，且易产生跳齿、脱链等现象。大多数情况下 a 取 $(30 \sim 50)p$。

（2）确定链节数。

链条的长度以链节数 L_p 表示，计算公式为

$$L_\mathrm{p} = 2\,\frac{a}{p} + \frac{z_1 + z_2}{2} + \frac{p}{a}\left(\frac{z_2 - z_1}{2\pi}\right)^2 \qquad (3-2-5)$$

由此算出的链节数，须圆整为整数，最好取为偶数。

（3）确定实际中心距。

运用式（3 – 2 – 5）解得链的节数 L_p 后求中心距 a 的公式为

$$a = \frac{p}{4}\left[\left(L_\mathrm{p} - \frac{z_1 + z_2}{2}\right) + \sqrt{\left(L_\mathrm{p} - \frac{z_1 + z_2}{2}\right)^2 - 8\left(\frac{z_2 - z_1}{2\pi}\right)^2}\right] \qquad (3-2-6)$$

为了便于安装和调节链的张紧程度，中心距一般设计成可调的。若中心距不能调节且没有张紧装置，则应将计算的中心距减小 $2 \sim 5$ mm。

做一做

根据已学知识，确定任务 3.2 中需设计的链传动的链节数和中心距。

3. 根据额定功率曲线确定链型号（见图 3 – 2 – 6）

链条所能传递的额定功率是在规定的试验条件下得到的。其特定条件如下：

（1）两链轮轴水平安装，且两链轮共面；

（2）小链轮齿数合理；

（3）传动比 $i = 3$；

（4）中心距 $a = 40p$；

（5）载荷平稳；

（6）单排链；

（7）工作寿命为 15 000 h；

（8）按推荐的润滑方式润滑。

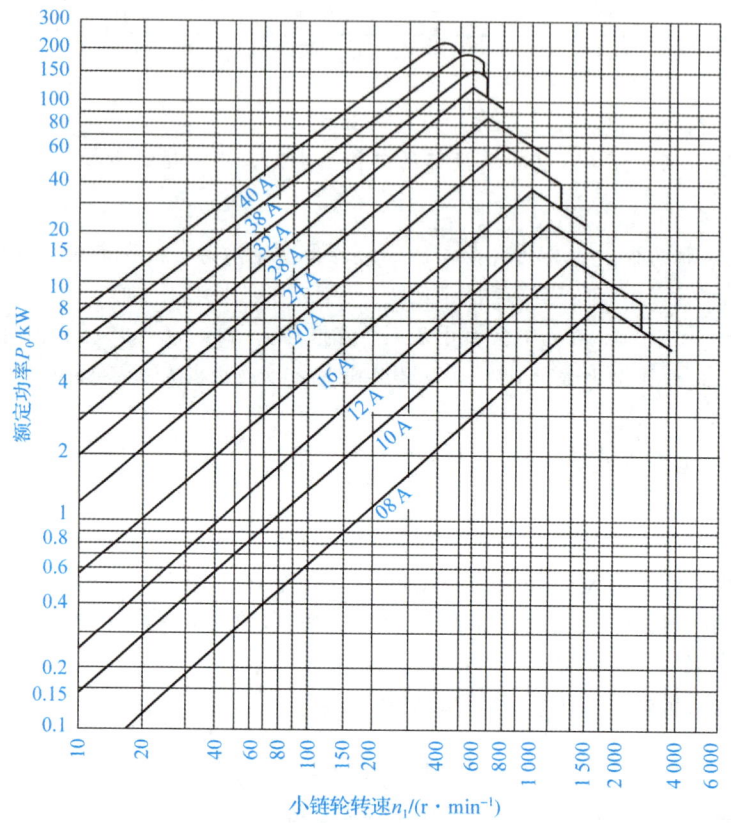

图 3 - 2 - 6　额定功率曲线图

设计时，如与上述条件 $P_c \leqslant [P]$ 不符，则应对其所传递的功率进行修正。所以，在特定条件下有：

$$P_c = \frac{K_A K_z}{K_P} \leqslant P_0 \qquad (3 - 2 - 7)$$

式中：下标 P——名义功率；

$\quad K_A$——链传动的工作情况系数（见表 3 - 2 - 5）；

$\quad K_z$——主动链轮齿数系数（表 3 - 2 - 6）；

$\quad K_P$——多排链系数（表 3 - 2 - 7）。

表 3 - 2 - 5　工作情况系数 K_A

载荷种类	原动机	
	电动机或汽轮机	内燃机
载荷平稳	1.0	1.2
中等冲击	1.3	1.4
较大冲击	1.5	1.7

表 3 – 2 – 6　主动链轮齿数系数 K_z

z_1	9	11	13	15	17	19	21	23	25	27	29	31	33	35	37
K_z	0.446	0.555	0.667	0.775	0.893	1.00	1.12	1.23	1.35	1.46	1.58	1.70	1.81	1.94	2.12

表 3 – 2 – 7　多排链系数 K_P

排数	1	2	3	4	5	6
K_P	1.0	1.7	2.5	3.3	4.1	5.0

根据链传动的计算功率 P_c 和小链轮转速 n_1，由 A 系列滚子链额定功率曲线图 3 – 2 – 6 可查得链的型号，按链的型号由表查得链的节距 p。

 做一做

根据已学知识，利用额定功率曲线确定任务中链传动的链型号。

4. 验算链速 v

$$v = \frac{z_1 p n_1}{60 \times 1\,000}$$

v 值需要在 3 ~ 8 m/s 范围内，否则需要重新选择参数进行设计。

 做一做

根据已学知识，验算任务中需设计的链传动的链速。

5. 确定润滑方式

润滑方式可根据链速和链节距的大小由图 3 – 2 – 7 选择，具体润滑装置见图 3 – 2 – 8。润滑油应加于松边，以便润滑油渗入各运动接触面。润滑油一般可采用 L – AN32、L – AN46、L – AN68 油。

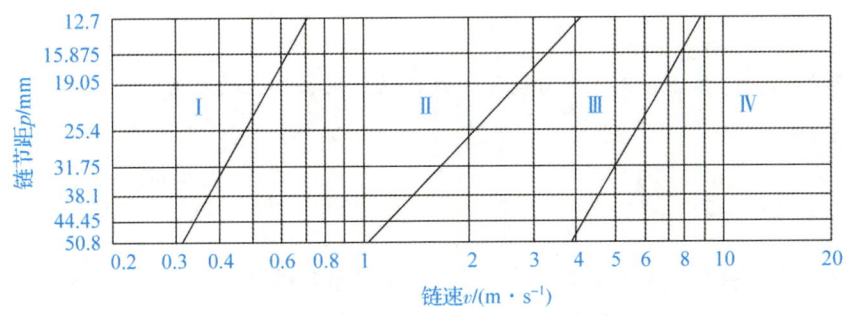

图 3 – 2 – 7　推荐的润滑方式

Ⅰ—人工定期润滑；Ⅱ—滴油润滑；Ⅲ—油浴或飞溅润滑；Ⅳ—压力喷油润滑

 做一做

根据已学知识，确定任务 3.2 中需设计的链传动的润滑方式。

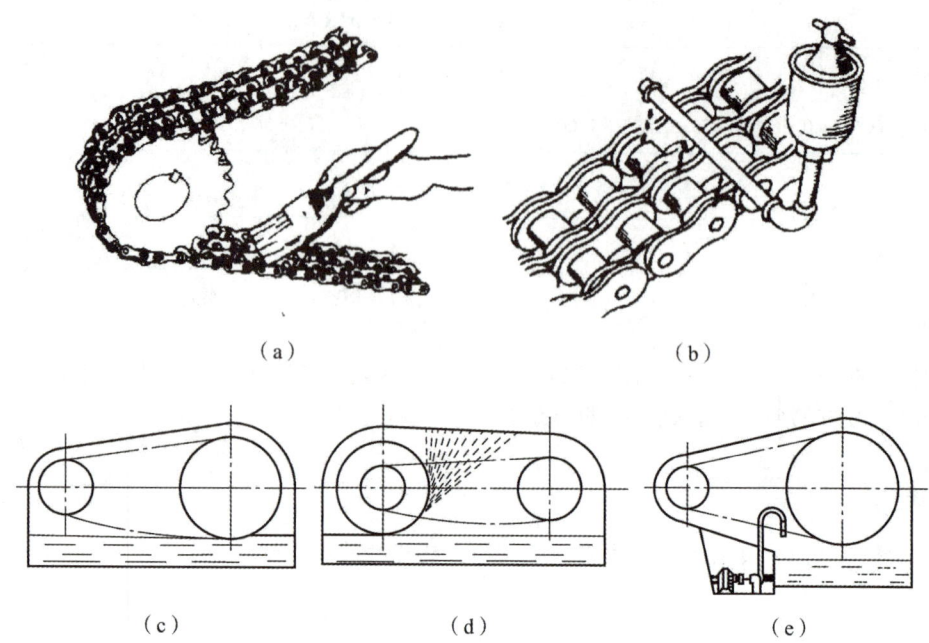

(a)　　　　　　　　　　　　(b)

(c)　　　　　　　　(d)　　　　　　　　(e)

图 3-2-8　链传动的润滑装置

(a) 人工定期润滑；(b) 滴油润滑；(c) 油浴；(d) 飞溅润滑；(e) 压力喷油润滑

6. 计算作用在轴上的拉力 F_Q

对于水平传动和倾斜传动：

$$F_Q = (1.15 \sim 1.20) K_A F_t \tag{3-2-8}$$

对于接近垂直布置的传动：

$$F_Q = 1.05 K_A F_t \tag{3-2-9}$$

式中：K_A——工作情况系数，见表 3-2-4；

F_t——有效圆周力，$F_t = 1\,000P/v$。

 做一做

根据已学知识，计算任务 3.2 中需设计的链传动作用在轴上的拉力。

7. 链轮设计

做一做

根据已学知识，确定任务 3.2 中需设计的链传动的链轮结构。

8. 链传动的布置和张紧

（1）链传动的布置。

为使链传动能工作正常，应注意其合理布置，布置的原则如下：

①两链轮的回转平面应在同一垂直平面内，否则易使链条脱落和产生不正常的磨损。

②两链轮中心连线最好是水平的，或与水平面成 45°以下的倾角，尽量避免垂直传动，以免与下方链轮啮合不良或脱离啮合。

③链条应使主动边（紧边）在上、从动边（松边）在下，以免松边垂度过大时链与轮齿相干涉或紧、松边相碰。

表 3 - 2 - 8　链传动合理布置形式

传动参数	正确布置	不正确布置	说明
$i > 2$ $a = (30 \sim 50)p$			两轮轴线在同一水平面，紧边在上、在下均不影响工作
$i > 2$ $a < 30p$			两轮轴线不在同一水平面时，松边应在下面，否则在松边下垂量较大的情况下，从动轮会阻碍链条退啮，严重时会出现链轮卡死现象
$i < 1.5$ $a > 60p$			两轮轴线在同一水平面时，松边应在下面，否则在松边下垂量较大的情况下，松边可能与紧边相碰，需经常调整中心距
i, a 为任意值			两轮轴线在同一铅垂面内，链条下垂会减少下链轮有效啮合齿数，降低传动能力，为此可采用以下措施： （1）调节中心距； （2）设张紧装置； （3）上、下两轮错开，使两轮轴线不在同一铅垂面内

（2）链传动的张紧。

链传动需适当张紧，以免松边垂度过大，引起啮合不良和链条振动。张紧的方法有很多，最常见的是移动链轮以增大两轮的中心矩。但当中心距不可调时，也可以采用张紧轮张紧，如图3-2-9所示，张紧轮应装在靠近主动链轮的松边上。

图 3 - 2 - 9　链传动的张紧

做一做

（1）同学们分小组，按照上述设计步骤，对带式输送机中的链传动设计结果进行汇总。

（2）绘制链轮的结构图，填写技术要求，检查并签名。

（3）根据已学知识，确定带式输送机中链传动的布置和张紧方法。

任务评价

序号	内容	分值/分	得分	备注
1	明确链传动的类型和特点	10		
2	明确链传动的失效形式	10		
3	正确分析链传动的运动特性	30		
4	明确链传动的设计准则	10		
5	完成链传动的设计计算	40		

技能训练

请认真观察自行车链传动工作原理，分析链传动的类型和传动特点，写出链传动设计的步骤和方法。

 巩固与拓展

一、知识巩固

对照本任务知识脉络图，梳理自己所掌握的知识体系，并与同学相互交流、研讨个人对链传动设计的知识点或技能技巧的理解，并注重提升职业素养。

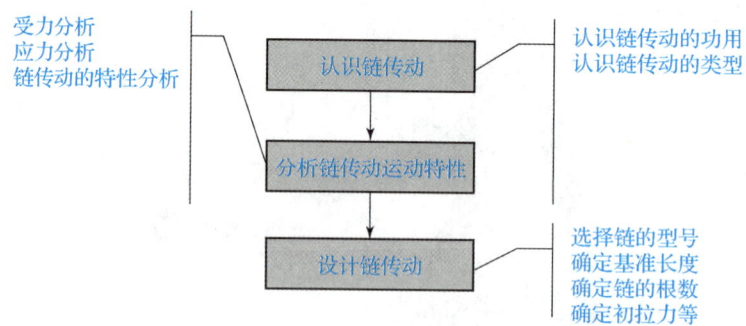

二、拓展任务

（1）根据任务完成的工作步骤及方法，利用所学知识，自主完成自主学习手册中的拓展任务。

（2）查阅《机械设计手册》中链传动的设计，谈谈自己对链传动设计的理解。

 ## 自我分析与总结

学生改错	学生学会的内容

学生总结：

★ 新视野

快速设计技术

快速设计也称快速响应设计、敏捷设计。快速设计技术是在当前市场对产品多样化、瞬变性等需求的形势下提出并发展起来的。产品快速设计与制造的主要目的是缩短产品的设计周期，提高产品设计质量，以及提高企业对市场的快速响应能力。产品快速设计并没有将其解决问题的范围扩大到企业的整个生产领域，而只是将重点放在缩短产品的设计开发周期上，尤其是总体结构和设计方案阶段，以提高产品一次开发成功和快速响应市场的能力。产品快速设计是先进制造技术发展的产物，是计算机辅助设计与制造技术的发展和延伸，它涉及并行工程技术、产品数据管理（PDM）技术、专家系统、集成建模、优化技术、网络技术以及价值工程和生产工程技术等。快速设计的理论和方法主要有数字化设计、网络化协同设计、模块化设计、智能化设计和绿色设计等。

快速设计从内容上应包含以下几个方面：一是机械产品族结构规划，利用模块化设计方法对产品的结构变形及规格系列进行规划，建立系列化的产品族结构，构造模块系统并利用参数化、变量化方法建立产品库、模块库，利用知识化方法建立产品设计对象及其设计过程知识库；二是机械产品设计方案的快速生成，根据用户需求，利用知识化方法和变量化方法，匹配并定制特定产品所需模块，通过模块综合，生成满足用户需求的产品设计方案；三是机械产品设计方案的快速评价与仿真，对产品设计方案进行装配、运动仿真和动、静态性能分析，评价方案的可行性及设计需求满足程度，对产品设计方案进行优化并对影响产品性能的薄弱模块环节进行修改。

习题巩固

（1）与带传动相比，链传动有何优缺点？

（2）按用途不同，链分为哪几种？

（3）链传动的主要失效形式有哪些？

（4）滚子链的接头形式有哪些？

（5）滚子链传动在何种特殊条件下才能保证其瞬时传动比为常数？

（6）链传动在工作时引起动载荷的主要原因是什么？

（7）为什么小链轮齿数不宜过多或过少？

（8）链传动的中心距过大或过小对传动有何影响？一般取为多少？

（9）试述链传动设计计算的步骤。

任务3.3　齿轮传动设计

工作任务

图3-3-1所示为带式输送机中所采用的单级直齿圆柱齿轮减速器三维效果图，分析减速器中齿轮传动的作用和类型。已知输入功率 $P_1 = 10 \text{ kW}$，小齿轮转速 $n_1 = 960 \text{ r/min}$，齿数比 $u = 3.2$，由电动机驱动，工作寿命为15年（设每年工作300天），两班制，带式输送机工作平稳，转向不变。

AR资源

图 3-3-1　减速器示意图

任务目标

知识目标	能力目标	素质目标
1. 了解齿轮传动的类型和特点 2. 掌握渐开线的性质和渐开线齿轮的啮合特点 3. 掌握齿轮传动的基本参数和几何尺寸计算 4. 熟悉齿轮传动的设计准则及设计过程 5. 掌握标准圆柱直齿轮传动的设计步骤和方法	1. 能够根据齿轮传动的特点，正确选择齿轮传动的类型 2. 能够根据齿轮传动的用途，正确进行齿轮结构设计 3. 能够正确进行齿轮结构尺寸计算和主要参数选择 4. 能够根据强度理论，进行齿轮的强度校核 5. 能够进行标准齿轮传动的设计计算	1. 通过齿轮各部分尺寸的计算及主要参数的选择，培养学生严格执行标准的规范意识 2. 通过齿轮的结构设计，培养学生创新思辨的科学思维和严谨精细的职业规范 3. 通过齿轮强度的校核计算，培养学生的安全意识和自我防范意识 4. 通过小组讨论，培养学生团队协作的意识

任务实施

步骤一　认识齿轮传动

 **想一想**

根据日常生活见闻，你都见过哪些类型的齿轮传动呢？

相关知识

一、齿轮传动的作用

齿轮传动是机械传动中应用最广泛的一种传动形式。齿轮是广泛用于机械或部件中的传动零件，由于其参数部分标准化，所以将其归为常用件。齿轮传动是将主动轴的运动传递给从动轴，使从动轴获得所需要的转速、转向和转矩，是传递机器动力和运动的一种主要形式。

二、齿轮传动的特点

提示：

主要从齿轮传动与带传动运动特性相比较进行分析。

齿轮传动与带传动等其他传动相比主要有以下特点。

（一）优点

（1）传递功率和圆周速度适应范围大。传递功率可由很小到十几万千瓦，圆周速度可达300 m/s。

（2）动力大，效率高（94%~98%），寿命长，工作平稳，可靠性高，结构紧凑。

（3）能保证恒定的瞬时传动比，能传递任意夹角两轴间的运动。

（二）缺点

（1）制造、安装精度要求较高，因而成本也较高。

（2）不宜做轴间距离过大的传动。

三、齿轮传动的类型

齿轮传动的主要类型见表 3 – 3 – 1。

表 3 – 3 – 1　齿轮传动的主要类型

分类依据	齿轮传动类型	图　例		说　明
按照齿轮轴线间相互位置、齿线的形状分类	平面齿轮传动	直齿圆柱齿轮传动	外啮合	两齿轮轴线相互平行，传递平行轴间的运动
			内啮合	
			齿轮齿条	
		斜齿圆柱齿轮传动（含内啮合、外啮合和齿轮齿条）		

分类依据	齿轮传动类型	图 例		说明
按照齿轮轴线间相互位置、齿线的形状分类	平面齿轮传动	人字齿圆柱齿轮传动		两齿轮轴线相互平行，传递平行轴间的运动
	空间齿轮传动	直齿圆锥齿轮传动		传递相交轴或交错轴间的运动
		斜齿圆锥齿轮传动		
		曲齿圆锥齿轮传动		
		交错轴斜齿轮传动		
按照工作条件的不同	开式齿轮传动			轮齿外露，灰尘易于落于齿面，适用于低速及不重要的场合
	半开式齿轮传动			只有简单防护罩，适用于农业机械、建筑机械及简单机械设备
	闭式齿轮传动			轮齿封闭在箱体内，润滑、密封良好，适用于汽车、机床及航空发动机等的齿轮传动中
按照齿廓表面硬度的不同	软齿面齿轮传动			硬度≤350 HBS
	硬齿面齿轮传动			硬度＞350 HBS

想一想

请同学们思考，学习任务中的齿轮传动属于哪一种类型呢？

四、渐开线齿廓及啮合特性

（一）渐开线的形成

一条直线沿半径为 r_b 的圆周做纯滚动，该直线上任一点 K 的轨迹 AK 称为该圆的渐开线，这个圆称为基圆，该直线称为渐开线的发生线。渐开线上任一点 K 的向径 OK 与起始点 A 的向径 OA 间的夹角 $\angle AOK$（$\angle AOK = \theta_K$）称为渐开线（AK 段）的展角。

（二）渐开线的性质

由渐开线的形成，可知渐开线具有下列性质：

（1）发生线在基圆上滚过的长度等于基圆上被发生线滚过的弧长，即

$$\overline{KB} = \overparen{AB}$$

（2）切点 B 是渐开线上 K 点的曲率中心，线段 $\overline{BK}$ 是渐开线上 K 点的曲率半径。显然，渐开线各点的曲率半径不等，越接近基圆部分，曲率半径越小，渐开线越弯曲。

（3）发生线 $\overline{BK}$ 是渐开线 K 点的法线，而发生线始终与基圆相切，所以渐开线上任一点的法线必与基圆相切。

（4）渐开线上任一点 K 的法线与该点速度 v_K 方向之间所夹的锐角 α_K，称为该点的压力角。由图 3－3－2 知压力角 α_K 等于 $\angle KOB$，由公式表明，随着向径 r_K 的改变，渐开线上的压力角也随着变化。

$$\cos\alpha_K = \frac{\overline{OB}}{\overline{OK}} = \frac{r_b}{r_K}$$

渐开线上不同点的压力角如图 3－3－3 所示。

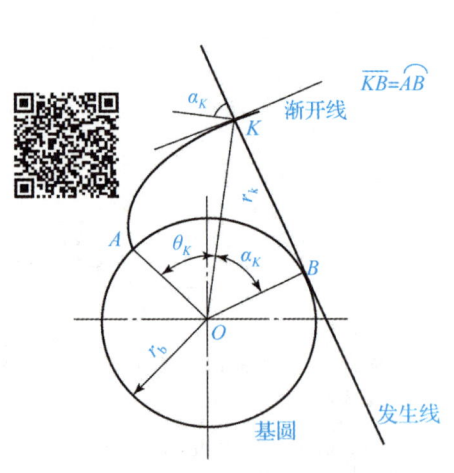

图 3－3－2　渐开线的形成

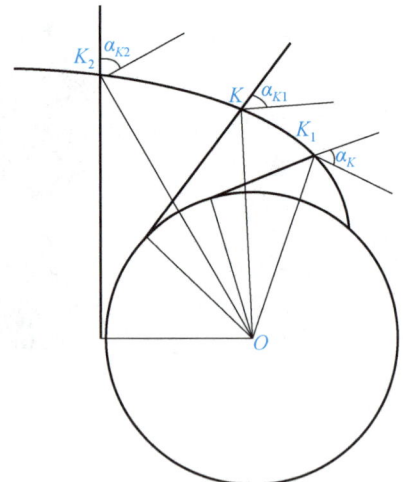

图 3－3－3　渐开线上不同点的压力角

（5）渐开线的形状与基圆半径有关。

如图 3－3－4 所示，基圆相同，渐开线形状相同；基圆越小，渐开线越弯曲；基圆半径越大，渐开线越趋于平直，当基圆半径无穷大时，渐开线成为直线。齿条就相当于基圆半径无穷大的渐开线齿轮，因此具有直线齿廓。

（6）基圆以内无渐开线。

因渐开线是从基圆开始向外展开的，所以基圆内无渐开线。

渐开线的这些性质对理解渐开线齿轮啮合原理和设计渐开线齿轮是非常重要的。

想一想

请同学们分析渐开线上的压力角是如何变化的。

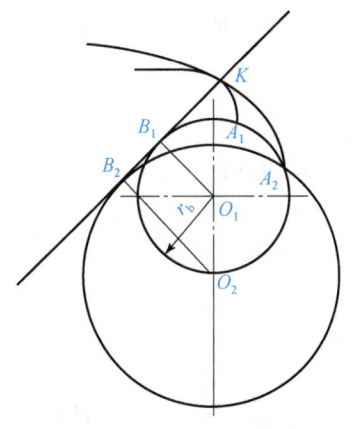

图 3 – 3 – 4　不同基圆形成的渐开线

（三）渐开线齿廓的啮合特性

一对齿轮传动是靠主动轮齿廓依次推动从动轮齿廓来实现的，两轮的瞬时角速度之比称为传动比。在工程中要求传动比是定值，即 $i_{12} = \omega_1/\omega_2 =$ 常数。

1. 四线合一

因为一对渐开线齿廓不论在何处接触，接触点的公法线都是同一条直线 N_1N_2，故 N_1N_2 即为啮合线，为一定直线。

啮合线、过啮合点的公法线、基圆的内公切线和正压力作用线，它们其实重合为一条线，即所谓的四线合一。该线与连心线 O_1O_2 的交点 P 是一固定点，P 点称为节点。

2. 中心距可分离性

如图 3 – 3 – 5 所示，以 $r_1' = O_1P$ 与 $r_2' = O_2P$ 为半径所作的圆，称为节圆。一对渐开线齿轮的啮合传动可以看作两个节圆的纯滚动，则

$$v_{P1} = v_{P2}$$

而

$$v_{P1} = \omega_1 \cdot O_1P = v_{P2} = \omega_2 \cdot O_2P$$

又 $\triangle O_1PN_1 \backsim \triangle O_2PN_2$，所以两轮的传动比为

$$i_{12} = \omega_1/\omega_2 = O_2P/O_1P = r_2'/r_1' = r_{b2}/r_{b1}$$

由此可知，当齿轮制成以后，基圆半径便已确定。因此，传动比也就确定了。所以，即使两轮的中心距有点偏差，也不会改变其传动比的大小。

优点：给齿轮安装、制造带来了很大的方便；可以设计变位齿轮传动。

缺点：会使传动不平稳，带来冲击。

图 3 – 3 – 5　渐开线齿轮的啮合

3. 啮合角不变

啮合线 n—n 与两节圆的公切线 t—t 所夹的锐角称为啮合角 α'。很显然，一旦齿轮中心距确定，则 α' 为一定值。

啮合角不变，力作用线方向不变。若传递的扭矩不变，其压力大小也保持不变，因而传动较平稳。

4. 齿面的滑动

一对渐开线齿廓在节点啮合时，两个节圆做纯滚动，齿面上无滑动存在。在任意点 K 啮合

时，由于两轮在 K 点的线速度（v_{K1}、v_{K2}）不重合，故必会产生沿着齿面方向的相对滑动，造成齿面的磨损等。

 **想一想**

请同学们分析为什么渐开线齿轮传动四线合一。

五、渐开线标准直齿圆柱齿轮各部分的名称和代号

相关知识

图 3 - 3 - 6 所示为直齿圆柱齿轮的一部分，图 3 - 3 - 6（a）所示为外齿轮，图 3 - 3 - 6（b）所示为内齿轮，图 3 - 3 - 6（c）所示为齿条。由图 3 - 3 - 6 可以看出，轮齿两侧齿廓是形状相同、方向相反的渐开线曲面。

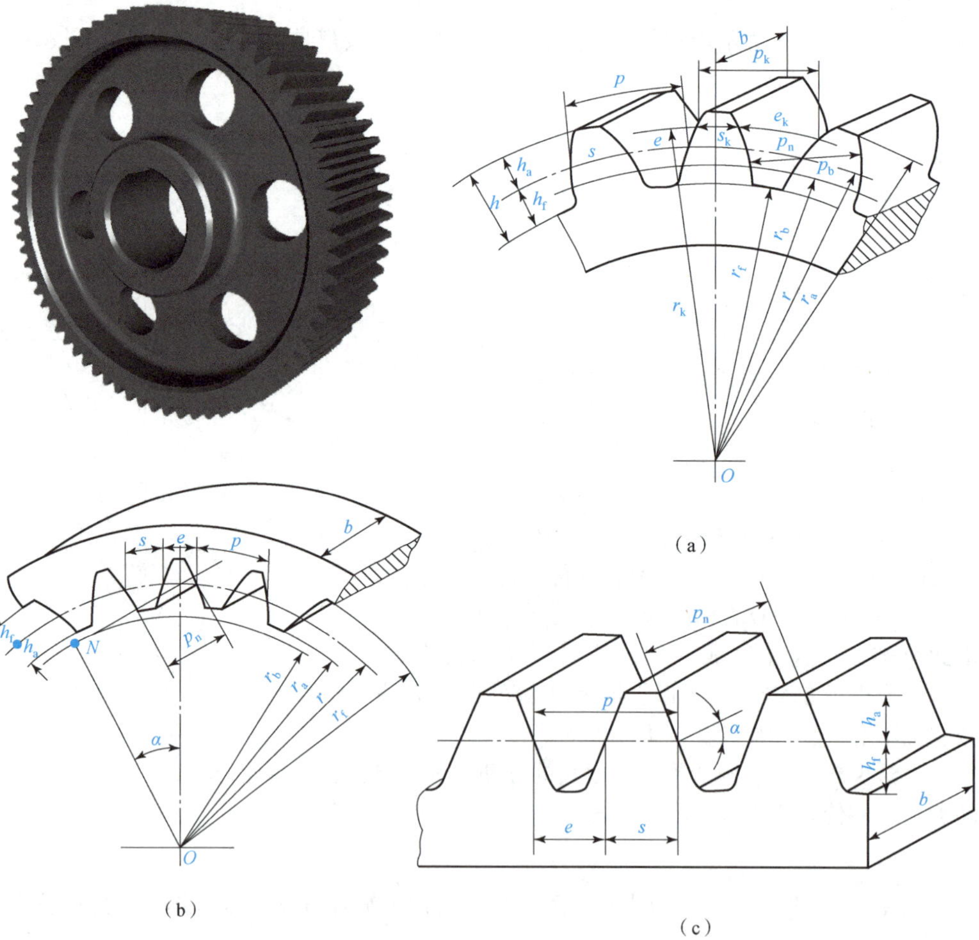

（a）

（b）

（c）

图 3 - 3 - 6　齿轮各部分的名称和符号

图 3 - 3 - 6（a）所示为直齿圆柱外齿轮的一部分，其各部分名称及符号解释如下：

（1）齿顶圆：过齿轮各轮齿顶端所连成的圆，其直径用 d_a 表示，半径用 r_a 表示。

（2）齿根圆：过齿轮各轮齿槽底部所连成的圆，其直径用 d_f 表示，半径用 r_f 表示。

（3）齿厚：任意圆周上相邻两齿间的弧长，用 s_k 表示。

（4）齿槽宽：任意圆周上相邻两齿间的弧长，用 e_k 表示。

（5）分度圆：为使设计制造方便，人为取定一个圆，使该圆上的模数和压力角为标准值，这个圆叫分度圆。分度圆上的所有参数不带下标，其直径用 d 表示，齿厚与齿槽宽分别用 s 和 e 表示。对于标准齿轮而言，齿厚与齿槽宽相等。在设计和制造齿轮时，分度圆是度量齿轮尺寸和分齿的基准圆。

（6）齿距：直径为 d_k 的圆周上相邻两齿同侧齿廓之间的弧长为该圆上齿距，用 p_k 表示，$p_k = s_k + e_k$。分度圆上的齿距用 p 表示，$p = s + e$。

（7）齿顶高：分度圆到齿顶圆的径向距离，用 h_a 表示。

（8）齿根高：分度圆到齿根圆的径向距离，用 h_f 表示。

（9）全齿高：齿顶圆到齿根圆的径向距离，用 h 表示。

（10）齿宽：轮齿的轴向宽度，用 b 表示。

做一做

请同学们对标准直齿圆柱齿轮的各部分名称与代号进行认知和记忆。

步骤二　分析齿轮传动的主要参数

1. 确定齿轮传动的齿数 z

在整个齿轮的圆周上均匀分布的轮齿的总数称为齿数。齿轮的齿数不仅与传动比有关，而且和齿轮的分度圆直径 d 有关，当模数 m 一定时，z 越多，d 越大。不同齿数的轮齿形状如图 3-3-7 所示。

软齿面闭式传动的承载能力主要取决于齿面接触疲劳强度，故齿数宜选多些，模数宜选小一些，从而提高传动的平稳性并减少轮齿的加工量，推荐取 $z \geqslant 24 \sim 40$。

硬齿面闭式传动及开式传动的承载能力主要取决于齿根弯曲疲劳强度，模数宜选大些，齿数宜选少些，从而控制齿轮传动尺寸不必要的增加，推荐取 $z = 17 \sim 24$。

2. 确定模数 m

分度圆直径 d 与齿数 p 及齿距 p 有以下关系：

$$\pi d = pz \text{ 或 } d = \frac{p}{\pi} z$$

式中：π——圆周率。

用上式来计算分度圆直径很不方便，所以在工程上把齿距 ρ/π 取成有理数（使 p 的数值为 π 的倍数），这个比值称为模数，用符号 m 表示，即

$$m = \frac{p}{\pi}$$

则

$$d = mz$$

模数是齿轮几何尺寸计算中的一个基本参数，其单位为 mm。模数越大，齿距越大，轮齿也就越大，其抗弯能力越强，承载能力就越大。不同模数的轮齿形状如图 3-3-8 所示。

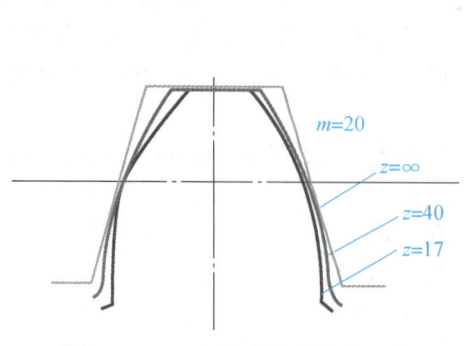
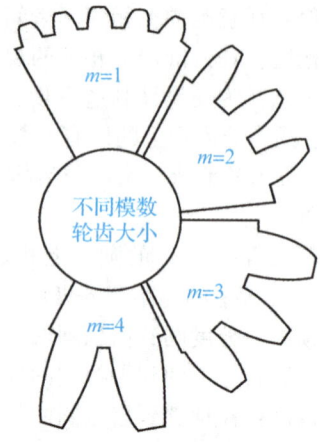

图 3-3-7　不同齿数的轮齿形状　　　　图 3-3-8　不同模数的轮齿形状

为了设计和制造方便，我国（GB/T 1357—2008）已规定了标准模数系列。模数的标准值见表 3-3-2。

表 3-3-2　渐开线圆柱齿轮标准模数（摘自 GB/T 1357—2008）

第一系列	0.1, 0.12, 0.15, 0.2, 0.25, 0.3, 0.4, 0.5, 0.6, 0.8, 1, 1.25, 1.5, 2, 2.5, 3, 4, 5, 6, 8, 10, 12, 16, 20, 25, 32, 40, 50
第二系列	0.35, 0.7, 0.9, 1.75, 2.25, 2.75, (3.25), 3.5, (3.75), 4.5, 5.5, (6.5), 7, 9, (11), 14, 18, 22, 28, (30), 36, 45
注：优先采用第一系列，其次是第二系列，括号内的模数尽可能不采用。	

提示：

　　由于模数是齿距 p 和 π 的比值，因此若齿轮的模数大，其齿距就大，齿轮的轮齿就大。若齿数一定，则模数大的齿轮，其分度圆直径就大，轮齿也大，齿轮能承受的力量也就大。相互啮合的两个齿轮，其模数必须相等。加工齿轮也须选用与齿轮模数相同的刀具，因而模数又是选择刀具的依据。

作为传递动力的齿轮，模数 m 不应小于 2 mm。

3. 压力角的选择

压力角为两齿轮啮合时齿廓在节点处的公法线与两节圆的公切线所夹的锐角，用希腊字母"α"表示。同一渐开线上各点的压力角是不相等的，离基圆越远，压力角越大。轮齿形状不同，压力角大小不同，如图 3-3-9 所示。

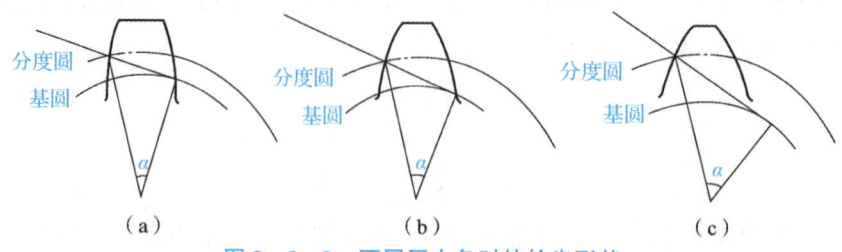

图 3-3-9　不同压力角时的轮齿形状
（a）$\alpha < 20°$；（b）$\alpha = 20°$；（c）$\alpha > 20°$

压力角太大对传动不利。为了便于设计、制造和维修，标准规定分度圆上的压力角 $\alpha = 20°$。以后凡是不加以说明的，都是指分度圆上的压力角。

4. 齿顶高系数 h_a^* 和径向间隙系数 c^*

齿轮的轮齿高度与模数成正比关系。对于标准齿轮，其齿顶高、齿根高分别为

$$h_a = h_a^* m$$

$$h_f = (h_a^* + c^*) m$$

式中：h_a^*——齿顶高系数；

c^*——顶隙系数。

我国标准规定：正常齿制 $h_a^* = 1$，$c^* = 0.25$；短齿制 $h_a^* = 0.8$，$c^* = 0.3$。

模数 m、压力角 α、齿顶高系数 h_a^* 及顶隙系数 c^* 为标准值，且分度圆上的齿厚 s 与齿槽宽 e 相等的齿轮，称为标准齿轮。对于标准齿轮：

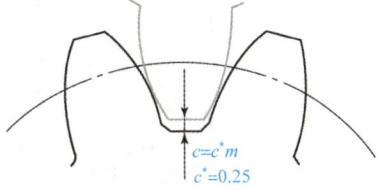

$$s = e = \frac{p}{2} = \frac{\pi m}{2}$$

图 3 - 3 - 10　一对齿轮啮合传动的顶隙

因此，分度圆的完整定义为：齿轮上具有标准模数和标准压力角的那个圆。

当上述的五个基本参数已知时，标准直齿圆柱齿轮的各部分尺寸就可以进行计算了（计算公式见表 3 - 3 - 13）。

5. 齿数比

一对齿轮传动的齿数比 u，不宜选择过大，否则大、小齿轮的尺寸相差悬殊，增大了传动装置的结构尺寸。一般对于直齿圆柱齿轮传动，$u \leqslant 5$；对于斜齿圆柱齿轮传动，$u \leqslant 6 \sim 7$。当传动比较大时，可采用两级或多级齿轮传动。

6. 确定齿宽系数 ψ_d 和齿宽 b

齿宽系数 $\psi_d = \dfrac{b}{d_1}$，当 d_1 一定时，增大齿宽系数必然增大齿宽，可提高齿轮的承载能力。但齿宽越大，载荷沿齿宽的分布越不均匀，造成偏载而降低了传动能力。因此设计齿轮传动时应合理选择 ψ_d，一般取 $\psi_d = 0.2 \sim 1.4$，见表 3 - 3 - 3。

表 3 - 3 - 3　齿宽系数 ψ_d

齿轮相对于轴承的位置	齿面硬度	
	软齿面（≤350 HBS）	硬齿面（>350 HBS）
对称布置	0.8 ~ 1.4	0.4 ~ 0.9
不对称布置	0.6 ~ 1.2	0.3 ~ 0.6
悬臂布置	0.3 ~ 0.4	0.2 ~ 0.25

前面介绍的是齿轮传动中应用最普遍的直齿圆柱外齿轮的几何尺寸计算。当要求齿轮传动两轴平行、回转方向相同，且结构紧凑时，可采用内齿轮副传动。

齿顶曲面位于齿根曲面之内的齿轮称为内齿轮，有一个齿轮是内齿轮的齿轮副称为内齿轮副。内齿轮副的另一个齿轮是外齿轮，如图 3 - 3 - 11 所示，大齿轮为直齿圆柱内齿轮，与其啮合的小齿轮为直齿圆柱外齿轮。

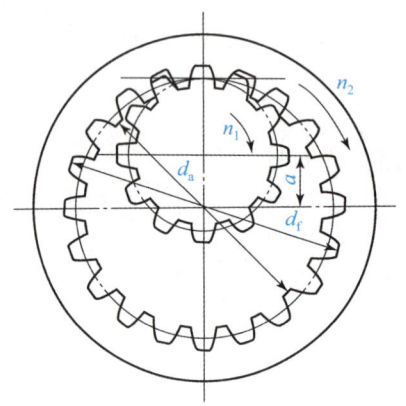

直齿内啮合齿轮传动

图 3 - 3 - 11　直齿内啮合齿轮传动

内齿轮的轮齿分布在空心圆柱的内表面上。相同基圆的内、外齿轮的齿廓曲线为完全相同的渐开线，但轮齿的形状不同。

直齿圆柱内齿轮与外齿轮相比有以下几点不同：

（1）内齿轮的齿廓曲线也是渐开线，但内齿轮的齿廓是内凹的（外齿轮的齿廓是外凸的），如图 3 - 3 - 11 所示。内齿轮的齿厚相当于外齿轮的槽宽，内齿轮的槽宽相当于外齿轮的齿厚。

（2）内齿轮的齿顶圆在它的分度圆之内，齿根圆在它的分度圆之外。

内齿轮的齿顶圆小于齿根圆，而外齿轮的齿顶圆大于齿根圆。

（3）为了使内齿轮齿顶两侧齿廓全部为渐开线，齿顶圆必须大于齿轮的基圆。

外齿轮和内齿轮轮齿形状比较如图 3 - 3 - 12 所示。

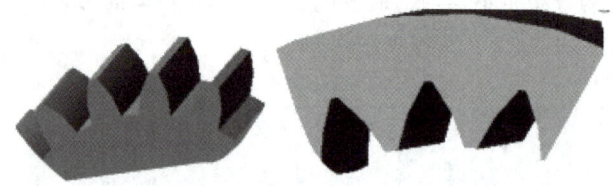

图 3 - 3 - 12　外齿轮和内齿轮轮齿形状比较

所以，内齿轮的齿顶圆直径与齿根圆直径的计算公式不同于外齿轮，其他尺寸可参照外齿轮的计算公式。

齿顶圆直径：

$$d_a = d - 2h_a = (z - 2)m$$

齿根圆直径：

$$d_f = d + 2h_f = (z + 2.5)m$$

一对内啮合标准齿轮中心距：

$$a = \frac{1}{2}(d_2 - d_1) = \frac{1}{2}m(z_2 - z_1)$$

请同学们分析，对于正常齿标准内直齿轮，为保证齿顶圆大于基圆，齿数应该满足什么样的关系。

步骤三　分析渐开线直齿圆柱齿轮的啮合传动

 **想一想**

减速器中的一对传动齿轮坏了一个，换上同齿数的齿轮就能保证正确的啮合传动吗？

相关知识

一、渐开线直齿圆柱齿轮的正确啮合条件

为实现连续传动，前后两对齿应能同时在啮合线上接触，而不会相离或重叠。

一对渐开线齿廓能保证定传动比，但并不意味着任意两个渐开线齿轮都能相互配对并正确啮合传动。如图 3 – 3 – 13 所示，两齿轮的齿廓是沿着啮合线进行啮合的，要使两齿轮相邻齿达到两对同侧齿廓能同时在啮合线上正确啮合，则要求前对齿在 K_1 点啮合时，后对齿在 K_2 点啮合。也就是说，要保证两齿轮能正确啮合，则两齿轮在啮合线上的齿距必须相等。由渐开线性质可知，该齿距就是两齿轮基圆上的齿距，即

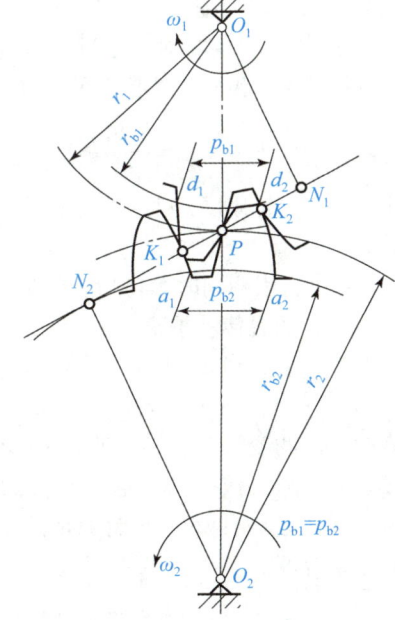

$$p_{b1} = p_{b2}$$

因为
$$p_{b1} = \pi m_1 \cos\alpha_1$$
且
$$p_{b2} = \pi m_2 \cos\alpha_2$$
所以
$$\pi m_1 \cos\alpha_1 = \pi m_2 \cos\alpha_2$$
即
$$m_1 \cos\alpha_1 = m_2 \cos\alpha_2$$

该计算公式说明：只要两齿轮的模数和压力角的余弦之积相等，两齿轮就能正确啮合。但是，由于模数和压力角都是标准值，所以两轮的正确啮合条件为

图 3 – 3 – 13　渐开线齿轮的正确啮合

$$\left. \begin{array}{l} m_1 = m_2 \\ \alpha_1 = \alpha_2 \end{array} \right\}$$

综上所述，一对渐开线直齿圆柱齿轮的正确啮合条件是：两轮的模数和压力角必须分别相等。

由模数相等的条件，可推出齿轮的传动比为

$$i_{12} = \frac{\omega_1}{\omega_2} = \frac{d_2}{d_1} = \frac{mz_2}{mz_1} = \frac{z_2}{z_1}$$

 **想一想**

请同学们思考一下，满足了正确啮合条件的一对齿轮，其传动也一定是连续的吗？

二、连续传动的条件

在图 3 - 3 - 14 所示的一对相互啮合的齿轮传动中，设齿轮 1 为主动件，齿轮 2 为从动件。两齿轮的齿廓啮合始于主动轮 1 的齿根推动从动轮 2 的齿顶，即从动轮齿顶圆与啮合线的交点 B_2 是两轮齿廓进入啮合的起始点。随着齿轮 1 推动齿轮 2 转动，两齿轮齿廓的啮合点沿着啮合线移动。当啮合点移动达到齿轮 1 的齿顶圆与啮合线的交点 B_1 时齿廓啮合终止，即 B_1 为齿廓啮合的终止点，故啮合线 N_1N_2 上的线段 B_1B_2 为齿廓啮合点的实际啮合线，而线段 N_1N_2 称为理论啮合线。

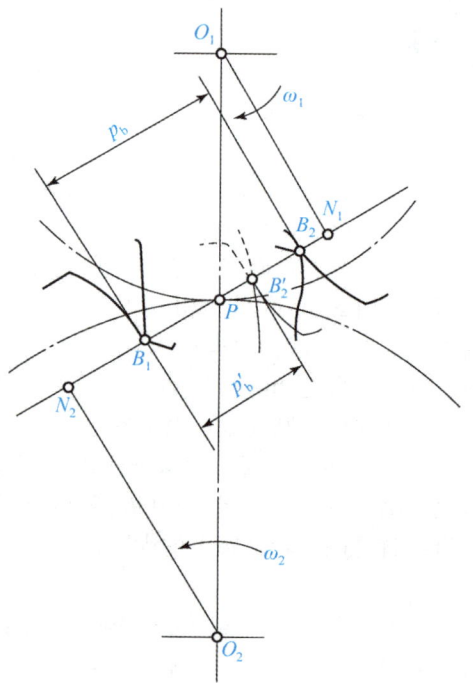

当一对轮齿在啮合线的终止点 B_1 之前的点啮合，而后一对轮齿已达到啮合线的起始点 B_2 时，则传动就能连续进行。这时如果齿轮 2 的齿顶圆直径稍小，它与啮合线的交点在 B_2'，则 $B_1B_2' < p_b$。此时前一对齿轮即将分离，后一对齿尚未啮合，齿轮传动中断，将引起冲击。若如图 3 - 3 - 14 中虚线所示，前一对齿到达 B_1 点时，后一对齿已进入啮合，此时 $B_1B_2 > p_b$。由此可见，齿轮连续传动的条件为

$$\varepsilon = \frac{\overline{B_2B_1}}{p_b} \geqslant 1$$

式中：ε——重合度，表明了同时参与啮合齿轮的对数。

ε 越大，表明同时参与啮合的齿轮对数越多，承载能力大，而且传动平稳。

在理论上，当 $\varepsilon = 1$ 时，刚好满足连续传动的条件。但实际上，由于齿轮制造、安装误差以及齿轮受载时轮齿的变形，故必须使 $\varepsilon > 1$ 才能保证传动的连续。在一般机械中的齿轮，要求 $\varepsilon \geqslant 1.1 \sim 1.4$。标准直齿圆柱齿轮传动一般能满足这个要求，故不必验算其重合度。

图 3 - 3 - 14　齿轮传动的重合度

三、渐开线齿轮的无侧隙啮合

为了避免冲击、振动和噪声等，理论上齿轮传动应为无侧隙啮合，这时分度圆与节圆重合。这样的安装称为标准安装，此时的中心距称为标准中心距。

$$a = r_1' + r_2' = r_1 + r_2 = m(z_1 + z_2)/2$$

在径向方向应留有顶隙 $c = c^* m$。

一般在制造齿轮时由齿厚负偏差来保证很小的侧隙，但设计计算齿轮尺寸时仍按无侧隙计算。

当安装中心距不等于标准中心距（即非标准安装）时，分度圆与节圆分离，啮合角不等于分度圆上的压力角。

一、轮齿的加工方法

渐开线齿轮的加工方法有铸造、冲压、轧制和切削等，最常用的是切削法。切削法在原理上可分为仿形法和展成法两种。

（一）仿形法

仿形法是在普通铣床上用轴向剖面形状与被切齿轮齿槽形状完全相同的铣刀切制齿轮的方法，如图 3-3-15 所示。铣完一个齿槽后，分度头将齿坯转过 $360°/z$ 再铣下一个齿槽，直到铣出所有的齿槽。

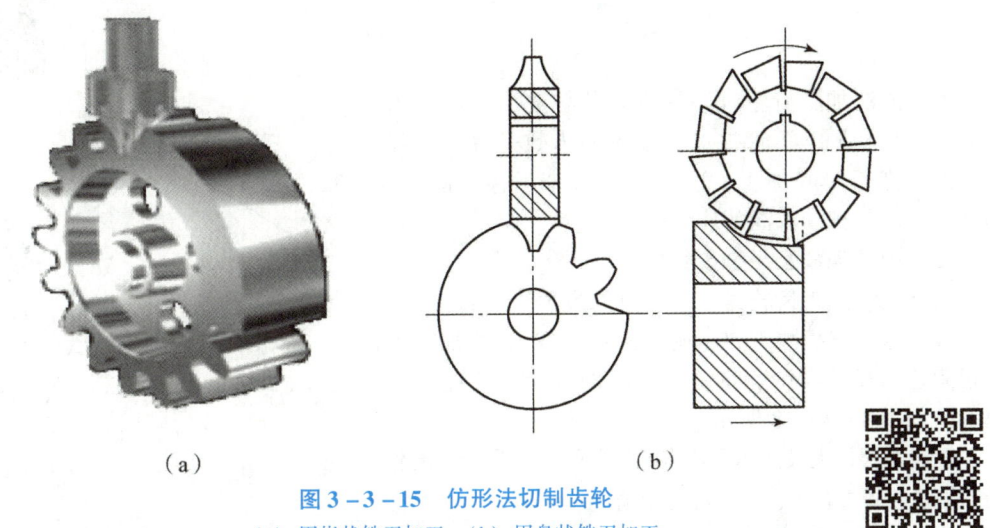

（a）　　　　　　　　　　　　　　　　（b）

图 3-3-15　仿形法切制齿轮

（a）用指状铣刀加工；（b）用盘状铣刀加工

表 3-3-4 列出了 1~8 号圆盘铣刀加工齿轮的齿数范围。

表 3-3-4　圆盘铣刀加工齿数的范围

刀号	1	2	3	4	5	6	7	8
加工齿数范围	12~13	14~16	17~20	21~25	26~34	35~54	55~134	135 以上

特点：加工方便易行，但精度难以保证。由于渐开线齿廓形状取决于基圆大小，而基圆半径 $r_b = (mz\cos\alpha)/2$，故齿廓形状与 m、z、α 有关。欲加工精确齿廓，对模数和压力角相同、齿数不同的齿轮，应采用不同的刀具，而这在实际中是不可能的。生产中通常用同一号铣刀切制同模数、相近齿数的齿轮，故用仿形法加工的齿轮通常是近似的。

（二）展成法

展成法是利用一对齿轮无侧隙啮合时两轮的齿廓互为包络线的原理加工轮齿的。加工时刀具与齿坯的运动就像一对互相啮合的齿轮，最后刀具将齿坯切出渐开线齿廓，如图 3-3-16 所示。展成法切制齿轮常用的刀具有三种：

（1）齿轮插刀：一个齿廓为刀刃的外齿轮；

（2）齿条插刀：齿廓为刀刃的齿条；

（3）齿轮滚刀：像梯形螺纹的螺杆，轴向剖面齿廓为精确的直线齿廓，滚刀转动时相当于齿条在移动，可以实现连续加工，生产效率高。

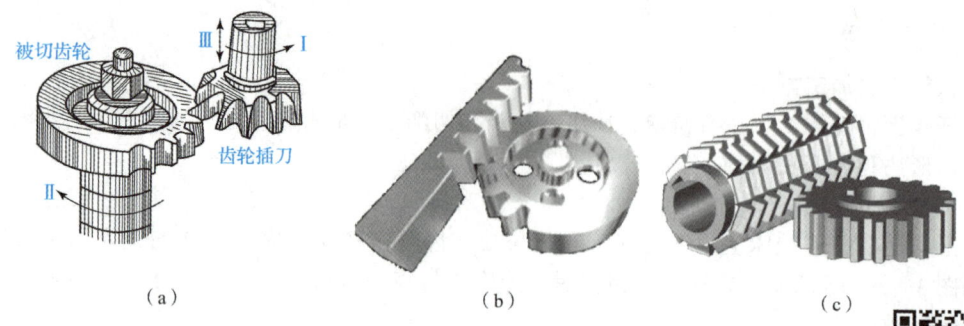

图 3 - 3 - 16　展成法切制齿轮

（a）用齿轮插刀加工；（b）用齿条插刀加工；（c）用齿轮滚刀加工

用展成法加工齿轮时，只要刀具与被加工齿轮的模数和压力角相同，不管被加工齿轮的齿数是多少，都可以用同一把刀具来加工，这给生产带来了很大的方便，因此展成法得到了广泛的应用。

二、根切现象及最少齿数

用展成法加工齿轮时，若刀具的齿顶线（或齿顶圆）超过理论啮合线极限点 N（见图 3 - 3 - 17），被加工齿轮齿根附近的渐开线齿廓将被切去一部分，这种现象称为根切，如图 3 - 3 - 18 所示。

轮齿的根切大大削弱了轮齿的弯曲强度，降低了齿轮传动的平稳性和重合度，因此应力求避免。

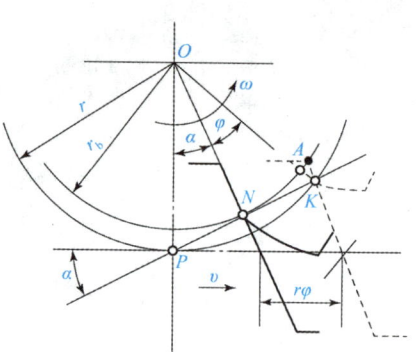

图 3 - 3 - 17　根切的产生

在切制标准齿轮时，若要避免根切，就应使其刀具齿顶线不要超过齿条刀具与齿轮啮合的极限点 N，这一要求与被切齿轮的齿数有关。如图 3 - 3 - 19 所示，齿条插刀的分度线与齿轮的分度圆相切。要使被切齿轮不产生根切，刀具的齿顶线不得超过 N 点。

$$z_{\min} = \frac{2h_{a}^{*}}{\sin^{2}\alpha}$$

当 $\alpha = 20°$，$h_{a}^{*} = 1$ 时，$z_{\min} = 17$，即标准直齿圆柱齿轮不产生根切的最少齿数为 17。

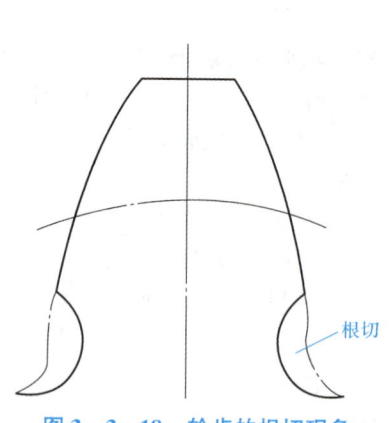

图 3 - 3 - 18　轮齿的根切现象

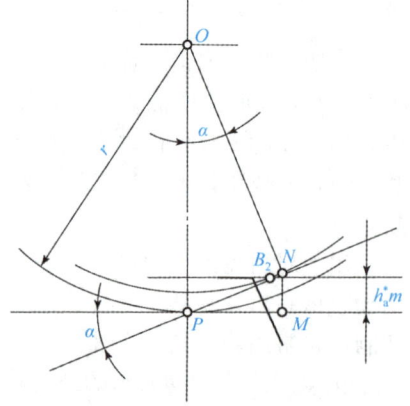

图 3 - 3 - 19　避免根切的条件

步骤四　分析齿轮传动的受力特性

一、计算齿轮的许用应力

（一）许用接触应力

许用接触应力根据材料和轮齿硬度由表3-3-5查出。

表3-3-5　许用接触应力 $[\sigma_H]$ 值

材料	热处理方法	齿面硬度	$[\sigma_H]/MPa$
普通碳钢	正火	150~210 HBS	240 + 0.8
碳素钢	调质、正火	170~270 HBS	380 + 0.7
合金钢	调质	200~350 HBS	380 + 1.0
铸钢	—	150~200 HBS	180 + 0.8
碳素铸钢	调质、正火	170~230 HBS	310 + 0.7
合金铸钢	调质	200~350 HBS	340 + 1.0
碳素钢，合金钢	表面淬火	45~58 HRC	55 + 11
合金钢	渗碳淬火	54~64 HRC	23
灰铸铁	—	150~50 HBS	120 + 1.0
球墨铸铁	—	200~300 HBS	170 + 1.4

（二）许用弯曲应力

许用弯曲应力与齿轮材料、热处理、轮齿表面硬度和弯曲应力的变化特征有关，其值见表3-3-6。

表3-3-6　许用弯曲应力 $[\sigma_F]$ 值

材料	热处理方法	齿面硬度	$[\sigma_F]/MPa$
普通碳钢	正火	150~210 HBS	130 + 0.15
碳素钢	调质，正火	170~270 HBS	140 + 0.2
合金钢	调质	200~350 HBS	155 + 0.3
铸钢	—	150~200 HBS	100 + 0.15
碳素铸钢	调质，正火	170~230 HBS	120 + 0.2
合金铸钢	调质	200 + 350 HBS	125 + 0.25

材料	热处理方法	齿面硬度	$[\sigma_F]$/MPa
碳素钢,合金钢	表面淬火	45~58 HRC	160 + 2.5
合金钢	表面淬火	54~63 HRC	5.8
灰铸铁	—	150~250 HBS	30 + 0.1
球墨铸铁	—	200~300 HBS	130 + 0.2

 **做一做**

根据陈述内容,确定任务 3.3 中大、小齿轮的许用接触应力 $[\sigma_H]$ 值和许用弯曲应力 $[\sigma_F]$ 值。

二、确定齿轮传动的计算载荷

齿轮传动在实际工作时,由于原动机和工作机的工作特性不同,会产生附加的动载荷。齿轮、轴、轴承的加工、安装误差及弹性变形会引起载荷集中,使实际载荷增加。法向力 F_n 为名义载荷,考虑各种实际情况,通常用计算载荷 KF_n 取代名义载荷 F_n,K 为载荷系数,由表 3 - 3 - 7 查取。计算载荷用符号 F_{nc} 表示,即

$$F_{nc} = KF_n \tag{3-3-1}$$

表 3 - 3 - 7　载荷系数

工作机械	载荷特性	原动机		
		电动机	多缸内燃机	单缸内燃机
均匀加料的运输机和加料机、发电机、机床辅助传动	均匀、轻微冲击	1~1.2	1.2~1.6	1.6~1.8
不均匀加料的运输机和加料机、重型卷扬机、球磨机、机床主传动	中等冲击	1.2~1.6	1.6~1.8	1.8~2.0
冲床、钻床、轧机、破碎机、挖掘机	大的冲击	1.6~1.8	1.9~2.1	2.2~2.4

为计算轮齿的强度,设计轴和轴承都必须首先分析轮齿上的作用力。图 3 - 3 - 20 所示为一对标准直齿圆柱齿轮传动,齿廓在节点 P 接触,作用在主动轮上的转矩为 T_1,忽略接触处的摩擦力,则两轮在接触点处相互作用的法向力 F_n 是沿着啮合线 N_1N_2 方向的,图示的法向力为作用于主动轮的力,可用 F_{n1} 表示。法向力在分度圆上可分解为两个互相垂直的分力,即圆周力 F_{t1} 及径向力 F_{r1}。根据力的平衡条件,可得出作用在主动轮上的力为

$$\left.\begin{array}{ll} \text{圆周力} & F_{t1} = \dfrac{2T_1}{d_1} \\[2mm] \text{径向力} & F_{r1} = F_{t1} \cdot \tan\alpha' \\[2mm] \text{法向力} & F_{n1} = \dfrac{F_{t1}}{\cos\alpha'} \end{array}\right\}$$

式中，T_1——主动轮上的转矩（N·mm）；

$\quad\quad d_1$——主动轮分度圆直径（mm）；

$\quad\quad \alpha'$——节圆上的压力角，对于标准齿轮有 $\alpha' = \alpha = 20°$。

根据作用力与反作用力的原则可求出作用在从动轮上的力：

$$F_{t1} = -F_{t2}$$
$$F_{r1} = -F_{r2}$$
$$F_{n1} = -F_{n2}$$

主动轮上所受的圆周力是阻力，它的运动方向与旋转方向相反；从动轮上所受的力是驱动力，它的运动方向与旋转方向相同。两齿轮上的径向力方向分别指向各自的轮心，如图 3-3-20 所示。

一般情况下，主动轮转速的功率 P、转速 n_1 为已知，可求得主动轮的转矩 T_1 为

$$T_1 = 9.55 \times 10^6 \frac{P}{n_1}$$

式中：T_1 的单位为 N·mm；P 的单位为 kW；n_1 的单位为 r/min。

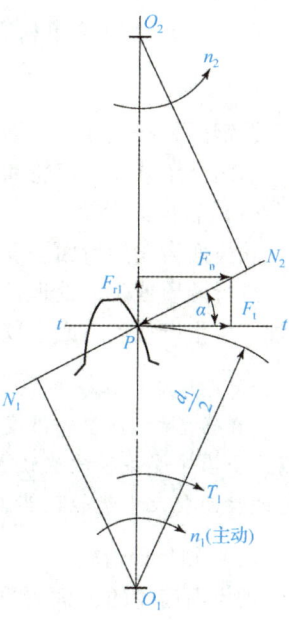

图 3-3-20　直齿圆柱齿轮
传动的受力分析

 做一做

计算学习任务 3.3 中齿轮传动的扭矩 T_1。

步骤五　设计齿轮传动

相关知识

一、齿轮传动有两个基本的要求

（1）传动要平稳，要求齿轮传动的瞬时传动比不变，尽量减小冲击、振动和噪声，以保证机器的正常工作。

（2）要求齿轮传动承载能力高，要求在尺寸小、重量轻的前提下，轮齿的强度高、耐磨性好，在预定的使用期限内不出现断齿、齿面点蚀及严重磨损等失效现象。在齿轮的设计、生产和科研中，有关齿廓曲线、齿轮强度、制造精度、加工方法以及热处理工艺等，都是围绕上述两个基本要求进行的。

二、齿轮材料的要求

（一）对齿轮材料的基本要求

（1）齿面应有足够的硬度，以抵抗齿面的磨损、点蚀、胶合以及塑性变形等；

（2）齿芯应有足够的强度和较好的韧性，以抵抗齿根折断和冲击载荷；

（3）应有良好的加工工艺性能及热处理性能，使之便于加工且便于提高其力学性能。

最常用的齿轮材料是钢，此外还有铸铁及一些非金属材料等。

（二）齿轮的常用材料选择

1. 锻钢

锻钢因具有强度高、韧性好、便于制造、便于热处理等优点，故大多数齿轮都用锻钢制造。下面介绍软齿面齿轮和硬齿面齿轮的常用材料。

（1）软齿面齿轮。

软齿面齿轮的齿面硬度≤350 HBS，常用中碳钢和中碳合金钢，如45钢、40Cr、35SiMn等材料进行调质或正火处理，适用于强度、精度要求不高的场合，轮坯经过热处理后进行插齿或滚齿加工，生产便利、成本较低。

> **提示：**
>
> 在确定大、小齿轮硬度时应注意使小齿轮的齿面硬度比大齿轮的齿面硬度高30~50 HBS，这是因为小齿轮受载荷次数比大齿轮多，且小齿轮齿根较薄。为使两齿轮的轮齿接近等强度，小齿轮的齿面要比大齿轮的齿面硬一些。

（2）硬齿面齿轮。

硬齿面齿轮的齿面硬度 >350 HBS，常用的材料为中碳钢或中碳合金钢，如20钢、20Cr、20CrMnTi等，需进行渗碳淬火，其硬度可达56~62 HRC。热处理后需磨齿，如内齿轮不便于磨削，可采用渗氮处理（采用这种方法，在齿轮加工制造过程中轮齿的变形较小）。

2. 铸钢

当齿轮的尺寸较大（大于400~600 mm）而不便于锻造时，可用铸造方法制成铸钢齿坯，再进行正火处理，以细化晶粒。

3. 铸铁

低速、重载场合的齿轮可以制成铸铁齿坯，当尺寸大于500 mm时可制成大齿圈，或制成轮辐式齿轮。铸铁齿轮的加工性能及抗点蚀、抗胶合性能均较好，但强度低，耐磨性能、抗冲击性能差。为避免局部折断，其齿宽应取得小些。

球墨铸铁的力学性能和抗冲击能力比灰铸铁高，可代替铸钢铸造大直径齿轮。

4. 非金属材料

非金属材料的弹性模量小，传动中齿轮的变形可减轻动载荷和噪声，适用于高速轻载、精度要求不高的场合，常用的有夹布胶木、工程塑料等。齿轮常用材料的力学性能及应用范围见表3-3-8。

表3-3-8　常用齿轮材料及其力学性能

材料	热处理方法	抗拉强度 σ_b/MPa	屈服强度 σ_s/MPa	齿面硬度 HBW	许用接触应力 $[\sigma_H]$/MPa	许用弯曲应力 $[\sigma_F]$/MPa
HT300		300		187~255	290~340	80~105
QT600-3		600		190~270	436~535	262~315
ZG310~570	正火	580	320	163~197	270~301	171~189
ZG340~600		650	350	179~207	288~306	182~196
45		580	290	162~217	468~513	280~301

材料	热处理方法	抗拉强度 σ_b/MPa	屈服强度 σ_s/MPa	齿面硬度 HBW	许用接触应力 $[\sigma_H]$/MPa	许用弯曲应力 $[\sigma_F]$/MPa
ZG340~640	调质	700	380	241~269	468~490	248~259
45	调质	650	360	217~255	513~545	301~315
35SiMn	调质	750	450	217~269	612~675	427~504
40Cr	调质	700	450	241~286	612~675	399~427
45	调质后表面淬火			40~50 HRC	972~1 053	427~504
40Cr	调质后表面淬火			48~55 HRC	1 035~1 098	483~518
20Cr	渗碳后淬火	650	400	56~62 HRC	1 350	645
20CrMnTi	渗碳后淬火	1 100	850	56~62 HRC	1 350	645

三、齿轮传动的精度等级及其选择

齿轮精度等级的高低，直接影响着内部动载荷、齿间载荷分配与齿向载荷分布及润滑油膜的形成，并影响齿轮传动的振动与噪声。提高齿轮的加工精度，可以有效地减少振动及噪声，但制造成本大为提高。一般按工作机的要求和齿轮的圆周速度确定精度等级。表3-3-9推荐了齿轮传动的精度等级范畴。

在GB/T 10095—2008标准中，对齿轮精度规定了12个精度等级，其中1级的精度最高，12级的精度最低，常用的是6~9级精度。

表3-3-9只列出了圆柱齿轮传动精度等级的选择及应用，供设计时参考。

表3-3-9 圆柱齿轮传动精度等级的选择及应用

精度等级	圆周速度/(m·s⁻¹)		应用
	直齿圆柱齿轮	斜齿圆柱齿轮	
6级	≤15	≤25	高速重载的齿轮传动，如汽车和机床制造中的重要齿轮，分度机构的齿轮传动
7级	≤10	≤17	高速中载或中速重载的齿轮传动，如标准系列减速箱中的齿轮、汽车和机床制造的齿轮
8级	≤5	≤10	机械制造中对精度无特殊要求的齿轮
9级	≤3	≤3.5	低速及对精度要求低的传动

做一做

分析任务3.3中齿轮传动的选材，学生分组讨论不同材料的性能。对大、小齿轮的材料及热处理方式进行对比分析并确定选定的是闭式软齿面齿轮传动还是闭式硬齿面齿轮传动？（提示：闭式软齿面硬度≤350 HBS，闭式硬齿面硬度>350 HBS）。

四、轮齿常见的失效形式和齿轮传动的设计准则

请同学们思考一下：齿轮传动的类型很多，又有很多优点，那么在传递运动和动力时会发生什么问题呢？

机械零件由于强度、刚度、耐磨性和振动稳定性等因素不能正常工作时称为失效。机械零件在变应力作用下引起的破坏称为疲劳破坏，机械零件抵抗疲劳破坏的能力称为疲劳强度。

齿轮传动是靠轮齿的啮合来传递运动和动力的，轮齿失效是齿轮常见的主要失效形式。由于传动装置有开式、闭式，齿面硬度有软齿面与硬齿面，齿轮转速有高与低，载荷有轻与重之分，所以实际应用中常会出现各种不同的失效形式。分析研究失效形式有助于建立齿轮设计的准则，提出防止和减轻失效的措施。

（一）轮齿常见的失效形式

1. 轮齿折断。

轮齿受载后以齿根部产生的弯曲应力为最大，而且是交变应力。当轮齿单侧受载时，应力按脉动循环变化；当轮齿双向受载时，应力按对称循环变化。轮齿受变化的弯曲应力的反复作用，齿根过渡部分存在应力集中，当应力超过材料的弯曲疲劳极限时，齿根处产生疲劳裂纹，裂纹逐渐扩展致使轮齿折断，这种折断称为疲劳折断。

当轮齿突然过载，或经严重磨损后齿厚过薄时，发生的轮齿折断称为过载折断。

如果轮齿宽度过大，由于制造、安装的误差使其局部受载过大，故也会发生轮齿折断，如图3-3-21所示。在斜齿圆柱齿轮传动中，轮齿工作面上的接触线为一斜线，轮齿受载后如有载荷集中，就会发生局部折断。当轴的弯曲变形过大而引起轮齿局部受载过大时，也会发生局部折断。

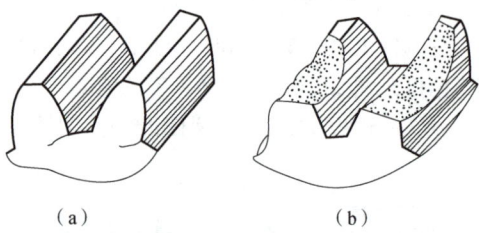

（a）　　　　　　（b）

图 3-3-21　轮齿折断

提高抗折断能力的措施如下：

（1）增大齿根过渡圆角半径；

（2）消除加工刀痕来减小齿根应力集中；

（3）增大轴及支承的刚性，使轮齿接触线上受载较为均匀；

（4）采用合适的热处理方法使齿芯材料具有足够的韧性；

（5）采用喷丸、滚压等工艺措施对齿根表层进行强化处理。

2. 齿面点蚀。

当轮齿进入啮合时，齿面接触处产生很大的接触应力，脱离啮合后接触应力消失。对齿廓工作面上某一固定点来说，它受到的是近似于脉动变化的接触应力。如果接触应力超过了齿轮材料的接触疲劳极限，齿面上产生裂纹，裂纹扩展致使表层金属剥落，形成小麻点，这种现象称为齿面点蚀。实践表明，由于轮齿在节面附近啮合时，同时啮合的齿对数少，且轮齿之间相对滑动速度小，润滑油膜不易形成，所以点蚀首先出现在靠近节线的齿根面上，如图3-3-22所示。一般闭式传动中的软齿面较易发生点蚀失效，设计时应保证齿面有足够的接触强度。

提高齿面抗点蚀能力的措施如下：

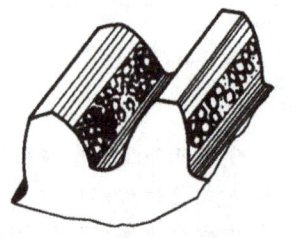

图 3-3-22　齿面点蚀

(1) 提高齿面硬度；

(2) 提高润滑油黏度；

(3) 提高接触精度；

(4) 降低表面粗糙度；

(5) 进行合理的变位。

3. 齿面磨损。

轮齿在啮合过程中存在相对滑动，使齿面间产生摩擦磨损。如果有金属微粒、砂粒、灰尘等进入轮齿间，将引起磨粒磨损，如图 3 - 3 - 23 所示。磨损将破坏渐开线齿形，并使间隙增大而引起冲击和振动，严重时甚至因齿厚减薄过多而折断。

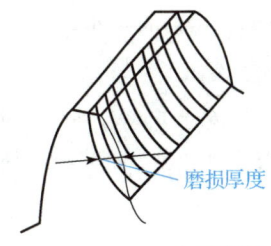

图 3 - 3 - 23　齿面磨损

对于新的齿轮传动装置来说，在开始运转一段时间内会发生跑合磨损，这对传动是有利的，使齿面表面粗糙度降低，提高了传动的承载能力。但跑合结束后，应更换润滑油，以免发生磨粒磨损。磨损是开式传动的主要失效形式。

目前还没有简明有效的针对磨损失效的计算方法，通常采取的措施如下：

(1) 采用闭式传动；

(2) 加大齿面硬度；

(3) 保证润滑，工作中注意油的清洁和更换等措施。

4. 齿面胶合。

在高速重载的齿轮传动中，齿面间的高压、高温使油膜破裂，局部金属互相粘连继而有相对滑动，金属从表面被撕裂下来，而在齿面上沿滑动方向出现条状伤痕，称为胶合，如图 3 - 3 - 24 所示。低速重载的传动因不易形成油膜，也会出现胶合。发生胶合后，齿廓形状改变了，不能正常工作。

图 3 - 3 - 24　齿面胶合

防止或减轻齿面胶合的措施如下：

(1) 加强润滑；

(2) 采用抗胶合能力强的润滑油（如硫化油）；

(3) 在润滑油中加入极压添加剂。

5. 齿面塑性变形。

当齿轮材料较软而载荷较大时，轮齿表层材料将沿摩擦力方向发生塑性变形，导致主动轮齿面节线处出现凹沟，从动轮齿面节线处出现凸棱（见图 3 - 3 - 25），齿形被破坏，影响齿轮的正确啮合。

减缓或防止轮齿产生塑性变形措施：

(1) 提高轮齿齿面硬度；

(2) 采用高黏度的或加有极压添加剂的润滑油。

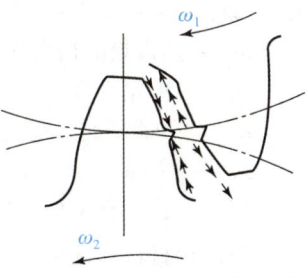

图 3 - 3 - 25　齿面塑性变形

 **想一想**

请同学们分析齿轮的五种失效形式能否同时出现。

（二）齿轮传动设计准则

设计齿轮传动时应根据齿轮传动的工作条件、失效情况等，合理地确定设计准则，以保证齿轮传动有足够的承载能力。工作条件、齿轮的材料不同，轮齿的失效形式就不同，设计准则、设计方法也不同。

闭式软齿面（硬度≤350 HBS）齿轮传动，齿面点蚀是主要的失效形式，应按齿面接触疲劳强度进行设计计算，确定齿轮的主要参数和尺寸，然后再按弯曲疲劳强度校核齿根的弯曲强度。

软齿面闭式传动的承载能力主要取决于齿面接触疲劳强度，故设计时齿数宜选多些，模数宜选小一些，从而提高传动的平稳性并减少轮齿的加工量。推荐取 $z \geqslant 24 \sim 40$。

闭式硬齿面（硬度 >350 HBS）齿轮传动，因齿根折断而失效，故通常先按齿根弯曲疲劳强度进行设计计算，确定齿轮的模数和其他尺寸，然后再按接触疲劳强度校核齿面的接触强度。

硬齿面闭式传动及开式传动的承载能力主要取决于齿根弯曲疲劳强度，故设计时模数宜选大些，齿数宜选少些，从而控制齿轮传动尺寸不必要的增加。推荐取 $z = 17 \sim 24$。

> **提示：**
>
> 对于开式齿轮传动中的齿轮，齿面磨损为其主要失效形式，故通常按照齿根弯曲疲劳强度进行设计计算，确定齿轮的模数，考虑磨损因素，再将模数增大 10%~20%，而无须校核接触强度。

 **做一做**

确定设计任务 3.3 应该选用的是哪一种设计准则，分小组进行讨论。

五、直齿圆柱齿轮传动的设计

1. 按齿面接触疲劳强度设计

轮齿不产生齿面疲劳点蚀的强度条件为

$$\sigma_H \leqslant [\sigma_H]$$

$$\sigma_H = 3.52 Z_E \sqrt{\frac{KT_1(u \pm 1)}{bd_1^2 u}} \leqslant [\sigma_H] \qquad (3-3-2)$$

为了便于计算，引入齿宽系数 $\psi_d = \dfrac{b}{d_1}$ 并代入上式，得到齿面接触疲劳强度的设计公式为

$$d_1 \geqslant \sqrt[3]{\frac{KT_1(u \pm 1)}{\psi_d u}\left(\frac{3.52 Z_E}{[\sigma_H]}\right)^2} \qquad (3-3-3)$$

式中：$[\sigma_H]$——齿轮材料的许用接触应力（MPa）；

u——两齿轮的齿数比，$u = z_2 / z_1$，"+"号用于外啮合，"−"号用于内啮合；

ψ_d——齿宽系数；

K——载荷系数，查表 3-3-7；

T_1——主动轮上的转矩（N·mm）；

Z_E——齿轮材料的弹性系数，查表 3-3-10。

若两齿轮材料都选用钢时，$Z_E = 189.8 \sqrt{\mathrm{MPa}}$，将其分别代入校核公式（3-3-2）和设计公式（3-3-3），可得一对钢齿轮的设计公式为

$$d_1 \geqslant 76.43 \sqrt[3]{\frac{KT_1(u \pm 1)}{\psi_d u [\sigma_H]^2}} \qquad (3-3-4)$$

校核公式为

$$\sigma_H = 668 \sqrt{\frac{KT_1(u \pm 1)}{bd_1^2 u}} \leqslant [\sigma_H] \qquad (3-3-5)$$

应用上述公式应注意以下几点：

（1）两齿轮齿面接触应力 σ_{H1} 与 σ_{H2} 大小相同；

（2）两齿轮的许用接触应力 $[\sigma_{H1}]$ 与 $[\sigma_{H2}]$ 一般不同，进行强度计算时应选用较小值；

（3）齿轮齿面接触疲劳强度与齿轮直径或中心距的大小有关，即与 m 与 z 的乘积有关，而与模数的大小无关。当一对齿轮的材料、齿宽系数、齿数比一定时，由齿面接触强度所决定的承载能力仅与齿轮的分度圆直径或中心距有关。

表 3 - 3 - 10　材料弹性系数 Z_E　　　　　　　　$\sqrt{\text{MPa}}$

小齿轮材料	大齿轮材料			
	钢	铸钢	球墨铸铁	灰铸铁
钢	189.8	188.9	181.4	162.0
铸钢	—	188.0	180.5	161.4
球墨铸铁	—	—	173.9	156.6
灰铸铁	—	—	—	143.7

2. 按齿根弯曲疲劳强度设计

轮齿不产生弯曲疲劳折断的强度条件为

$$\sigma_F \leqslant [\sigma_F]$$

弯曲疲劳强度的校核公式为

$$\sigma_F = \frac{2KT_1}{bmd_1}Y_FY_S = \frac{2KT_1}{bm^2z_1}Y_FY_S \leqslant [\sigma_F] \tag{3-3-6}$$

式中：T_1——主动轮的转矩，N·mm；

　　　b——轮齿的接触宽度（mm）；

　　　z_1——主动轮的齿数；

　　　$[\sigma_F]$——轮齿的许用弯曲应力（MPa）；

　　　Y_F——齿轮的齿形系数，查表 3 - 3 - 11；

　　　Y_S——齿轮的应力修正系数，查表 3 - 3 - 12。

引入齿宽系数 $\psi_d = \dfrac{b}{d_1}$，代入弯曲疲劳强度的校核公式（3 - 3 - 6），可得出齿根弯曲强度的设计公式为

$$m \geqslant 1.26\sqrt[3]{\frac{KT_1Y_FY_S}{\psi_d z_1^2[\sigma_F]}} \tag{3-3-7}$$

应用上述公式应注意以下几点：

（1）通常两个相啮合齿轮的齿数是不同的，故齿形系数 Y_F 和应力修正系数 Y_S 都不相等，而且齿轮的许用应力 $[\sigma_F]$ 也不一定相等，因此必须分别校核两齿轮的齿根弯曲强度；

（2）在设计计算时，应将两齿轮的 $\dfrac{Y_FY_S}{[\sigma_F]}$ 值进行比较，取其中较大者代入公式（3 - 3 - 7）中计算，计算所得模数应圆整成标准值。

表 3 - 3 - 11　标准外齿轮的齿形系数 Y_F

z	12	14	16	17	18	19	20	22	25	28	30	35	40	45	50	60	80	100	$\geqslant 200$
Y_F	3.47	3.22	3.03	2.97	2.91	2.85	2.81	2.75	2.65	2.58	2.54	2.47	2.41	2.37	2.35	2.30	2.25	2.18	2.14

注：$\alpha = 20°$，$h_a^* = 1$ mm，$c^* = 0.25$ mm。

表 3 – 3 – 12　标准外齿轮的应力修正系数 Y_S

z	12	14	16	17	18	19	20	22	25	28	30	35	40	45	50	60	80	100	≥200
Y_S	1.44	1.47	1.51	1.53	1.54	1.55	1.56	1.58	1.59	1.61	1.63	1.65	1.67	1.69	1.71	1.73	1.77	1.80	1.88

注：$\alpha = 20°$，$h_\mathrm{a}^* = 1$，$c^* = 0.25$，$\rho_\mathrm{f} = 0.38\,m$，$\rho_\mathrm{f}$ 为齿根圆角曲率半径。

 **做一做**

根据上述内容，对任务 3.3 中的直齿圆柱齿轮进行受力分析和强度计算。

六、计算直齿圆柱齿轮各部分尺寸

相关知识

标准直齿圆柱齿轮的基本参数 z、m、α 确定之后，齿轮各部分的尺寸可按表 3 – 3 – 13 中的公式进行计算。

表 3 – 3 – 13　渐开线标准直齿圆柱齿轮主要参数和几何尺寸计算公式　　　　mm

名称	符号	计算公式
齿顶高	h_a	$h_\mathrm{a} = h_\mathrm{a}^* m = m$
齿根高	h_f	$h_\mathrm{f} = (h_\mathrm{a}^* + c^*)m = 1.25m$
全齿高	h	$h = h_\mathrm{a} + h_\mathrm{f} = (2h_\mathrm{a}^* + c^*) = 2.25m$
顶隙	c	$c = c^* m = 0.25m$
分度圆直径	d	$d = mz$
基圆直径	d_b	$d_\mathrm{b} = d\cos\alpha$
齿顶圆直径	d_a	$d_\mathrm{a} = d \pm 2h_\mathrm{a} = m\,(z \pm 2h_\mathrm{a}^*)$
齿根圆直径	d_f	$d_\mathrm{f} = d \mp 2h_\mathrm{f} = m\,(z \mp 2h_\mathrm{a}^* \mp 2c^*)$
齿距	p	$p = \pi m$
齿槽宽	e	$e = \dfrac{p}{2} = \dfrac{\pi m}{2}$
齿厚	s	$s = \dfrac{p}{2} = \dfrac{\pi m}{2}$
标准中心距	a	$a = \dfrac{1}{2}\,(d_2 \pm d_1) = \dfrac{1}{2}m\,(z_2 \pm z_1)$

注：表中正负号处，上面符号用于外齿轮，下面符号用于内齿轮。

 **做一做**

根据设计选定的参数，进行齿轮几何尺寸的计算。

七、直齿圆柱齿轮结构设计

齿轮的结构设计主要包括选择合理适用的结构形式，依据经验公式确定齿轮的轮毂、轮辐、轮缘等各部分的尺寸及绘制齿轮的零件工作图等。

常用的齿轮结构形式有以下几种。

1. 齿轮轴

当圆柱齿轮的齿根圆至键槽底部的距离 $x \leqslant (2 \sim 2.5) m_n$，或锥齿轮小端的齿根圆至键槽底部的距离 $x \leqslant (1.6 \sim 2) m$ 时，应将齿轮与轴制成一体，称为齿轮轴，如图 3 - 3 - 26 所示。

2. 实体式齿轮

当齿轮的齿顶圆直径 $d_a \leqslant 200$ mm 时，可采用实体式结构，如图 3 - 3 - 27 所示。这种结构形式的齿轮常用锻钢制造。

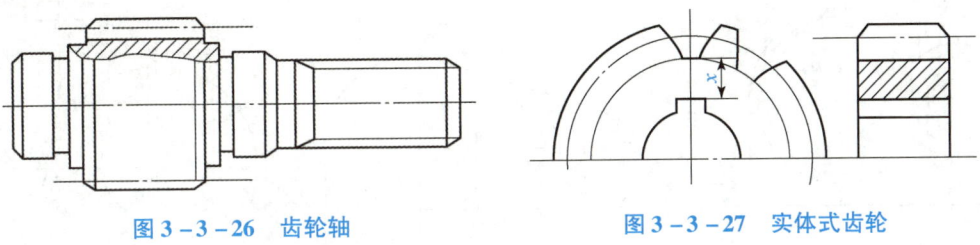

图 3 - 3 - 26　齿轮轴　　　　　　　图 3 - 3 - 27　实体式齿轮

3. 腹板式齿轮

当齿轮的齿顶圆直径 $d_a \leqslant 200 \sim 500$ mm 时，可采用腹板式结构，如图 3 - 3 - 28 所示。这种结构的齿轮一般多用锻钢制造，其各部分尺寸由图中经验公式确定。

4. 轮辐式齿轮

当齿轮的齿顶圆直径 $d_a > 500$ mm 时，可采用轮辐式结构，如图 3 - 3 - 29 所示。这种结构的齿轮常采用铸钢或铸铁制造。

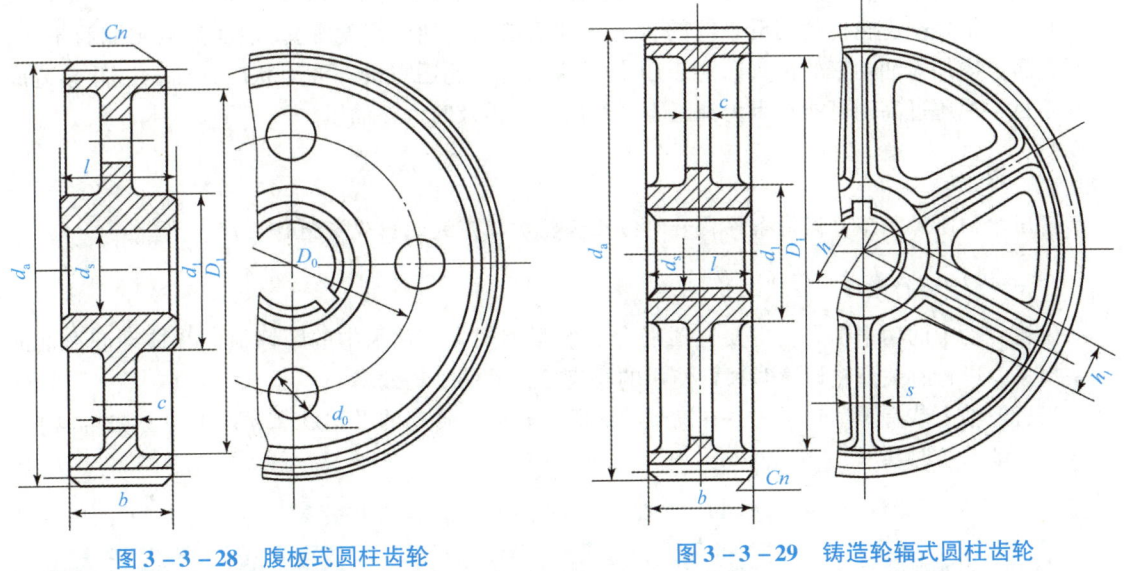

图 3 - 3 - 28　腹板式圆柱齿轮　　　　　图 3 - 3 - 29　铸造轮辐式圆柱齿轮

八、齿轮的润滑方式的选择

润滑对于齿轮传动十分重要。润滑不仅可以减小摩擦、减轻磨损，还可以起到冷却、防锈、降低噪声、改善齿轮的工作状况、延缓齿轮失效和延长齿轮的使用寿命等作用。

1. 润滑方式

闭式齿轮传动的润滑方式有浸油润滑和喷油润滑两种，一般根据齿轮的圆周速度确定采用哪一种方式。

浸油润滑：当齿轮的圆周速度 $v < 12$ m/s 时，通常将大齿轮浸入油池中进行润滑，如图 3 – 3 – 30（a）所示。齿轮浸入油池中的深度至少为 10 mm，转速低时可浸深一些，但浸入过深会增大运动阻力并使油温升高。在多级齿轮传动中，对于未浸入油池内的齿轮，可采用带油轮将油带到未浸入油池内的齿轮齿面上，如图 3 – 3 – 30（b）所示。浸油齿轮可将油甩到齿轮箱壁上，有利于散热。

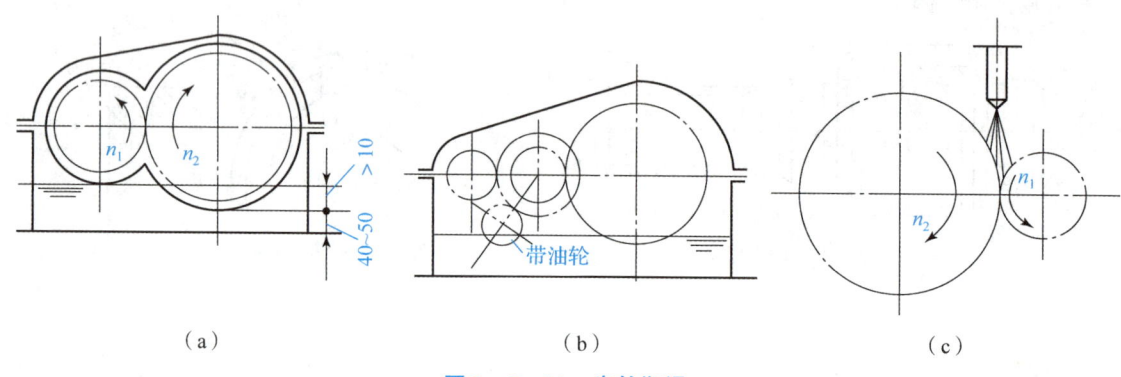

（a） （b） （c）

图 3 – 3 – 30　齿轮润滑

喷油润滑：当齿轮的圆周速度 $v \geqslant 12$ m/s 时，由于圆周速度大，齿轮搅油剧烈，且黏附在齿廓面上的油被甩掉，因此，不宜采用浸油润滑，而应采用喷油润滑，即用油泵将具有一定压力的润滑油经喷油器喷到啮合的齿面上，如图 3 – 3 – 30（c）所示。

对于开式齿轮传动，由于其传动速度低，故通常采用人工定期加油润滑的方式。

必须经常检查齿轮传动润滑系统的状况（如润滑油的油面高度等）。油面过低则润滑不良，油面过高会增加搅油功率的损失。对于压力喷油润滑系统还需检查油压状况，油压过低会造成供油不足，油压过高则可能是因为油路不畅通所致，需及时调整油压。

 **想一想**

请同学们思考一下：润滑条件良好对防止齿轮破坏形式的出现有何作用？

2. 齿轮传动的效率

齿轮传动中的功率损失，主要包括啮合中的摩擦损失、轴承中的摩擦损失和搅动润滑油的功率损失。进行有关齿轮计算时通常使用的是齿轮传动的平均效率。

当齿轮轴上装有滚动轴承，并在满载状态下运转时，传动的平均效率 η 列于表 3 – 3 – 14 中，供设计传动系统时参考。

表 3 – 3 – 14　装有滚动轴承的齿轮传动的平均效率

传动形式	圆柱齿轮传动	锥齿轮传动
6 级或 7 级精度的闭式传动	0.98	0.97
8 级精度的闭式传动	0.97	0.96
开式传动	0.95	0.94

本任务配分权重表

序号	内容	分值/分	得分	备注
1	明确齿轮的功能	10		
2	能够对齿轮的主要参数进行尺寸计算	10		
3	明确齿轮的正确啮合条件	20		
4	完成标准齿轮设计	20		
5	进行齿轮传动的强度计算	20		
6	绘制轴的工作零件图	20		

技能训练

请认真观察汽车变速箱中的齿轮的结构，分析齿轮的结构类型和啮合方式，同时写出设计齿轮的步骤和方法。

★ 新视野

虚拟仿真设计技术

虚拟仿真设计技术是以计算机为工具，建立实际或联想的系统模型，并在不同条件下对模型进行动态运行（实验）的一门综合性技术。近年来不断涌现和迅速发展的高新技术，如计算机仿真建模、CAD/CAM 及先期技术演示验证、可视化计算、遥控机器和计算机艺术等，都有一个共同的需求，就是建立一个比现有计算机系统更为真实、方便的输入输出系统，使其能与各种传感器相连，组成更为友好的人机界面的多维化信息环境。这个环境就是计算机虚拟现实系统（VRS），在这个环境中从事设计的技术即称为虚拟设计（Virtual Design，VD）。

虚拟仿真设计系统均包括两部分：一是虚拟环境生成器，这是虚拟设计系统的主体，二是外围设备（人机交互工具以及数据传输、信号控制装备）。虚拟环境生成器是虚拟设计系统的核心部分，它可以根据任务的性能和用户的要求，在工具软件和数据库的支持下产生任务所需的、多维的、适人化的情景和实例。它由计算机基本软硬件、软件开发工具和其他设备组成，实际上就是一个包括各种数据库的高性能的图形工作站。虚拟设计系统的交互技术是虚拟设计优势的体现。

一、虚拟技术应用到工业设计中的途径

（1）产品的外形设计。

（2）产品的布局设计。

（3）产品的运动和动力学仿真。

（4）产品的广告与漫游。

二、虚拟现实技术应用到产品设计中的作用

（1）提高设计直观性和真实性。

（2）缩短设计流程，提高设计效率。

（3）降低设计成本，提高产品竞争力。

 巩固与拓展

一、知识巩固

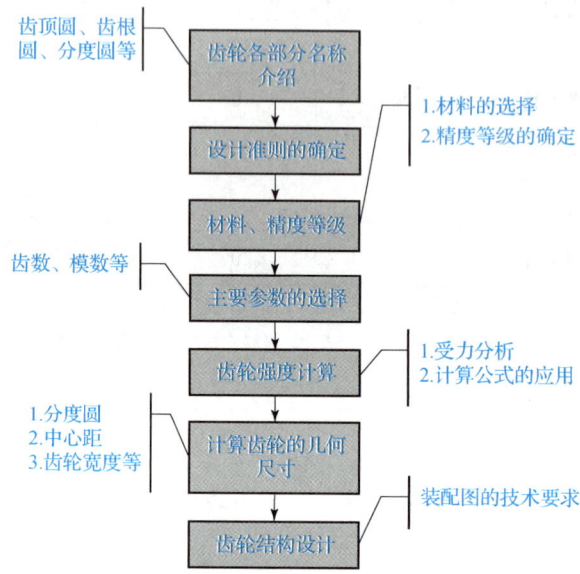

对照知识体系图，梳理自己所掌握的知识体系，并与同学相互交流、研讨个人对机器与机构知识点或技能技巧的理解

二、拓展任务

（1）根据任务的工作步骤及方法，利用所学知识，自主完成自主学习手册中的拓展任务。

（2）查阅《机械设计手册》或资料，了解锥齿轮传动设计的相关知识。

 自我分析与总结

学生改错	学生学会的内容

学生总结：

1. 什么叫压力角？什么叫啮合角？它们之间有何区别？

2. 一个标准渐开线直齿轮，当齿根圆和基圆重合时，齿数为多少？若齿数大于上述值，齿根圆和基圆哪个大？

3. 一对标准外啮合直齿圆柱齿轮传动，已知 $z_1 = 19$，$z_2 = 68$，$m = 2$ mm，$\alpha = 20°$，计算小齿轮的分度圆直径、齿顶圆直径、齿根圆直径、基圆直径、齿距以及齿厚和齿槽宽。

4. 齿轮的失效形式有哪些？采取什么措施可减缓失效发生？

5. 齿轮强度设计准则是如何确定的？

6. 对齿轮材料的基本要求是什么？常用齿轮材料有哪些？如何保证对齿轮材料的基本要求？

7. 齿面接触疲劳强度与哪些参数有关？若接触强度不够，则采取什么措施来提高接触强度？

8. 齿根弯曲疲劳强度与哪些参数有关？若弯曲强度不够，则可采取什么措施来提高弯曲强度？

9. 齿形系数 Y_F 与什么参数有关？

10. 设计直齿圆柱齿轮传动时，其许用接触应力如何确定？设计中如何选择合适的许用接触应力值代入公式计算？

11. 软齿面齿轮为何应使小齿轮的硬度比大齿轮高（30～50）HBS？硬齿面齿轮是否也需要硬度差？

12. 单级闭式直齿圆柱齿轮传动中，小齿轮的材料为 45 钢调质处理，大齿轮的材料为 ZG270-500 正火，$P = 4$ kW，$n_1 = 720$ r/min，$m = 4$ mm，$z_1 = 25$，$z_1 = 25$，$z_2 = 73$，$b_1 = 84$ mm，$b_2 = 78$ mm，单向转动，预期使用寿命 10 年（按 1 年 300 天，每天两班制工作考虑）。载荷有中等冲击，用电动机驱动，试验算此单级齿轮传动的强度。

13. 已知开式直齿圆柱齿轮传动 $i = 3.5$，$P = 3$ kW，$n_1 = 50$ r/min，用电动机驱动，单向转动，载荷均匀，$z_1 = 21$，小齿轮为 45 钢调质，大齿轮 45 钢正火，试设计此单级齿轮传动。

任务3.4 蜗杆传动设计

工作任务

如图 3-4-1 所示，试设计一带式输送机用的闭式蜗杆减速器中的普通圆柱蜗杆传动。已知：电动机功率 $P_1 = 6$ kW，蜗杆转速 $n_1 = 1\ 460$ r/min，蜗轮转速 $n_2 = 73$ r/min，工作载荷平稳，单向回转，寿命 5 年，每年工作 300 天，每天工作 8 h。

图 3-4-1　一级蜗杆传动减速器图

任务目标

知识目标	能力目标	素质目标
1. 了解蜗杆传动的类型和特点 2. 掌握蜗杆传动的主要参数和几何尺寸计算 3. 熟悉蜗杆传动的失效形式和计算准则 4. 掌握蜗杆传动的强度计算 5. 了解蜗杆传动效率、润滑和热平衡计算	1. 能够根据蜗杆传动的特点，正确判断蜗杆传动的类型 2. 能够选择蜗杆传动的材料 3. 能够根据蜗杆传动用途，正确选择蜗杆传动的主要参数与几何尺寸计算 4. 能够分析蜗杆传动受力特性，进行蜗杆传动的强度校核 5. 能够进行蜗杆传动的热平衡计算	1. 通过蜗杆传动主要参数的选择和几何尺寸计算，培养学生严谨精细的工作作风 2. 通过蜗杆传动受力分析，培养学生的创新能力及分析和解决问题的能力 3. 通过蜗杆传动强度校核计算，培养学生安全意识，事故无小事 4. 通过小组讨论，培养学生团队协作的能力

步骤一　认识蜗杆传动

 **想一想**

根据日常生活见闻，你都见过哪些类型的蜗杆传动呢？

 **相关知识**

一、蜗杆传动的作用

蜗杆传动是在空间交错的两轴间传递运动和动力的一种传动机构。两轴线的夹角可为任意角，常取其交错角 $\Sigma = 90°$。蜗杆传动常用于传动功率在 50 kW 以下、滑动速度在 15 m/s 以下的机器设备中。

二、蜗杆传动的特点

```
                    蜗杆传动的特点
                         │
   ┌─────────┬─────────┬─────────┬─────────┬─────────┐
结构紧凑、  传动平稳、振  实现反向自锁，  摩擦损失大、  蜗轮材料贵
传动比大    动小、噪声低  具有自锁性    效率低      重、成本高
```

三、蜗杆传动的类型

蜗杆传动的主要类型见表 3 – 4 – 1。

表 3 – 4 – 1　蜗杆传动的主要类型

分类依据	蜗杆传动类型	图例	说明
按蜗杆形状	圆柱蜗杆传动	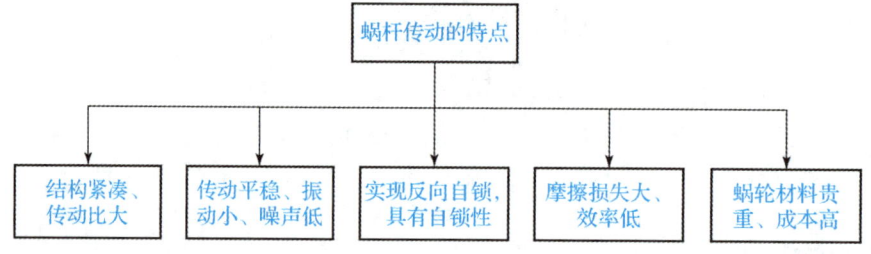	应用最为广泛，分为普通圆柱蜗杆传动和圆弧齿圆柱蜗杆传动

分类依据	蜗杆传动类型	图例	说明
按蜗杆形状	环面蜗杆传动		其主要特征是蜗杆包围蜗轮，蜗杆体是一个由凹圆弧为母线所形成的回转体
	锥蜗杆传动		蜗杆是由在节锥上分布的等导程的螺旋所形成；而蜗轮在外观上就像一个曲线锥齿轮
按垂直于轴线的横截面上蜗杆的齿廓曲线形状	阿基米德蜗杆（ZA 型）		应用较广，其端面齿廓为阿基米德螺旋线，轴向齿廓为直线；较易车削，但难以磨削，不易得到较高精度
	渐开线蜗杆（ZI 型）		其端面齿廓为渐开线；可以用滚刀加工，并在专用机床上磨削；制造精度较高，利于成批生产
	法向直廓蜗杆（ZN 型）		其端面齿廓为延伸渐开线，法面 $N-N$ 齿廓为直线；车削简单，可用砂轮磨削
按螺旋方向	左旋、右旋	与螺纹旋向相似（图略）	一般为右旋
按头数	单头、多头	与螺纹线数相似（图略）	一般为单头

想一想

请同学们思考：学习任务中蜗杆传动的类型该如何选择？

步骤二　分析蜗杆传动的主要参数及几何尺寸计算

一、确定蜗杆头数 z_1 和蜗轮齿数 z_2

蜗杆头数 z_1 即蜗杆螺旋线的数目，z_1 一般取 1、2、4、6。当传动比大于 40 或要求蜗杆自锁时，取 $z_1 = 1$；当传递功率较大时，为提高传动效率、减少能量损失，常取 z_1 为 2、4。蜗杆头数越多，加工精度越难保证。

通常情况下蜗轮的齿数 $z_2 = 28 \sim 80$。若 $z_2 < 28$，会降低传动平稳性，且易产生根切；若 z_2 过大，蜗轮直径增大，与之相应蜗杆的长度增加，刚度减小，从而影响啮合的精度。

通常蜗杆为主动件，蜗杆传动的传动比 i 等于蜗杆与蜗轮的转速比。当蜗杆转一周时，蜗轮转过 z_1 个齿。故传动比为

$$i_{12} = \frac{n_1}{n_2} = \frac{z_2}{z_1} \qquad (3-4-1)$$

式中：n_1，n_2——蜗杆、蜗轮的转速，单位为（r/min）。

表 3-4-2　蜗杆头数 z_1、蜗轮齿数 z_2 推荐值

传动比	$7 \sim 13$	$14 \sim 27$	$28 \sim 40$	>40
蜗杆头数 z_1	4	2	2、1	1
蜗轮齿数 z_2	$28 \sim 52$	$28 \sim 54$	$28 \sim 80$	>40

蜗杆传动的传动比 i 仅与 z_1 和 z_2 有关，而不等于蜗轮与蜗杆分度圆直径之比，即

$$i = z_2/z_1 \neq d_2/d_1$$

查表 3-4-2 就能确定蜗杆头数和蜗轮齿数。

做一做

根据学习任务中的传动比计算，由传动比值，查表 3-4-2 选取 z_1、z_2。

二、确定模数 m 和压力角 α

通过蜗杆轴线并垂直于蜗轮轴线的平面称为中间平面。在中间平面上，蜗轮与蜗杆的啮合相当于渐开线齿轮与齿条的啮合。因此，设计蜗杆传动时，其参数和尺寸均在中间平面内确定，并沿用渐开线圆柱齿轮传动的计算公式。蜗杆的轴向齿距 p_{a1} 应等于蜗轮的端面齿距 p_{t2}，即蜗杆的轴向模数 m_{a1} 应等于蜗轮的端面模数 m_{t2}，蜗杆的轴向压力角 α_{a1} 应等于蜗轮的端面压力角 α_{t2}。规定中间平面上的模数和压力角为标准值，则

$$\left. \begin{array}{l} m_{a1} = m_{t2} = m \\ \alpha_{a1} = \alpha_{t2} = 20° \end{array} \right\} \qquad (3-4-2)$$

查表 3-4-3 就能确定模数 m、蜗杆分度圆直径 d_1、直径系数 q 等相关参数。

表 3 - 4 - 3 蜗杆基本参数 ($\Sigma = 90°$) (GB/T 10085—2018)

模数 m/mm	分度圆直径 d_1/mm	蜗杆头数 z_1	直径系数 q	$m^2 d_1$	模数 m/mm	分度圆直径 d_1/mm	蜗杆头数 z_1	直径系数 q	$m^2 d_1$
1	18	1	18.000	18	6.3	(80)	1, 2, 4	12.698	3 175
1.25	20	1	16.000	31.25		112	1	17.778	4 445
	22.4	1	17.920	35	8	(63)	1, 2, 4	7.875	4 032
1.6	20	1, 2, 4	12.500	51.2		80	1, 2, 4, 6	10.000	5 376
	28	1	17.500	71.68		(100)	1, 2, 4	12.500	6 400
2	(18)	1, 2, 4	9.000	72		140	1	17.500	8 960
	22.4	1, 2, 4, 6	11.200	89.6	10	(71)	1, 2, 4	7.100	7 100
	(28)	1, 2, 4	14.000	112		90	1, 2, 4, 6	9.000	9 000
	35.5	1	17.750	142		(112)	1, 2, 4	11.200	11 200
2.5	(22.4)	1, 2, 4	8.960	140		160	1	16.000	16 000
	28	1, 2, 4, 6	11.200	175	12.5	(90)	1, 2, 4	7.200	14 062
	(35.5)	1, 2, 4	14.200	221.9		112	1, 2, 4	8.960	17 500
	45	1	18.000	281		(140)	1, 2, 4	11.200	21 875
3.15	(28)	1, 2, 4	8.889	278		200	1	16.000	31 250
	35.5	1, 2, 4, 6	11.27	352	16	(112)	1, 2, 4	7.000	28 672
	45	1, 2, 4	14.286	447.5		140	1, 2, 4	8.750	35 840
	56	1	17.778	556		(180)	1, 2, 4	11.250	46 080
4	(31.5)	1, 2, 4	7.875	504		250	1	15.625	64 000
	40	1, 2, 4, 6	10.000	640	20	(140)	1, 2, 4	7.000	56 000
	(50)	1, 2, 4	12.500	800		160	1, 2, 4	8.000	64 000
	71	1	17.750	1 136		(224)	1, 2, 4	11.200	89 600
5	(40)	1, 2, 4	8.000	1 000		315	1	15.750	126 000
	50	1, 2, 4, 6	10.000	1 250	25	(180)	1, 2, 4	7.200	112 500
	(63)	1, 2, 4	12.600	1 575		200	1, 2, 4	8.000	125 000
	90	1	18.000	2 250		(280)	1, 2, 4	11.200	175 000

模数 m/mm	分度圆直径 d_1/mm	蜗杆头数 z_1	直径系数 q	$m^2 d_1$	模数 m/mm	分度圆直径 d_1/mm	蜗杆头数 z_1	直径系数 q	$m^2 d_1$
6.3	50	1, 2, 4	7.936	1 985	25	400	1	16.000	250 000
	63	1, 2, 4, 6	10.000	2 500					

注：1. 表中模数均系第一系列，$m < 1$ mm 的未列入，$m > 25$ mm 的还有 31.5 mm、40 mm 两种；属于第二系列的模数有 1.5 mm、3 mm、3.5 mm、4.5 mm、5.5 mm、6 mm、7 mm、12 mm、14 mm。

　　2. 表中蜗杆分度圆直径 d_1 均属第一系列，$d_1 < 18$ mm 的未列入，此外还有 355 mm。属于第二系列的有：30 mm、38 mm、48 mm、53 mm、60 mm、67 mm、75 mm、85 mm、95 mm、106 mm、118 mm、132 mm、144 mm、170 mm、190 mm、300 mm。

　　3. 模数和分度圆直径均应优先选用第一系列，括号中的数字尽量不采用。

 **做一做**

确定学习任务中蜗杆传动模数 m。

三、确定蜗杆螺旋线升角 λ

蜗杆螺旋面与分度圆柱面的交线为螺旋线。如图 3-4-2 所示，将蜗杆分度圆柱展开，其螺旋线与端面的夹角即为蜗杆分度圆柱上的螺旋线升角 λ，或称为导程角。由图可得蜗杆螺旋线的导程为

$$L = z_1 p_1 = z_1 \pi m \tag{3-4-3}$$

蜗杆分度圆柱上螺旋线升角 λ 与导程的关系为

$$\tan\lambda = \frac{L}{\pi d_1} = \frac{z_1 \pi m}{\pi d_1} = \frac{z_1 m}{d_1} \tag{3-4-4}$$

与螺纹相似，蜗杆螺旋线也有左旋、右旋之分，一般情况下多为右旋。旋向的判别方法和螺纹的判别方法相同。

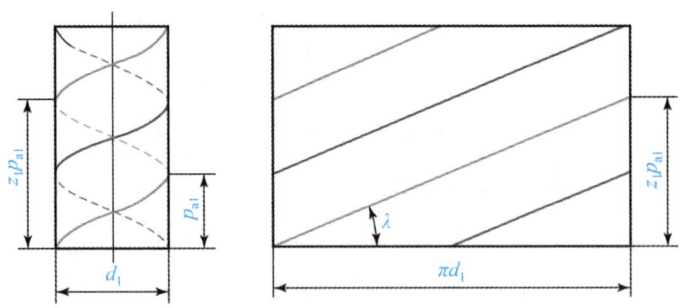

图 3-4-2　蜗杆分度圆柱展开

通常蜗杆螺旋线的升角 λ 为 $3.5° \sim 27°$，升角小时传动效率低，但可实现自锁（λ 为 $3.5° \sim 4.5°$）；升角大时传动效率高，但蜗杆加工困难。

四、确定蜗杆分度圆直径 d_1 和蜗杆直径系数 q

加工蜗轮时，为了保证蜗杆与配对蜗轮的正确啮合，所用加工蜗轮滚刀的尺寸应与相啮合

蜗杆的尺寸基本相同。由式（3 – 4 – 4）可知蜗杆的分度圆直径为

$$d_1 = m\frac{z_1}{\tan\lambda} \tag{3 – 4 – 5}$$

则蜗杆的分度圆直径 d_1 不仅与模数 m 有关，而且与 z_1 和 λ 有关。同一模数的蜗杆，为使刀具标准化，蜗杆分度圆直径 d_1 必须采用标准值。将 d_1 与 m 的比值称为蜗杆直径系数 q，即

$$d_1 = qm \tag{3 – 4 – 6}$$

式中：d_1，m 已标准化；q 值可查阅标准。

做一做

计算学习任务中蜗杆传动的蜗杆的分度圆直径。

五、计算蜗杆传动的几何尺寸

普通蜗杆传动的部分几何尺寸计算见表 3 – 4 – 4。

表 3 – 4 – 4　普通圆柱蜗杆传动的几何尺寸计算

名称	计算公式	
	蜗杆	蜗轮
齿顶高	$h_{a1} = m$	$h_{a2} = m$
齿根高	$f_1 = 1.2m$	$f_2 = 1.2m$
分度圆直径	$d_1 = mq$	$d_2 = mz_2$
齿根圆直径	$d_{f1} = m(q - 2.4)$	$d_{f2} = m(z_2 - 2.4)$
齿顶圆直径	$d_{a1} = m(q + 2)$	$d_{a2} = m(z_2 + 2)$
顶隙	$c = 0.2\,m$	
蜗杆轴向齿距 蜗轮端面齿距	$p_{a1} = p_{t2} = \pi m$	
蜗杆的螺旋线升角	$\lambda = \arctan\dfrac{z_1}{q}$	
蜗轮的螺旋角		$\beta = \lambda$
中心距	$a = \dfrac{m}{2}(q + z_2)$	

想一想

结合任务 3.3 齿轮传动的啮合条件，分析蜗杆传动的正确啮合条件是什么？

做一做

计算学习任务中蜗杆传动的相关几何尺寸。

步骤三 分析蜗杆传动的受力特性

一、确定许用接触应力 $[\sigma_H]$

若蜗轮齿圈是锡青铜制造的，则蜗轮的损坏形式主要是疲劳点蚀，其许用应力列于表 3 – 4 – 5 中；若蜗轮用无锡青铜或铸铁制造，则蜗轮的损坏形式主要是胶合。此时接触强度计算是条件性计算，故许用应力应根据材料组合和滑动速度来确定。表 3 – 4 – 5 和表 3 – 4 – 6 所示的许用接触应力根据抗胶合条件拟定，滑动速度可以初步估计。

表 3 – 4 – 5 锡青铜蜗轮的许用接触应力 $[\sigma_H]$ MPa

蜗轮材料	铸造方法	适用的滑动速度 $v_s/(\text{m}\cdot\text{s}^{-1})$	蜗杆齿面硬度	
			HBS≤350	HRC >45
10 – 1 锡青铜	砂型金属型	≤12	180	200
		≤25	200	220
5 – 5 – 5 锡青铜	砂型金属型	≤10	110	125
		≤12	135	150

表 3 – 4 – 6 铝青铜及铸铁蜗轮的许用接触应力 $[\sigma_H]$ MPa

蜗轮材料	蜗杆材料	滑动速度 $v_s/(\text{m}\cdot\text{s}^{-1})$						
		0.5	1	2	3	4	6	8
10 – 3 铝青铜，	淬火钢	250	230	210	180	160	120	90
HT150、HT200	渗碳钢	130	115	90	—	—	—	—
HT150	调质钢	110	90	70	—	—	—	—
注：蜗杆未经淬火时，需将 $[\sigma_H]$ 值降低20%。								

二、确定载荷系数 K 和蜗轮扭矩 T_2

考虑载荷集中和动载荷的影响，可取 $K = 1.1 \sim 1.3$。

分析蜗杆传动作用力时，可先根据蜗杆的螺旋线旋向和蜗杆的旋转方向，采用左、右手定则判定蜗轮的旋转方向，具体方法是：蜗杆右旋时用右手，左旋时用左手，半握拳，四指指向蜗杆回转方向，蜗轮的回转方向与大拇指指向相反。蜗杆和蜗轮的旋向及旋转方向确定后，就可以对蜗杆传动进行受力分析。

蜗杆传动的受力分析和斜齿轮相似。图 3 – 4 – 3 所示为一下置蜗杆传动，蜗杆为主动件，旋向为右旋，按图示方向转动。图 3 – 4 – 3 (a) 所示为右侧面受力情况；图 3 – 4 – 3 (b) 所示为蜗杆、蜗轮受力情况及转向。

如图 3 - 4 - 3 所示，齿面上的法向力 F_n 分解为三个相互垂直的分力：圆周力 F_t、轴向力 F_a 和径向力 F_r。当蜗杆和蜗轮轴交错角呈 90° 时，蜗杆圆周力 F_{t1} 等于蜗轮轴向力 F_{a2}，蜗杆轴向力 F_{a1} 等于蜗轮圆周力 F_{t2}，蜗杆径向力 F_{r1} 等于蜗轮径向力 F_{r2}，即

$$\begin{cases} F_{t1} = -F_{a2} = \dfrac{2T_1}{d_1} \\[2mm] F_{a1} = -F_{t2} = \dfrac{2T_2}{d_2} \\[2mm] F_{r1} = -F_{r2} = F_{t2}\tan\alpha \end{cases} \qquad (3-4-7)$$

式中：T_1，T_2——蜗杆和蜗轮上的转矩，单位为 N·mm；

　　　　α——压力角，$\alpha = 20°$。

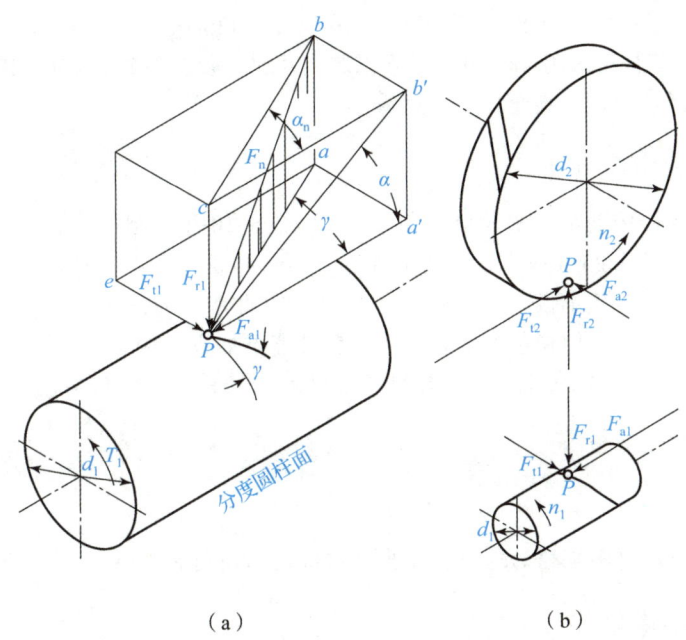

（a）　　　　　　　　　　　（b）

图 3 - 4 - 3　蜗杆传动的作用力

蜗杆与蜗轮受力方向的判别方法是：当蜗杆为主动件时，圆周力 F_{t1} 与转向相反；径向力 F_{r1} 的方向由啮合点指向蜗杆中心；轴向力 F_{a1} 的方向决定于蜗轮的圆周力的方向，而蜗轮圆周力的方向与其旋转方向相同。受力方向的判定如图 3 - 4 - 3 所示。

蜗轮扭矩：

$$T_2 = \frac{9.55\times10^6 p_2}{n_2} = \frac{9.55\times10^6 p_1\eta}{n_1/i} = \frac{9.55\times10^6 p_1 i\eta}{n_1}$$

式中：T_2——单位为 N·mm；

　　　　η——蜗杆传动效率，可初步估算。

做一做

选择蜗杆传动效率 η，计算学习任务中蜗轮的扭矩 T_2。

步骤四 设计蜗杆传动

相关知识

由于蜗杆传动的特点，蜗杆副的材料不仅要求有足够的强度，更要有良好的跑合性、耐磨性和抗胶合的能力。因此，常采用青铜作蜗轮的齿圈，与淬硬磨削的钢制蜗杆相配。

一、蜗杆材料选择

蜗杆一般采用碳素钢或合金钢制造，要求齿面光洁并具有较高硬度。对于高速重载的蜗杆常用20Cr、20CrMnTi（渗碳淬火到 56～62 HRC），或40Cr、42SiMn、45（表面淬火到45～55 HRC）等，并应磨削。一般蜗杆可采用45、40等碳素钢调质处理（硬度为220～250 HBS），在低速或人力传动中，蜗杆可不经热处理，甚至可采用铸铁。

二、蜗轮材料选择

在重要的高速蜗杆传动中，蜗轮常用锡青铜（ZCuSn10P1）制造，它的抗胶合和耐磨性能好，允许的滑动速度可达 25 m/s；易于切削加工，但价格贵。在滑动速度 $v_s < 12$ m/s 的蜗杆传动中，可采用含锡量低的锡青铜（ZCuSn5Pb5Zn5）。铝青铜（ZCuAl10Fe3）有足够的强度，铸造性能好、耐冲击、廉价，但切削性能差、抗胶合性能不如锡青铜，一般用于 $v_s < 6$ m/s 的传动。在速度较低，如 $v_s < 2$ m/s 的传动中，可用球墨铸铁或灰铸铁。蜗轮也可用尼龙或增强尼龙材料制成。

做一做

分析任务3.4中蜗杆和蜗轮的选材，学生分组陈述不同材料的性能。

三、蜗杆传动设计

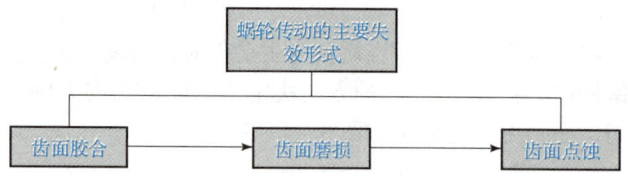

设计准则：对于闭式蜗杆传动，通常按齿面接触疲劳强度来设计，并校核齿根弯曲疲劳强度。如果载荷平稳、无冲击，则可以只按齿面接触疲劳强度设计，不必校核齿根弯曲疲劳强度。

按齿面接触疲劳强度设计公式为

$$m^2 d_1 \geqslant \left(\frac{500}{z_2 [\sigma_H]} \right)^2 K T_2 \qquad (3-4-8)$$

四、校核齿根弯曲疲劳强度

实践证明，蜗轮轮齿因弯曲疲劳强度不足而引起失效的情况较少，因此，针对本任务，该步骤可以不用进行。

五、验算蜗杆传动效率

（一）计算齿面滑动速度 v_s

蜗杆传动即使在节点 P 处啮合，齿廓之间也有较大的相对滑动。滑动速度 v_s 沿着蜗杆螺旋线的切线方向。设蜗杆圆周速度为 v_1、蜗轮的圆周速度为 v_2，由图 3 – 4 – 4 可得

$$v_s = \sqrt{v_1^2 + v_2^2} = \frac{v_1}{\cos\lambda} = \frac{\pi d_1 n_1}{60 \times 1\,000\cos\lambda} \quad (3-4-9)$$

滑动速度大小对齿面润滑情况、齿面失效形式、发热以及传动效率都有很大影响。

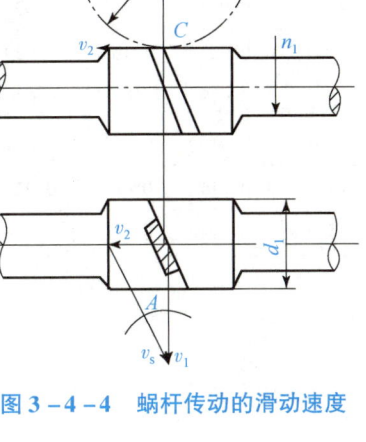

图 3 – 4 – 4　蜗杆传动的滑动速度

 **做一做**

计算学习任务中蜗杆传动齿面滑动速度，并与前面估算的滑动速度相比较。

（二）传动效率验算

与齿轮传动类似，闭式蜗杆传动的功率损耗包括三部分：轮齿啮合的功率损耗、轴承摩擦损耗以及搅动箱体内润滑油的油阻损耗。因此，总效率为

$$\eta = \eta_1\eta_2\eta_3$$

由齿面滑动而引起的啮合损耗 η_1 最大，即

$$\eta_1 = \frac{\tan\lambda}{\tan(\lambda + \rho_v)}$$

式中：λ——蜗杆螺旋升角；

ρ_v——当量摩擦角，$\rho_v = \arctan f_v$，如表 3 – 4 – 7 所示。

通常取 $\eta_2 \cdot \eta_3 = 0.95 \sim 0.97$。

表 3 – 4 – 7　当量摩擦系数和当量摩擦角 ρ_v

蜗轮材料	锡青铜				无锡青铜				灰铸铁			
蜗杆齿面硬度	≥45 HRC		<45 HRC		≥45 HRC		≥45 HRC		<45 HRC			
滑动速度 $v_s/$（m·s^{-1}）	f_v	ρ_v	f_v	ρ_v	f_v	ρ_v	f_v	ρ_v	f_v	ρ_v		
0.01	0.11	6°17′	0.12	6°51′	0.18	0°12′	0.18	0°12′	0.19	0°45′		
0.10	0.08	4°34′	0.09	5°09′	0.13	7°58′	0.13	7°42′	0.14	7°58′		
0.25	0.065	3°43′	0.075	4°17′	0.10	5°43′	0.10	5°43′	0.12	6°51′		
0.50	0.055	3°09′	0.065	3°43′	0.09	5°09′	0.09	5°09′	0.10	5°43′		
1.00	0.045	2°35′	0.055	3°09′	0.07	4°00′	0.07	4°00′	0.09	5°09′		

蜗轮材料	锡青铜				无锡青铜		灰铸铁			
1.50	0.04	2°17′	0.05	2°52′	0.065	3°43′	0.065	3°43′	0.08	4°34′
2.00	0.035	2°00′	0.045	2°35′	0.055	3°09′	0.055	3°09′	0.07	4°00′
2.50	0.03	1°43′	0.04	2°17′	0.05	1°36′				
3.00	0.028	1°36′	0.035	2°00′	0.045	2°35′				
4.00	0.024	1°22′	0.031	1°47′	0.04	2°17′				
5.00	0.022	1°16′	0.029	1°40′	0.035	2°00′				
8.00	0.018	1°02′	0.026	1°29′	0.03	1°43′				
10.0	0.016	0°55′	0.024	1°22′						
15.0	0.014	0°48′	0.020	1°09′						
24.0	0.013	0°45′								

做一做

计算传动效率，并与原估算值相比较，判断其是否合理。

六、热平衡计算

蜗杆传动由于摩擦损失很大、效率低，所以工作时发热量就很大。在闭式蜗杆传动中，如果产生的热量不能及时散出，将因油温不断升高而使润滑油黏度降低从而增大摩擦损失，导致齿面磨损加剧，甚至发生胶合。因此，对闭式蜗杆传动要进行热平衡计算，以将油温限制在规定的范围内。

单位时间内由摩擦损耗的功率产生的热量为

$$P_s = 1\,000P_1(1-\eta) \tag{3-4-10}$$

经箱体表面散发的热量的相当功率为

$$P_C = K_S A(t_1 - t_0) \tag{3-4-11}$$

蜗杆传动的热平衡的条件为 $P_s = P_C$，即

$$1\,000P_1(1-\eta) = K_S A(t_1 - t_0)$$

$$t_1 = \frac{1\,000P_1(1-\eta)}{K_S A} + t_0 \leqslant [t_1] \tag{3-4-12}$$

式中：P_1——蜗杆的输入功率，单位为 kW；

η——蜗杆传动效率；

t_0——箱体周围空气温度，单位为℃，常取 $t_0 = 20$ ℃；

t_1——当达到热平衡时，润滑油的温度，单位为℃；

K_S——表面传热系数，单位为 W/m² · ℃，一般 $K_S = 10 \sim 17$ W/(m² · ℃)；

A——箱体散热面积，单位为 m²，指内壁被油浸溅，而外壳与空气接触的箱壳外表面积，对于箱体上的散热片及凸缘的表面积可近似按 50% 计算，设计时，其散热面积可按下式估算；$A = 0.33\,(a/100)^{1.75}$ m²，a 为中心距；

$[t_1]$——齿面间润滑油允许的油温，通常取 $[t_1] = 70$ ℃ ~ 90 ℃。

当工作温度超过允许的范围时可采取相关措施散热，详见自主学习手册。

七、确定精度等级公差和表面粗糙度

考虑到所设计的蜗杆传动是动力传动，属于通用机械减速器，从 GB/T 10089—2018 圆柱蜗杆、蜗杆精度中选择 8 级精度，侧隙种类为 f，可以从《机械设计手册》中查得要求的公差项目及表面粗糙度。

八、绘制蜗杆和蜗轮结构工作图

蜗杆绝大多数和轴制成一体，称为蜗杆轴，如图 3 − 4 − 5 所示。螺旋部分常用车削加工，也可以用铣削加工。车削加工需有退刀槽，因此刚性较差。

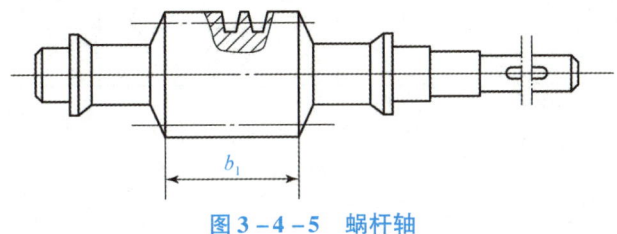

图 3 − 4 − 5　蜗杆轴

蜗轮可以制成整体式结构，如图 3 − 4 − 6（a）所示。但为了节约贵重的有色金属，对大尺寸的蜗轮通常采用组合式结构，即齿圈用有色金属制造，而轮芯用钢或铸铁制成如图 3 − 4 − 6（b）所示。采用组合结构时，齿圈和轮芯间可用过盈连接。为工作可靠起见，沿接合面圆周装上 4 ∼ 8 个螺钉。为了便于钻孔，应将螺孔中心线向材料较硬的一边偏移 2 ∼ 3 mm。这种结构用于尺寸不大而工作温度变化又较小的地方。轮圈与轮芯也可由铰制孔用螺栓来连接，如图 3 − 4 − 6（c）所示，由于装拆方便，故常用于尺寸较大或磨损后需要更换齿圈的场合。对于成批制造的蜗轮，常在铸铁轮芯上浇铸出青铜齿圈，如图 3 − 4 − 6（d）所示。

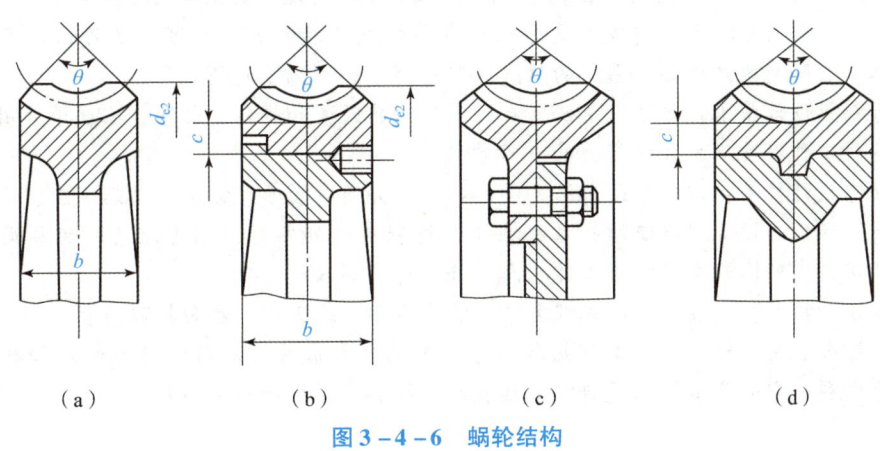

| （a） | （b） | （c） | （d） |

图 3 − 4 − 6　蜗轮结构

做一做

（1）同学们分小组，按照上述设计步骤，对减速器中的普通圆柱蜗杆传动设计参数进行汇总。

（2）绘制蜗轮和蜗杆的工作结构图，填写技术要求，检查并签名。

（3）对减速器中齿轮传动采用的润滑方式进行分析和选择。

本任务配分权重表

序号	内容	分值/分	得分	备注
1	认识蜗杆传动	10		
2	分析蜗杆传动的主要参数及几何尺寸计算	20		
3	分析蜗杆传动的受力特性	20		
4	设计蜗杆传动	50		

技能训练

设计带式运输机的闭式蜗杆传动。已知电动机功率 $P=3$ kW，转速 $n=960$ r/min，蜗杆传动比 $i=21$，工作载荷平稳，单向连续运转，每天工作 8 h，要求使用寿命为 5 年。

★ 新视野

优良性能设计技术

在传统性能设计的基础上，提出以提高机械产品综合性能为目的的设计技术，即在对机械及其零件进行材料、结构和尺寸设计的前提下，运用摩擦学及断裂力学等一系列科研成果，从个体设计到系统设计，并从深度和广度上拓展此项设计技术的内涵和外延。其主要内容如下：

可靠性设计和实验技术：该技术是综合众多学科成果以解决产品可靠性为出发点的一门应用工程技术，它研究的是产品和系统的故障原因、消除和预防等问题。

防疲劳断裂设计技术：该技术是研究在交变的外界因素如载荷、电场、温度等作用下，材料和结构在各种工作环境下抗破坏能力的一门学科。

系统动态设计技术：该技术是对结构动态特性，如固有频率、振型、动态响应、运动稳定性等进行分析、评价与设计，以使结构系统在工作过程中受到各种预期可能的瞬变载荷及环境作用时，仍然保持良好的动态性能与工作状态，并具有足够的稳定性。

摩擦学设计技术：该技术是以工程力学、流体力学、流变学、表面物理与表面化学等为主要理论基础，综合利用材料科学和工程热物理等学科的研究成果，以数值计算和表面技术为主要手段的边缘学科。它的基本内容是研究工程表面的摩擦、磨损和润滑问题。

# 巩固与拓展

一、知识巩固

对照本任务知识脉络图，梳理自己所掌握的知识体系，并与同学相互交流、研讨个人对某些知识点或技能技巧的理解，注重职业素养的提升。

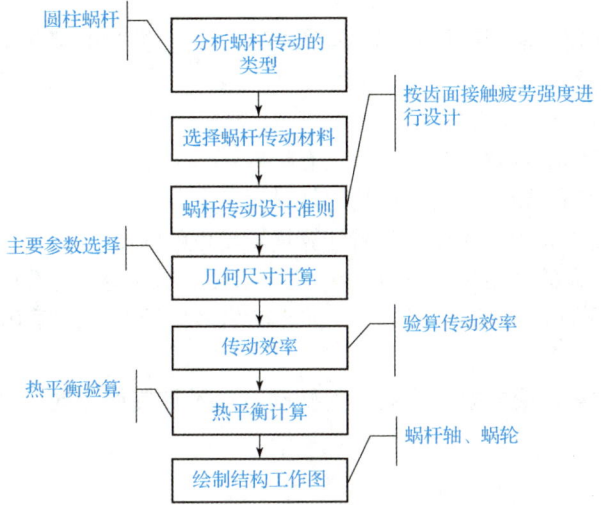

二、拓展任务

（1）根据任务 3.4 的工作步骤及方法，利用所学知识，完成自主学习手册中的拓展任务。

（2）查阅机械制图常用技术要求，谈谈自己对技术要求的理解。

 自我分析与总结

习题巩固

1. 与齿轮传动相比，蜗杆传动有哪些优点？

2. 按照蜗杆形状的不同，蜗杆传动可分为哪几种类型？为什么按蜗杆而不是按蜗轮形状分类？

3. 为了提高蜗轮转速，能否改用相同分度圆直径、相同模数的双头蜗杆来替代单头蜗杆与原来的蜗轮啮合？为什么？

4. 蜗杆传动比能否写成 $i = d_2/d_1$ 的形式？

5. 分析影响蜗杆传动啮合效率的几何因素有哪些？

6. 对于反向自锁的蜗杆传动，其蜗杆的蜗杆导程角 γ 与当量摩擦角 φ_v 应满足什么关系？

7. 蜗杆传动的强度计算中，为什么只需计算蜗轮轮齿的强度？

8. 锡青铜和铝铁青铜的许用接触应力 $[\sigma_H]$ 在意义上和取值上各有何不同？为什么？

9. 为什么对连续传动的闭式蜗杆传动必须进行热平衡计算？可采用哪些措施来改善散热条件？

10. 标出题 10 图中未注明的蜗杆或蜗轮的转动方向及螺旋线方向，绘出蜗杆和蜗轮在啮合点处的各个分力。

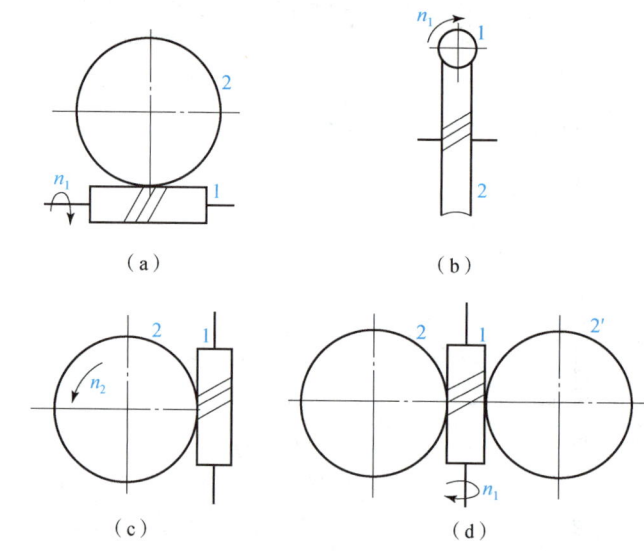

（a）　　　　　　　　　（b）

（c）　　　　　　　　　（d）

题 10 图

11. 在题 11 图所示的蜗杆传动中，蜗杆右旋、主动。为了让轴 B 上的蜗轮、蜗杆上的轴向力能相互抵消一部分，请确定蜗杆 3 的螺旋线方向及蜗轮 4 的转动方向，并确定轴 B 上蜗杆、蜗轮所受各力的作用位置及方向。

12. 题 12 图所示为圆柱蜗杆—圆锥齿轮传动，已知输出轴上的圆锥齿轮 z_4 的转速 n_4 及转向，为使中间轴上的轴向力互相抵消一部分，在图中画出：

（1）蜗杆、蜗轮的转向及螺旋线方向。

（2）各轮所受轴向力方向。

13. 题 13 图所示为一手动绞车，采用了蜗杆传动装置。已知蜗杆模数 $m = 10$ mm，蜗杆分度圆直径 $d_1 = 90$ mm，齿数 $z_1 = 1$，$z_2 = 50$，卷筒直径 $D = 300$ mm，重物 $W = 1\,500$ N，当量摩擦系数 $f_v = 0.15$，人手推力 $F = 120$ N 时，求：

（1）欲使重物上升 1 m，手柄应转多少转？并在图上画出重物上升时的手柄转向。

（2）计算蜗杆的分度圆柱导程角 γ，当量摩擦角 φ_v，并判断能否自锁。

（3）计算蜗杆传动效率。

（4）计算所需手柄长度 l。

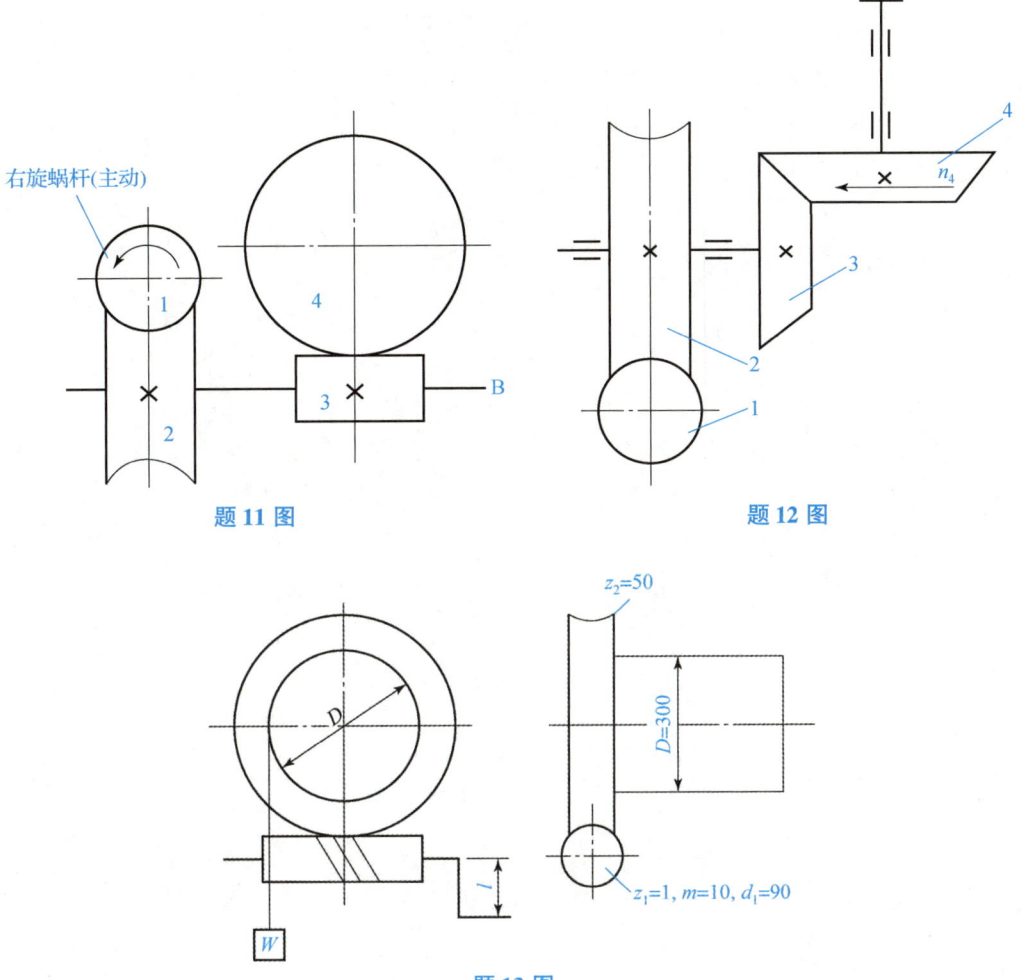

右旋蜗杆(主动)

题 11 图

题 12 图

题 13 图

项目四 支撑件设计

 项目导读 >>>

在机械类产品中，轴、轴承都是机械传动中通用的零部件，是机械传动的核心零件，其工作的好坏直接影响机器能否正常运转和使用寿命，正确设计支撑件非常重要。因此，分析支撑件的结构、装配、定位和掌握其设计原则、强度校核、寿命计算等是本项目的学习重点。

支撑件设计内容主要分为三部分内容，如下所示。

大国工匠 –
高中汉

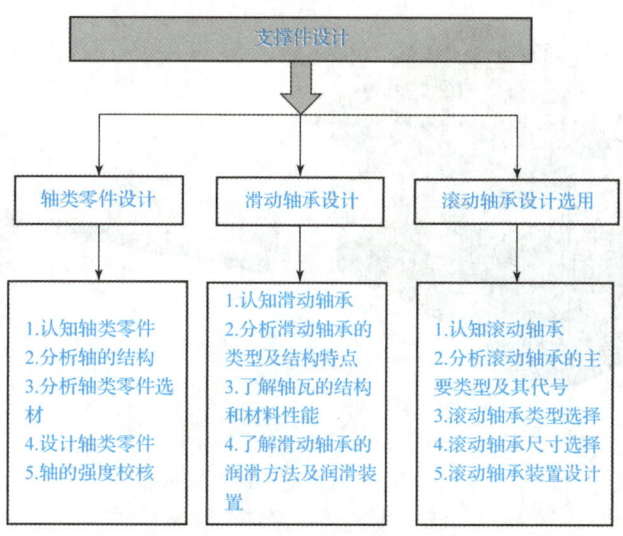

 项目学习目标 >>>

知识目标	能力目标	素质目标
1. 了解轴、轴承类零件的用途和分类 2. 了解轴类零件的常用材料 3. 掌握轴、轴承类零件的结构及技术要求，合理设计轴的结构 4. 掌握轴类零件的轴向和径向尺寸 5. 掌握滚动轴承的代号 6. 掌握滚动轴承设计选用方法及步骤	1. 能够根据轴类零件结构及结构要求，合理设计轴的结构 2. 能够根据轴类零件的用途，确定轴类零件的轴向和径向尺寸，设计轴类零件图 3. 能够根据强度理论，进行轴的强度、刚度校核 4. 能够根据滚动轴承基本额定寿命计算寿命	1. 通过轴的直径设计，培养学生贯标规范意识 2. 通过轴的结构设计，培养学生安全、节约意识 3. 通过轴承寿命的计算，培养学生安全意识 4. 在小组合作学习中，培养学生团队协作的意识

本项目所选的设计载体为单级直齿圆柱齿轮减速器，通过对减速器中低速轴的设计和滚动轴承设计选用，学会轴系类零件设计选用的知识和方法，随后可以举一反三地完成其他不同类型轴类零件的设计、轴承类零件的设计和选用的方法。本项目分三个设计任务，按照基于工作过程系统化的步骤实施。

任务4.1 轴类零件设计

工作任务

图4-1-1所示为单级直齿圆柱齿轮减速器，该减速器从动轴的功率 $P = 10$ kW，转速 $n = 202$ r/min，从动齿轮分度圆直径 $d = 60$ mm，轮毂宽度为48 mm，轴承采用轻窄系列深沟球轴承6211，试分析输出轴的受力情况，设计该轴的结构。

AR资源

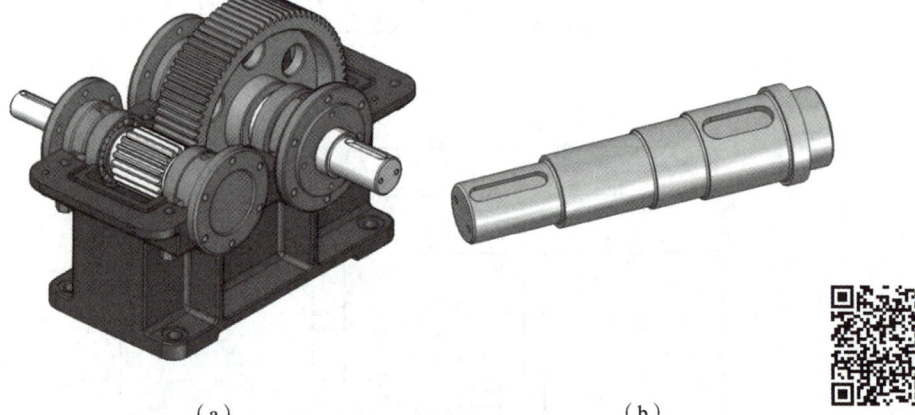

（a）　　　　　　　　　　　　　　　（b）

图4-1-1　减速器传动轴示意图

（a）减速器结构图；（b）减速器输出轴结构图

任务目标

知识目标	能力目标	素质目标
1. 了解轴类零件的用途和类型 2. 掌握轴类零件常用材料的选择 3. 掌握轴类零件设计的方法	1. 能够分析轴类零件设计与工艺要求 2. 根据任务要求，能够对轴类零件进行结构分析 3. 能分析计算轴的径向尺寸和轴向尺寸 4. 能进行轴的强度和刚度的计算与校核并绘制弯矩图和扭矩图	1. 通过轴的尺寸设计，提升规范和执行标准的意识，培养质量意识和大局意识 2. 通过轴的结构设计，培养学生安全、节约意识

一、轴的作用

轴类零件是长度大于直径的回转体类零件的总称，是机器中的主要零件之一，主要用来支承传动件（齿轮、带轮、离合器等），传递转矩和运动。轴工作状况的好坏直接影响机器的性能。

二、轴的结构

轴类零件一般由轴的外圆柱面、圆锥面、内孔和螺纹及相应的端面所组成。根据结构形状的不同，轴类零件可分为光轴、阶梯轴、空心轴和曲轴等，如图 4 – 1 – 2 所示。

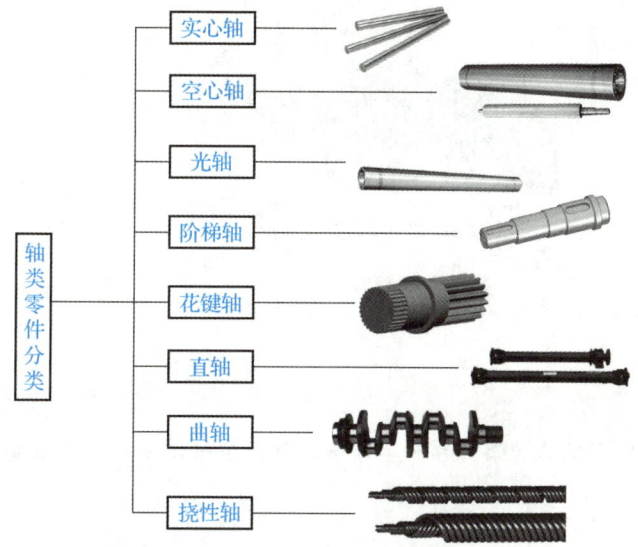

图 4 – 1 – 2　轴类零件分类

三、直轴类零件的分类

直轴按它们的承载情况不同可以分为转轴、心轴和传动轴三类，见表 4 – 1 – 1。

表 4 – 1 – 1　轴的分类（按照承载情况）

分类	图例	受载荷特点
转轴	1—轴端；2—轴头；3—中轴颈；4—轴身；5—轴头 齿轮减速器中的轴。转轴是机器中最常见的轴，通常简称为轴	工作时既承受弯矩又承受转矩

分类	图例	受载荷特点
心轴	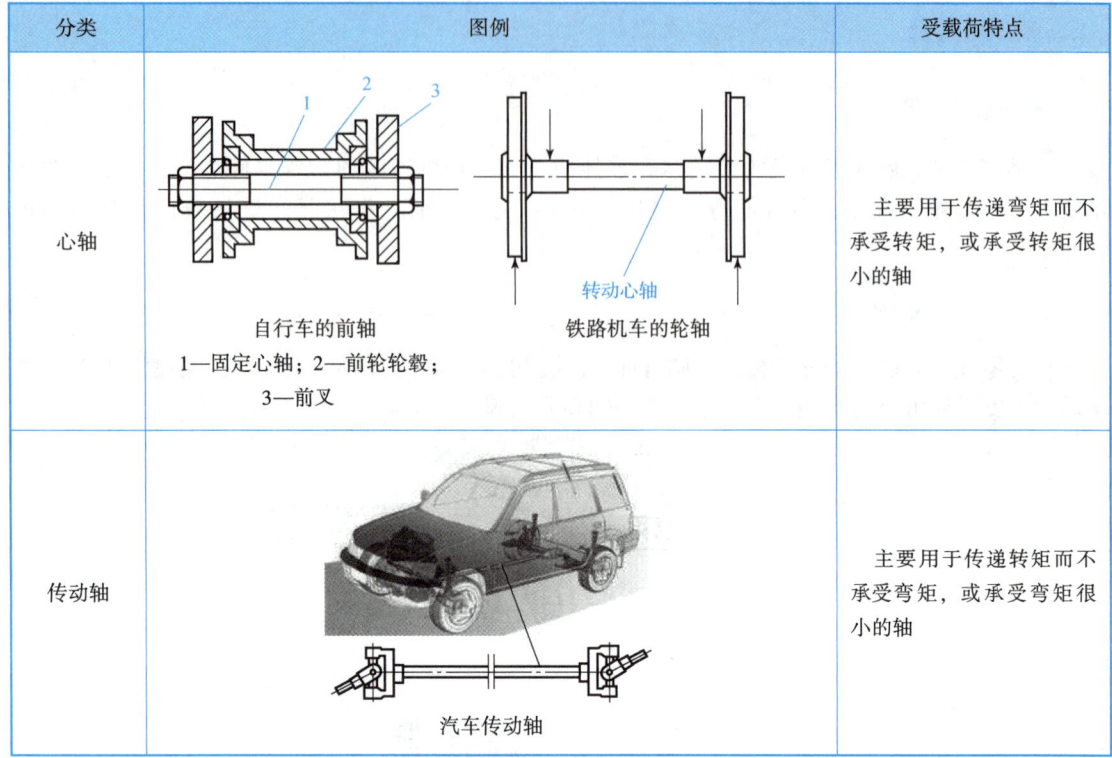 自行车的前轴　铁路机车的轮轴 转动心轴 1—固定心轴；2—前轮轮毂； 3—前叉	主要用于传递弯矩而不承受转矩，或承受转矩很小的轴
传动轴	汽车传动轴	主要用于传递转矩而不承受弯矩，或承受弯矩很小的轴

做一做

阅读图4-1-1所示的减速器传动轴零件图，与同学研讨分析该传动轴选用哪种轴最合适，为什么？

任务实施

步骤一　分析轴的结构

轴的结构设计包括定出轴的合理外形和全部结构尺寸。

我们先来对轴的结构进行分析，如图4-1-3所示。

想一想

减速器轴上有哪些结构？各自的作用是什么？

一、拟定轴上零件的装配方案

所谓装配方案，就是预定该轴上主要零件的装配方向、顺序和相互关系。

如图4-1-4所示，依次将齿轮、套筒、右端滚动轴承、轴承盖和联轴器从轴的右端装拆，另一轴承从左端装拆。为使轴上零件易于安装，轴端及各轴段的端部都应有倒角。

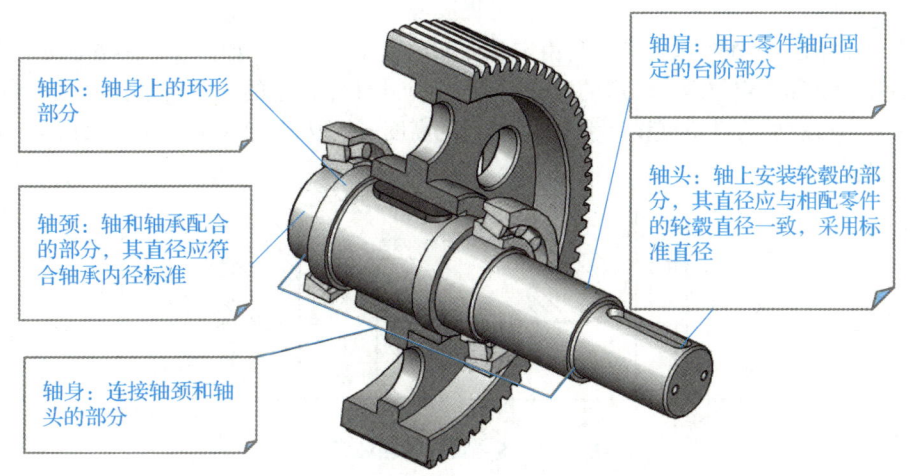

轴环：轴身上的环形部分

轴颈：轴和轴承配合的部分，其直径应符合轴承内径标准

轴身：连接轴颈和轴头的部分

轴肩：用于零件轴向固定的台阶部分

轴头：轴上安装轮毂的部分，其直径应与相配零件的轮毂直径一致，采用标准直径

图 4 - 1 - 3　轴类零件的典型结构

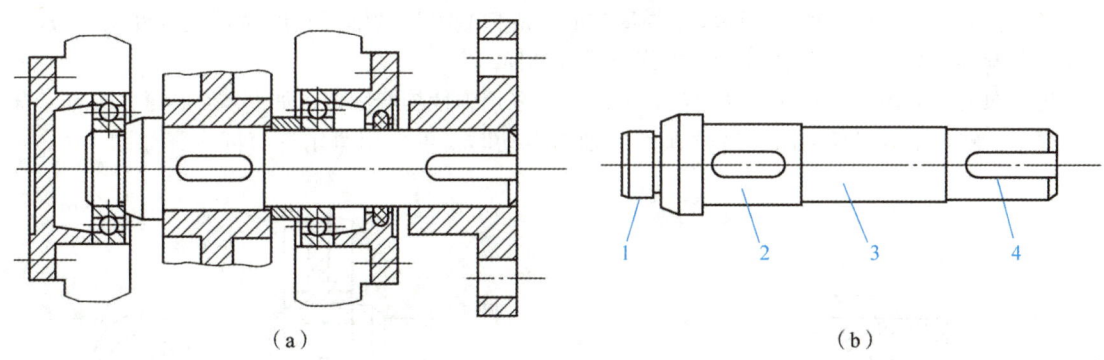

（a）

（b）

图 4 - 1 - 4　轴的结构

（a）结构图；（b）轴上各段的名称

1—轴端；2，4—轴头；3—轴颈

轴上磨削的轴段应有砂轮越程槽，如图 4 - 1 - 5 （a）所示；车制螺纹的轴段应有退刀槽，如图 4 - 1 - 5 （b）所示。在满足使用要求的情况下，轴的形状和尺寸应力求简单，以便于加工。

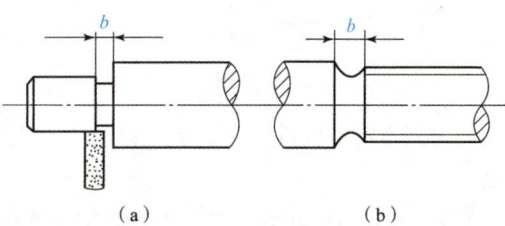

（a）　　　　　　（b）

图 4 - 1 - 5　砂轮越程槽和螺纹退刀槽

（一）轴上零件的定位

为了防止轴上零件受力时发生沿轴向或周向的相对运动，轴上零件必须进行轴向和周向的定位与固定。

1. 轴上零件的轴向定位

零件的轴向固定与定位的主要目的是：使零件在轴上有准确的定位和可靠的固定，以使其具有确定的安装位置并能承受轴向力而不产生轴向位移。

常用的轴向固定方法有利用轴肩、轴环、圆螺母、套筒及轴端挡圈等来进行轴上定位和固定。轴上定位和固定方法主要取决于轴向力的大小。受轴向力大时，常用轴肩、轴环等方式；受中等轴向力时，可用套筒、圆螺母和轴端挡圈；当受力较小时，可用弹簧挡圈、挡环、紧定螺钉等方式。选择时，还要考虑轴的制造及零件装拆的难易、所占位置的大小、对轴强度的影响等因素。

　　阶梯轴上截面变化处叫作轴肩，是由定位面和内圆角组成的，如图4-1-6所示。为了保证轴上零件的端面能靠近定位面，轴肩的内圆角半径r应小于零件上的外圆角半径R或倒角C，R和C的具体尺寸可查有关的《机械设计手册》。轴肩的高度一般取$h = R(C) + (0.5 \sim 2)$mm，轴环的宽度取$b \approx 1.4h$。

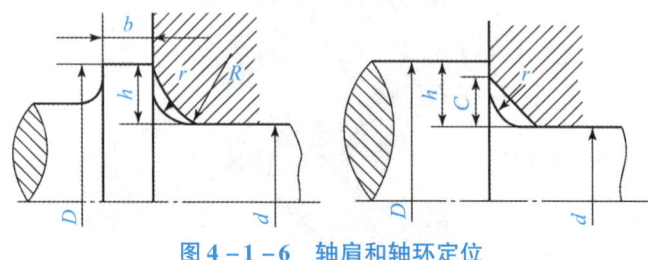

图4-1-6　轴肩和轴环定位

　　用轴肩或轴环固定零件时，常采用其他辅件来防止零件向另一个方向移动，如图4-1-7中采用圆螺母。

　　采用套筒、圆螺母、轴端挡圈作轴向固定时，应把装零件的轴段长度做得比零件轮毂短2~3 mm，以确保套筒、圆螺母或轴端挡圈靠近零件端面。

　　当轴向力不大而轴上零件间的距离较大时，可采用弹性挡圈固定，如图4-1-8所示。当轴向力很小，转速很低或仅为防止零件偶然沿轴向滑动时，可采用紧定螺钉固定，如图4-1-9所示。

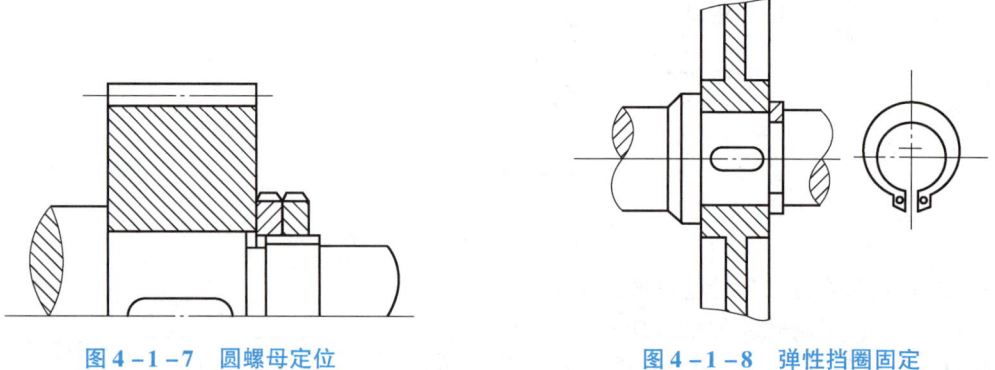

图4-1-7　圆螺母定位　　　　　　　图4-1-8　弹性挡圈固定

　　轴向固定有方向性，是否需在两个方向上均对零件进行固定，应根据机器的结构、工作条件而定。

　　如图4-1-10所示的压板是一种轴端固定装置。除压板外还有很多其他的轴端固定形式。

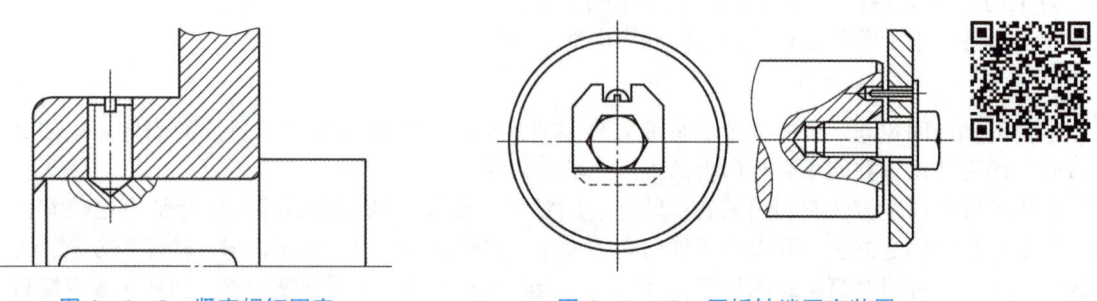

图4-1-9　紧定螺钉固定　　　　　　图4-1-10　压板轴端固定装置

2. 轴上零件的周向固定

零件周向固定的目的是传递运动和转矩，防止轴上零件与轴做相对转动，轴和轴上零件必须可靠地沿周向固定。固定方式的选择，则要根据传递转矩的大小和性质、轮毂与轴的对中精度要求、加工的难易程度等因素来决定。常用的周向固定的方法有键连接、花键连接和过盈配合等连接形式，详细内容见项目五。

采用键连接时，为了加工方便，各轴段的键槽应设计在同一加工直线上，并应尽可能采用同一规格的键槽截面尺寸。

（二）轴上零件的受力分析

合理布置轴上的零件可以改善轴的受力状况。如图 4 – 1 – 11（a）所示的轴，作用的最大转矩为 $T_2 + T_3$，如把输入轮 1 布置在两输出轮中间 [见图 4 – 1 – 11（b）]，则轴所受的最大转矩将由 $T_2 + T_3$ 降低到 T_3。

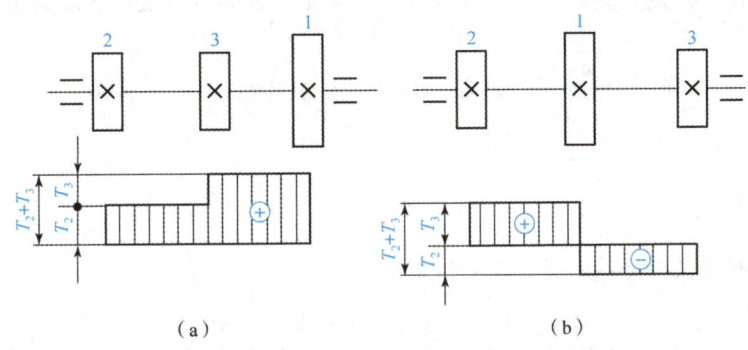

图 4 – 1 – 11　轴上零件的合理布置

改进轴上零件的结构也可以减小轴上的载荷。如图 4 – 1 – 12（b）所示，卷筒的轮毂很长，如把轮毂分成两段 [见图 4 – 1 – 12（a）]，则减小了轴的弯矩，从而提高了轴的强度和刚度，同时还能得到更好的轴孔配合。

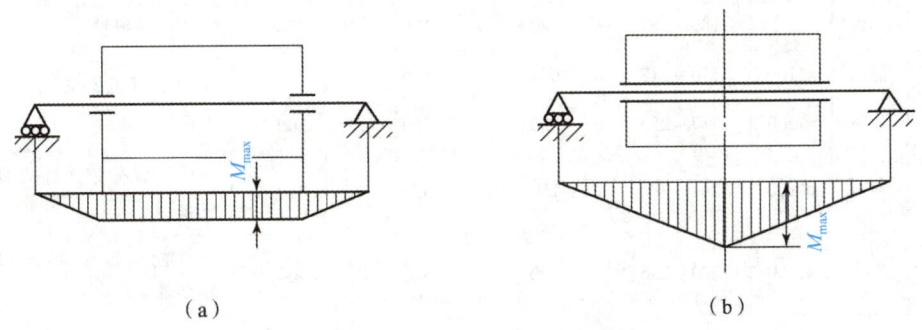

图 4 – 1 – 12　卷筒的轮毂结构

改善轴的受力状况的另一重要方面就是减小应力集中，合金钢对应力集中比较敏感，更要加以注意。

零件截面发生突然变化的地方，都会产生应力集中的现象。因此对阶梯轴来说，在截面尺寸变化处应采用圆角过渡，圆角半径不宜过小，并尽量避免在轴上（特别是应力大的部位）开横孔、切口或凹槽。当必须开横孔时，孔边要倒圆。在重要的结构中，可采用卸载槽 [见图 4 – 1 – 13（a）]、中间环 [见图 4 – 1 – 13（b）] 或凹切圆角 [见图 4 – 1 – 13（c）] 增大轴肩圆角半径，以减小局部应力。

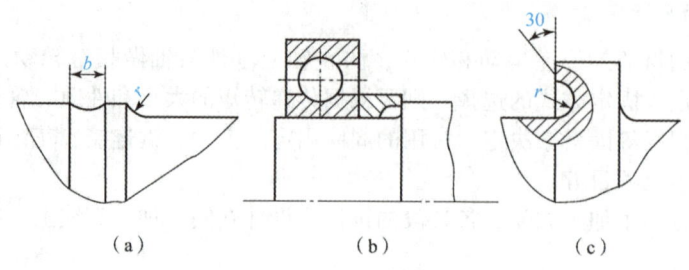

图 4 – 1 – 13　减载结构

（a）卸载槽；（b）中间环；（c）凹切圆角

做一做

根据已知轴向尺寸及与之配合零件（轴承、齿轮等）初步设计该输出轴的整体结构。

步骤二　分析轴类零件的选材原则

相关知识

轴的常用材料及其部分性能见表 4 – 1 – 2。

表 4 – 1 – 2　轴的常用材料及其部分性能

材料牌号	热处理方法	毛坯直径/mm	硬度HBS	抗拉强度极限 σ_B/MPa	屈服极限 σ_S/MPa	弯曲疲劳极限 σ_{-1}/MPa	应用说明
Q235A				440	240	200	用于不重要或载荷不大的轴
Q275			190	520	280	220	
35	正火		149～187	520	270	250	用于一般轴
45	正火	≤100	170～217	600	300	275	用于较重要的轴，应用最为广泛
45	调质	≤200	217～255	650	360	300	
40Cr	调质	≤100	241～286	750	550	350	用于载荷较大而无很大冲击的轴
35SiMn 45SiMn	调质	≤100	229～286	800	520	400	性能接近于 40Cr，用于中、小型轴
40MnB	调质	≤200	241～286	750	500	335	性能接近 40Cr，用于重要的轴
35CrMo	调质	≤100	207～269	750	550	390	用于重载荷的轴
20Cr	渗碳淬火回火	15	表面硬度 56～62HRC	850	550	375	用于要求强度、韧性及耐磨性均较好的轴

做一做

请同学们对任务中减速器轴的材料进行选择，并分析其选择的依据。

步骤三 设计轴类零件

轴类零件的设计包括轴的结构设计及轴的强度校核两方面的内容。

轴结构的确定主要包括轴的径向尺寸和长度尺寸的确定，并根据轴上零件的安装、定位以及轴的制造工艺等方面的要求，合理地选择轴的结构形式和其他尺寸。

轴的强度校核是为了防止轴的断裂或塑性变形。

相关知识

一、轴的径向尺寸的确定

轴在进行结构设计之前，轴承间的距离尚未确定，还不知道支承反力的作用点，不能确定弯矩的大小及分布情况，所以设计时只能先按转矩或用类比法、经验法来初步估算轴的直径（这样求出的直径，只能作为仅受转矩的那一段轴的最小直径），并以此为基础进行轴的结构设计，定出轴的全部几何尺寸，最后校核轴的强度。

初步计算轴的最小直径的强度条件为

$$\tau = \frac{T}{0.2d^3} \leqslant [\tau]$$

$$d \geqslant \sqrt[3]{\frac{T}{0.2[\tau]}} = \sqrt[3]{\frac{9\,550 \times 10^3}{0.2[\tau]}} \cdot \sqrt[3]{\frac{P}{n}} = A\sqrt[3]{\frac{P}{n}}\,\text{mm}$$

式中：T——工作转矩（N·mm）；

P——轴传递的功率（kW）；

n——轴的转速（r/min）；

A——随材料而定的系数，其值见表 4-1-3，当轴上弯矩较小时，取较小值，反之则取较大值；

$[\tau]$——考虑弯曲影响后的材料许用扭转剪应力（MPa），其值如表 4-1-3 所示。

表 4-1-3　常用材料的 $[\tau]$ 和 A 值

轴的材料	Q235，20	35	45	40Cr，35SiMn
$[\tau]$ / MPa	12~20	20~30	30~40	40~52
A	160~135	135~118	118~107	107~98

若计算的截面上有键槽，直径要适当增大，一个键槽时轴径增大 4%~5%；若同一截面上有两个键槽，轴径增大 7%~10%，然后按表 4-1-4 圆整至标准直径。

表 4-1-4　轴的标准直径系列

10	11.2	12.5	13.2	14	15	16	17	18	19	20	21.2
22.4	23.6	25	26.5	28	30	31.5	33.5	35.5	37.5	40	42.5
45	47.5	50	53	56	60	63	67	71	75	80	85
90	95	100	106	112	118	125	132	140	150	160	170

二、轴段长度尺寸的确定

确定各轴段长度时，应尽可能使结构紧凑，同时还要保证零件所需的装配或调整空间。轴的各段长度主要是根据各零件与轴配合的轴向尺寸和相邻零件间必要的间隙来确定的。为了保证轴上零件定位可靠，与齿轮和联轴器等零件配合部分的轴段长度要比轮毂长度短 $2\sim3$ mm。

步骤四　轴的强度校核

当轴的结构设计完成以后，轴上零件的位置均已确定，外载荷和支承反力的作用点亦随之确定。这样，即可绘出轴的受力简图、弯矩图、转矩图和当量弯矩图，再按弯扭组合来校核轴的危险截面。

弯扭组合强度计算，一般用第三强度理论，其强度条件为

$$\sigma_e = \frac{M_e}{W} = \frac{\sqrt{M^2 + (dT)^2}}{0.1d^3} \leqslant [\sigma_{-1}]_b \text{ MPa 或 } d \geqslant \sqrt[3]{\frac{M_e}{0.1[\sigma_{-1}]_b}} \text{ mm}$$

式中：σ_e——当量弯曲应力，MPa；

M_e——当量弯矩，N·mm；

M——合成弯矩，$M = \sqrt{M_H^2 + M_V^2}$，其中，M_H 为水平面上的弯矩，M_V 为垂直面上的弯矩，N·mm；

W——危险截面抗弯截面模量，对于实心轴段，$W = 0.1d^3$（d 为该轴段的直径，mm），mm^3。

对于具有一个平键键槽的轴段，$W = \frac{\pi d^3}{32} - \frac{bt(d-t)}{2d}$（其中 b 为键宽，mm；t 为键槽深度，mm）；α 为按转矩性质而定的应力校正系数，即将转矩 T 转化为相当弯矩的系数。对不变化的转矩 $\alpha = \frac{[\sigma_{-1b}]}{[\sigma_{+1b}]} \approx 0.3$，对脉动变化的转矩 $\alpha = \frac{[\sigma_{-1b}]}{[\sigma_{0b}]} \approx 0.6$，对频繁正反转即对称循环化的转矩 $\alpha = \frac{[\sigma_{-1b}]}{[\sigma_{-1b}]} = 1$；若转矩变化的规律未知，则一般可按脉动循环变化处理（$\alpha = 0.6$）。这里 $[\sigma_{-1b}]$、$[\sigma_{0b}]$、$[\sigma_{+1b}]$ 分别为对称循环、脉动循环、静应力状态下的许用弯曲应力，其值见表 4-1-5。

表 4-1-5　轴的许用弯曲应力　　　　　　　　　　　　　　　　　　　MPa

材料	σ_b	$[\sigma_{+1b}]$	$[\sigma_{0b}]$	$[\sigma_{-1b}]$
碳素钢	400	130	70	40
	500	170	75	45
	600	200	95	55
	700	230	110	65

材料	σ_b	$[\sigma_{+1b}]$	$[\sigma_{0b}]$	$[\sigma_{-1b}]$
合金钢	800 900 1 000	270 300 330	130 140 150	75 80 90
铸钢	400 500	100 120	50 70	30 40

对于重要的轴，应按疲劳强度对危险截面的安全系数进行精确验算。

对于有刚度要求的轴，在强度计算后应进行刚度校核。

 **做一做**

（1）同学们分小组，按照上述设计步骤，对减速器中的输出轴设计参数进行汇总。

（2）绘制轴的工作结构图，填写技术要求，检查并签名。

（3）按照选定的参数对该输出轴的强度进行校核。

任务评价

本任务配分权重表

序号	内容	分值/分	得分	备注
1	明确轴的功能	10		
2	能够分清不同类型的轴的应用	10		
3	能够明确轴的定位和固定	20		
4	能够完成轴的结构设计	20		
5	能够进行轴的刚度和强度校核	20		
6	能够绘制轴的工作零件图	20		

技能训练

请认真观察汽车变速箱中输入轴和输出轴的结构，分析轴的结构类型和固定方式，同时写出设计轴的步骤和方法。

巩固与拓展

一、知识巩固

对照本任务知识脉络图，梳理自己所掌握的知识体系，并与同学相互交流、研讨个人对本任务知识点或技能技巧的理解。

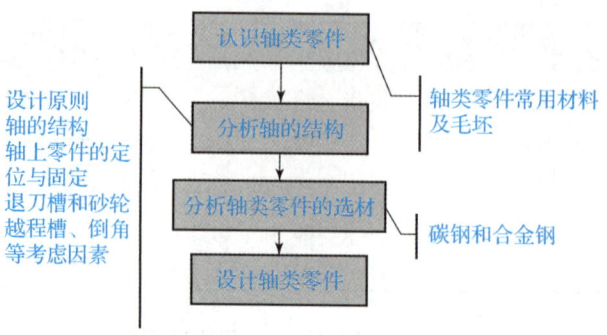

二、拓展任务

（1）根据任务 4.1 的工作步骤及方法，利用所学知识，自主完成自主学习手册中的拓展任务。

（2）查阅轴类零件的相关知识，了解轴的各种类型、材料及功用。

（3）通过自主查阅有关资料，了解"工程力学"中关于强度和刚度校核的知识。

三、习题巩固

1. 对轴的结构设计有什么要求？

2. 对轴进行轴向固定的目的是什么？采取了哪些方法？

3. 如题 3 图所示，改正轴的结构设计错误，对尺寸比例无严格要求，但要求固定可靠、装拆方便、调整容易、润滑及加工工艺性合理（直接改于图上，或编上号说明原因）。

4. 试分析题 4 图卷扬机中各轴所受到的载荷，并由此判定各轴的类别（轴的自重不计）。

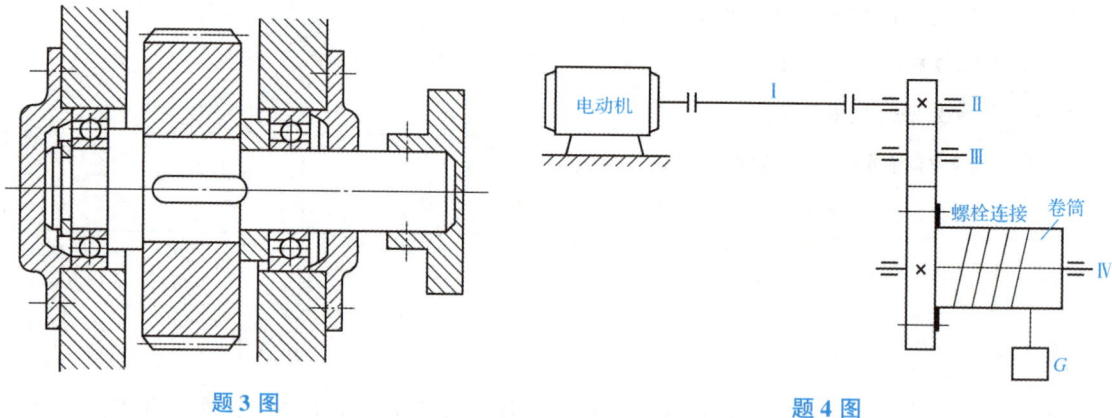

题 3 图　　　　　　　　　　　　题 4 图

自我剖析与总结

学生改错	学生学会的内容

学生总结：

任务4.2　滑动轴承设计

工作任务

一内燃机曲轴用径向滑动轴承，工作载荷 $F_r = 30\ 000$ N，轴颈直径 $d = 100$ mm，轴转速 $n = 1\ 200$ r/min，试选用一标准径向滑动轴承。

任务目标

知识目标	能力目标	素质目标
1. 了解滑动轴承的类型及结构特点 2. 了解轴瓦的结构和材料性能 3. 了解滑动轴承的润滑方法及润滑装置 4. 了解非液体径向滑动轴承的设计计算 5. 了解非液体止推滑动轴承的设计计算	1. 能够合理选择滑动轴承的种类及结构形式 2. 能够正确选择滑动轴承的润滑方法及润滑装置 3. 能够正确分析轴瓦的材料性能 4. 能够进行简单的滑动轴承的设计计算	1. 通过滑动轴承的结构设计，培养学生的质量意识和大局意识 2. 通过学习，培养学生的安全、节约意识 3. 通过学习，锻炼学生自我认知能力，表现出积极的行为能力 4. 培养学生团结协作的能力

任务实施

步骤一　认识滑动轴承

想一想

同学们思考一下：日常生活中你见过什么场合下用滑动轴承呢？

相关知识

一、滑动轴承的作用

轴承是机械中的重要支承部件，其主要作用是支承转动（或摆动、直线移动）的轴类运动部件，保证轴与轴上传动件的工作位置和精度，减少摩擦和磨损，并承受载荷。轴承按运动元件间的摩擦性质分为滑动轴承和滚动轴承两大类。在滑动摩擦下运转的轴承称为滑动轴承，主要用于滚动轴承难以满足支承要求的场合。

二、滑动轴承的特点及应用

滑动轴承是支承件与被支承件以滑动形式工作的轴承。与滚动轴承相比，滑动轴承具有的特点及应用：

（1）工作转速特别高或要求回转精度特别高时，滚动轴承达不到要求，只能采用液体或气体润滑的高精度动压或静压滑动轴承。

（2）轴支承位置要求特别精确时（零件少，精度易控制），宜采用滑动轴承。

（3）装配要求必须采用剖分式轴承时（如连杆大端轴承），必须采用滑动轴承，因为滚动轴承无法满足这样的要求。

（4）当要求轴承的径向尺寸很小时，一般的滚动轴承不适宜。

（5）承受巨大冲击和振动载荷时，滚动轴承由于是高副接触，对振动特别敏感而不适用，而滑动轴承则比较适合，因为滑动轴承轴瓦与轴颈间有油膜，故能起缓冲和阻尼作用。

（6）对于重型的、单件或批量很少的轴承，定制滚动轴承的成本将是很高的，故只能用滑动轴承。

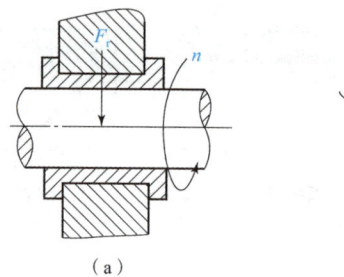

（a） （b）

图 4 – 2 – 1　滑动轴承的类型
（a）径向滑动轴承；（b）推力滑动轴承

三、滑动轴承的类型

（1）根据所承受载荷的方向，滑动轴承可分为主要承受径向载荷的径向滑动轴承和主要承受轴向载荷的推力滑动轴承两大类，如图 4 – 2 – 1 所示。

（2）根据轴系和拆装的需要，滑动轴承可分为整体式和剖分式两大类。

（3）根据轴颈和轴瓦间的摩擦状态，滑动轴承可分为液体摩擦滑动轴承和非液体摩擦滑动轴承。

四、滑动轴承的结构

（一）整体式径向滑动轴承

滑动轴承一般由轴承座、轴瓦、润滑装置和密封装置等部分组成。

图 4 – 2 – 2 所示为整体式滑动轴承，轴承座用螺栓与机座连接，轴承座上部开有螺纹孔，以便于安装润滑油杯，内孔中压入带有油沟的轴套。

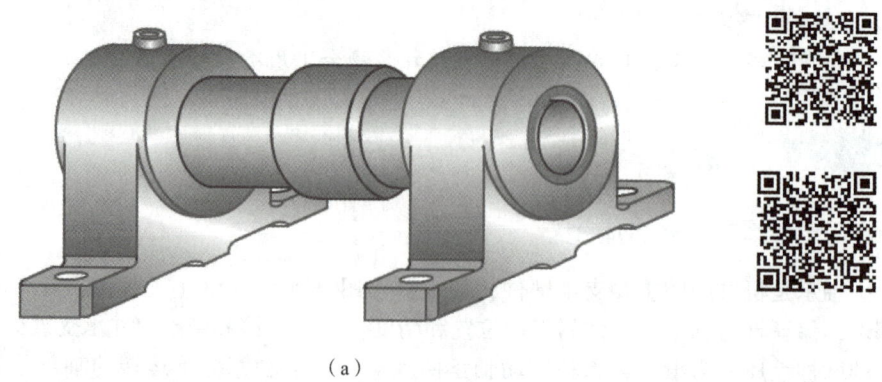

（a）

图 4 – 2 – 2　整体式径向滑动轴承

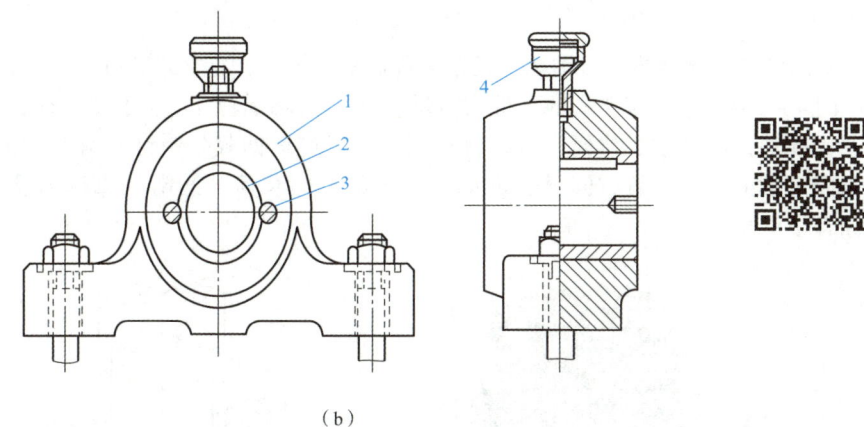

（b）

图 4 − 2 − 2　整体式径向滑动轴承（续）

1—轴承座；2—轴套；3—骑缝螺钉；4—油杯

　　特点：制造工艺简单，刚度大，价格便宜；但当滑动表面磨损后，轴颈与轴套之间的间隙无法调整，只能扩孔加轴套；另外轴承只能从轴端装拆，对于质量大的轴和具有中间轴颈的轴装拆很不方便，甚至无法安装。

　　应用：多用于低速、轻载或间歇性工作的机器中。

（二）剖分式径向滑动轴承

　　图 4 − 2 − 3（a）所示为一种普通的剖分式轴承，它是由轴承座 1，轴承盖 3，剖分的上、下轴瓦 2 和连接螺栓 4 等组成。轴承中直接支承轴颈的零件是轴瓦。为了安装时容易对心，在轴承盖与轴承座的中分面上做出阶梯形的榫口。轴承盖应当适度压紧轴瓦，使轴瓦不能在轴承孔中转动。在剖分面间放少量调整垫片，当轴瓦磨损后用减少垫片的方法来调整轴颈与轴瓦之间的间隙。轴承盖上制有螺孔，以便于安装油杯或油管。图 4 − 2 − 3（b）也是一种剖分式径向滑动轴承，只是用的是轴套。

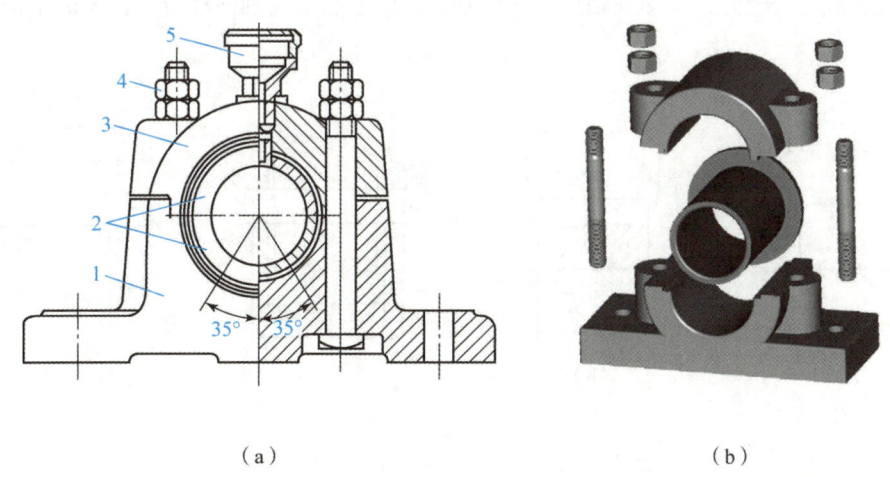

（a）　　　　　　　　　　　　（b）

图 4 − 2 − 3　剖分式径向滑动轴承

1—轴承座；2—剖分的上、下轴瓦；3—轴承盖；4—连接螺栓；5—油杯

　　特点：结构复杂，可以调整磨损而造成的间隙，安装、调整方便，可承受不大的轴向力。

　　应用：低速、轻载或间歇性工作的机器中。

（三）推力滑动轴承

常用的非液体摩擦推力轴承，又称为普通推力轴承，有立式和卧式两种。

图 4 - 2 - 4 所示为立式轴端推力滑动轴承，由轴承座 1、衬套 2、轴瓦 3 和止推轴瓦 4 组成。止推轴瓦底部制成球面，可以自动调位，以避免偏载。销钉 5 用来防止轴瓦转动。轴瓦 3 用于固定轴的径向位置，同时也可承受一定的径向载荷。润滑油靠压力从底部注入，并从上部油管中流出。

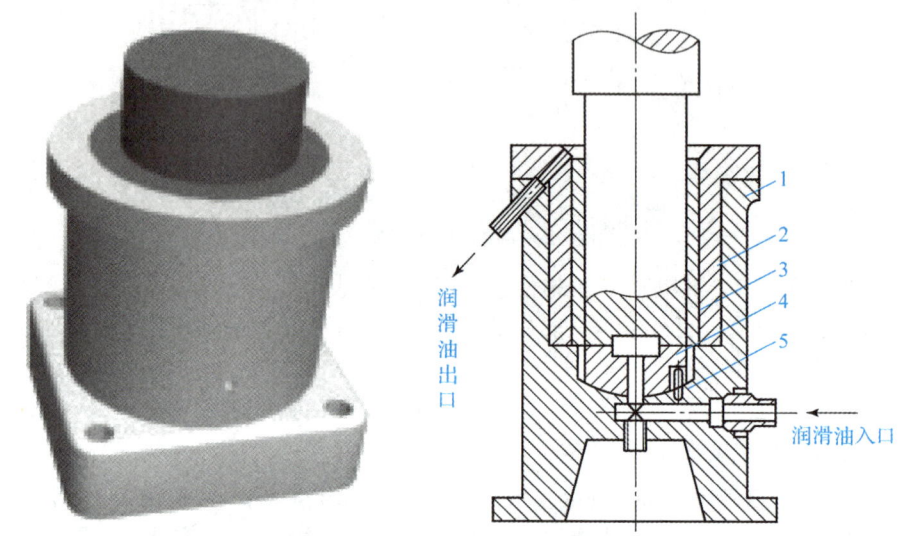

图 4 - 2 - 4　立式轴端推力滑动轴承

1—轴承座；2—衬套；3—轴瓦；4—止推轴瓦；5—销钉

常见的推力轴颈形状如图 4 - 2 - 5 所示。实心端面轴颈由于工作时轴心与边缘磨损不均匀，以致轴心部分压强极高，润滑油容易被挤出，所以极少采用。一般机器上大多采用空心端面轴颈和环状轴颈。载荷较大时采用多环轴颈，多环轴颈还能承受双向轴向载荷。轴颈的结构尺寸可查有关手册。

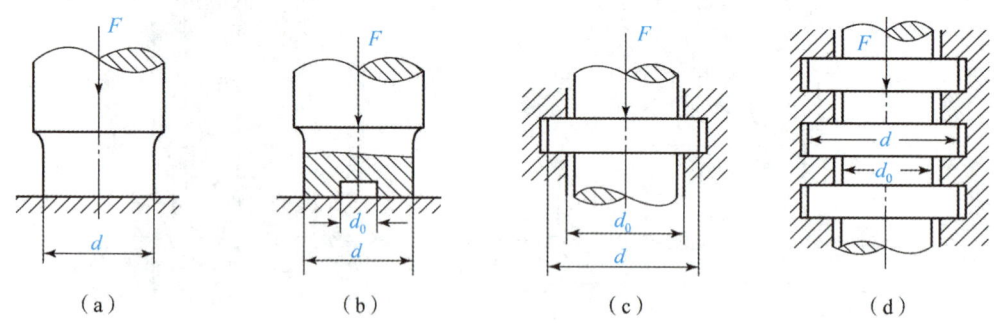

（a）　　　　　　　（b）　　　　　　　（c）　　　　　　　（d）

图 4 - 2 - 5　普通推力轴颈

（a）实心端面轴颈；（b）空心端面轴颈；（c）环状轴颈；（d）多环轴颈

 **想一想**

请同学们思考：学习任务中应选择什么类型的滑动轴承呢？

步骤二 分析滑动轴承轴瓦的结构及材料

轴瓦是滑动轴承中直接与轴颈接触的零件，故轴瓦是滑动轴承中最重要的元件。由于轴瓦与轴颈的工作表面之间有一定的相对滑动速度，因而从摩擦、磨损、润滑和导热等方面都对轴瓦的结构和材料提出了要求。

一、轴瓦的结构

常用的轴瓦结构有整体式和剖分式两种。

整体式轴承采用整体式轴瓦，如图 4-2-6 所示。整体式轴瓦又称轴套，需从轴端安装和拆卸，可修复性差，主要有光滑轴套［见图 4-2-6（a）］和带纵向油槽的轴套［见图 4-2-6（b）］两种。

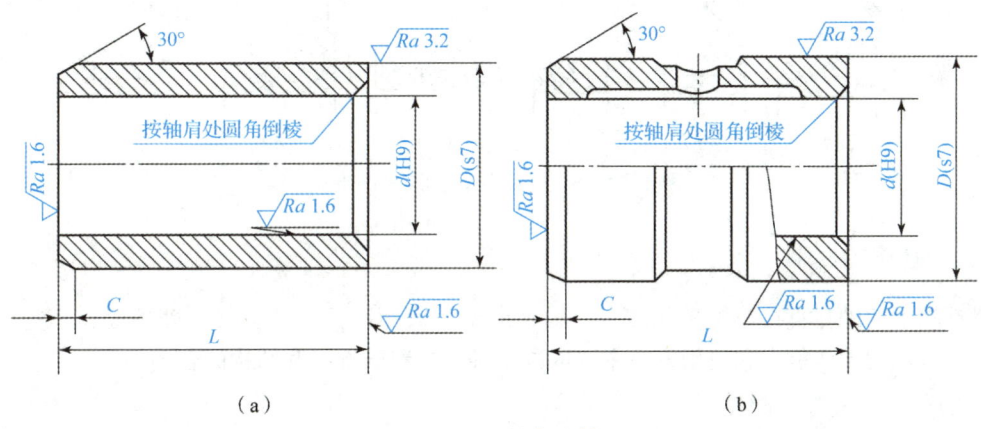

（a）   （b）

图 4-2-6 整体式轴瓦

（a）光滑轴套；（b）带纵向油槽的轴套

剖分式轴承采用剖分式轴瓦，可以直接从轴的中部安装和拆卸，可修复。图 4-2-7（a）所示为无轴承衬的剖分式轴瓦。若在轴瓦内表面浇注一层或两层轴承合金作为轴承衬，则称为双金属轴瓦或三金属轴瓦。图 4-2-7（b）所示为内壁有轴承衬的双金属轴瓦。

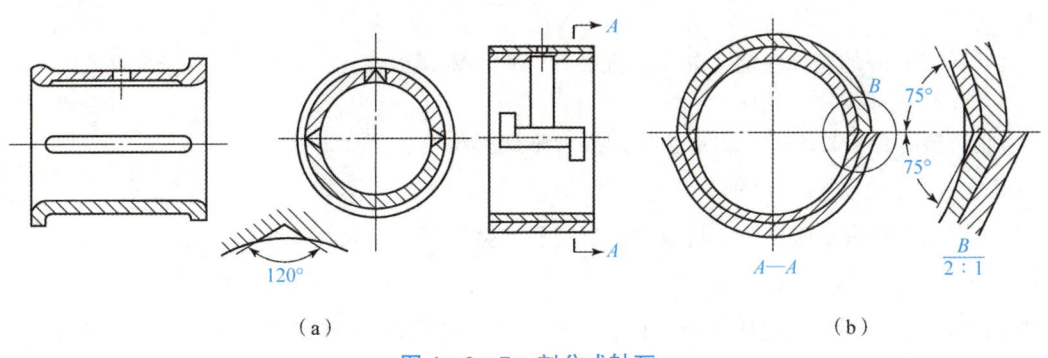

（a）   （b）

图 4-2-7 剖分式轴瓦

（a）无轴承衬的部分式轴瓦；（b）有轴承衬的双金属轴瓦

为了使摩擦表面得到润滑，在轴瓦上应制造出油孔和油沟，以便向轴承加注润滑油。为使润滑油均匀布在整个轴颈上，并防止油流失，油沟应具有足够的长度，约为轴瓦长度的80%，但不能开通。油沟和油孔应开在非承载区，以保证承载区油膜的连续性。油孔和油沟的分布形式如图4-2-8所示。为防止轴瓦沿轴承座轴向窜动，轴瓦两边应制有凸缘，如图4-2-7所示。

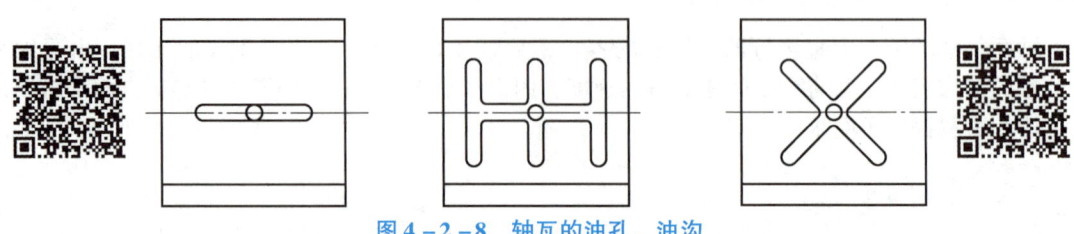

图4-2-8　轴瓦的油孔、油沟

当轴瓦内表面浇注轴承衬时，为了保证轴承衬与轴瓦接合牢固，在轴瓦内表面应制出沟槽，如图4-2-9所示。

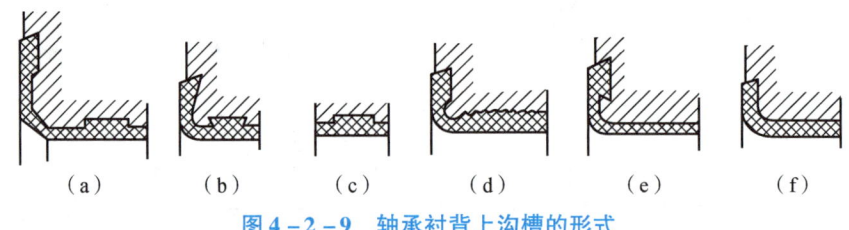

（a）　　　（b）　　　（c）　　　（d）　　　（e）　　　（f）

图4-2-9　轴承衬背上沟槽的形式

二、轴瓦的材料

滑动轴承的轴瓦直接与轴颈相配合，轴瓦的工作表面既是承载面又是摩擦面，不完全液体润滑滑动轴承的工作能力和使用寿命主要取决于轴瓦材料的选择和结构的合理性。

（一）对轴承材料的要求

根据轴瓦的失效形式及工作时轴瓦不损伤轴颈的原则，对轴承材料要求如下：

（1）具有足够的抗冲击、抗压、抗疲劳强度。

（2）具有良好的减摩性、耐磨性和磨合性。材料的摩擦阻力小，抗黏着磨损和磨粒磨损的性能好。

（3）具有良好的顺应性和嵌藏性，具有补偿对中误差和其他几何误差及容纳污物和尘粒的能力。

（4）具有良好的其他性能，如工艺性、导热性和耐腐蚀性。

（5）价格低廉，便于供应。

因此需要综合各种因素，根据主要的要求来选择材料。

（二）常用滑动轴承材料

常用轴承材料有金属材料、粉末冶金材料和非金属材料三大类。

1. 金属材料

（1）轴承合金（又称巴氏合金、白合金），有锡基轴承合金和铅基金属合金两大类。

锡基轴承合金的摩擦系数小，抗胶合能力良好，对油的吸附性强，耐腐蚀性好，易跑合，是较好的轴承材料，常用于高速、重载的轴承。但价格较贵且机械强度较差，因此常用作轴承衬材料。

铅基轴承合金的各方面性能与锡基轴承合金相近，但这种材料较脆，不易承受较大的载荷，故一般用于中速、中载的轴承。

（2）铜合金，是传统的轴瓦材料，品种很多，可分为青铜和黄铜两类。

青铜的强度高，承载能力大，耐磨性和导热性都优于轴承合金，它可以在较高的温度（250℃）下工作。但它的可塑性差，不易跑合，故与之相配的轴颈必须淬硬。

青铜可以单独做成轴瓦。为了节省有色金属，也可以将青铜浇注在钢或铸铁轴瓦的内壁上。用作轴瓦材料的青铜主要有锡青铜、铅青铜和铝青铜，在一般情况下，它们分别用于中速重载、中速中载和低速重载的场合。

铸造黄铜减摩性不及青铜，但易于制造和加工，常用于低速轴承。

（3）铸铁。有普通灰铸铁、球墨铸铁等。铸铁轴瓦的主要优点是价格低廉，常用在轻载、低速场合。常用轴瓦金属材料的使用性能见表4-2-1。

表4-2-1 常用轴瓦金属材料的使用性能

类别	材料		许用值			硬度/HBS		轴颈硬度或热处理要求/HBS	最高工作温度/℃
	代号	名称	$[p]$/MPa	$[v]$/$(m \cdot s^{-1})$	$[pv]$/$[MPa \cdot (m \cdot s^{-1})]$	金属模	砂模		
铸造青铜	ZCuSn10Pl	锡磷青铜	15	10	15	90~120	80~100	300~400	280
	ZCuSn5Pb5Zn5	锡锌铝青铜	8	3	12	65~75	60	300~400	280
铸造黄铜	ZCuZn16Si4	硅黄铜	12	2	10	100	90	—	—
	ZCuZn38Mn2Pb2	铝黄铜	10	1	10	—	—	—	—
铅青铜	ZCuPb30		25	12	30	—	—	300	280
锡锑轴承合金	ZChSnSb11-6（平稳载荷时）		25	80	20		30	150	150
			20	80	20		30	150	150
	ZChSnSb8-3（冲击载荷时）		25	—	20		28	150	150
铅锑轴承合金	ZChPbSb16-16-2		15	12	10		30	150	150
	ZChPbSb15-5-3		5	6	5		32	—	—
	ZChPbSb14-10-2		20	15	15		29	—	—
灰铸铁	HT150		4	0.5		163~241		—	—
	HT200		2	1	—			—	—
	HT250		0.1	2				—	—

2. 粉末冶金材料

粉末冶金材料（多孔质金属材料）是由铜、铁、石墨等粉末经压制而成的材料，常用于制作轴套（具有多孔性组织，孔隙内可以储存润滑油，常称为含油轴承）。运转时，轴瓦温度升高，由于油的膨胀系数比金属大，因而能自动进入摩擦表面起到润滑作用。含油轴承加一次油可以使用较长时间，常用于加油不方便的场合。

3. 非金属材料

非金属材料，可用作轴瓦的非金属材料有工程塑料、硬木、橡胶和石墨等。

塑料轴承具有摩擦系数低，跑合性良好，耐磨，耐腐蚀，可以用水、油及化学溶液润滑等优点。但它的导热性差，膨胀系数较大，容易变形。为改善此缺陷，可将薄层塑料作为轴承衬材料黏附在金属轴瓦上使用。

橡胶轴承具有较大的弹性，能起到减振的作用，使运转平稳，可以用水润滑，常用于潜水泵、沙石清洗机等。

 **想一想**

请同学们思考：学习任务中如何选择滑动轴承的材料呢？

步骤三　分析滑动轴承的润滑

由于滑动轴承的润滑对其工作能力和使用寿命有着重大的影响，因此选择合适的润滑剂和润滑装置是设计轴承的一个重要环节。

 **相关知识**

一、滑动轴承润滑的目的

滑动轴承润滑的目的是降低摩擦功耗，减少磨损，同时还起到冷却、吸振防锈等功能。轴承能否正常工作，和选用的润滑剂及润滑方法正确与否有很大关系。

二、滑动轴承的润滑剂及其选用

滑动轴承常用润滑油作润滑剂，轴颈圆周速度较低时可用润滑脂，在速度特别高时可用气体润滑剂（如空气），当工作温度特高或特低时可使用固体润滑剂（如石墨、二硫化钼）。

（一）润滑油的选择

润滑油的选择主要是考虑油的黏度和润滑性（油性）。由于润滑性尚无定量的指标，故通常按黏度来选择。

润滑油选择的一般原则是：低速、重载、工作温度高时，应选用较高黏度的润滑油；反之，可选用较低黏度的润滑油。具体可按轴承压强、滑动速度和工作温度选择，见表4-2-2。当轴承工作温度较高时，选用润滑油的黏度应比表中的要高一些。此外，通常也可根据现有机器的成功使用经验，采用类比的方法来选择合适的润滑油。

表 4 – 2 – 2　滑动轴承润滑油的选择（不完全油膜润滑，工作温度 10 ℃~ 60 ℃）

轴颈圆周速度/$(m \cdot s^{-1})$	平均压强 $p < 3$（MPa）下的润滑油牌号	轴颈圆周速度/$(m \cdot s^{-1})$	平均强 $p < (3 \sim 7.5)$（MPa）下的润滑油牌号
< 0.1	L – AN68、100、150	< 0.1	L – AN150
0.1 ~ 0.3	L – AN68、100	0.1 ~ 0.3	L – AN100、150
0.3 ~ 2.5	L – AN46、68	0.3 ~ 0.6	L – AN100
2.5 ~ 5.0	L – AN32、46	0.6 ~ 1.2	L – AN68、100
5.0 ~ 9.0	L – AN15、22、32	1.2 ~ 2.0	L – AN68
> 9.0	L – AN7、10、15		

注：表中润滑油是以 40 ℃时的运动黏度为基础的牌号。

（二）润滑脂的选择

润滑脂主要用于工作要求不高、难以经常供油的不完全油膜滑动轴承的润滑。

选用润滑脂时，主要是考虑其稠度（用针入度表示）和滴点。选用的一般原则如下：

（1）低速、重载时应选用针入度小的润滑脂，反之则选用针入度大的润滑脂；

（2）所选用润滑脂的滴点一般应高于轴承工作温度 20 ℃ ~ 30 ℃或更高；

（3）在潮湿或有水的环境下，应选用抗水性好的钙基脂或锂基脂；

（4）温度高时应选用耐热性好的钠基脂或锂基脂。

（三）固体润滑剂的选择

固体润滑剂有石墨、二硫化钼（MoS_2）、聚氟乙烯树脂等多种品种，一般在超出润滑油使用范围之外才考虑使用，例如在高温或者高寒地区，或在低速重载条件下。目前其应用已逐渐扩大，例如可将固体润滑剂调和在润滑油中使用，也可以涂覆、烧结在摩擦表面形成覆盖膜，或者固结成固体润滑剂嵌装在轴承中使用，或者混入金属或塑料粉末中烧结成型。

三、滑动轴承的润滑装置及润滑方法

为了获得良好的润滑效果，除应正确地选择润滑剂外，还应选择适当的润滑方法和相应的润滑装置。

（一）润滑油润滑

根据供油方式的不同，润滑油润滑可分为间歇式供油与连续式供油两种。

1. 间歇式供油

直接由人工用油壶向油杯［见图 4 – 2 – 10 (a)、(b)］中注油。此种润滑方法只适用于低速、轻载和不重要的轴承。

2. 连续式供油

连续式供油比较可靠，用于中、高速传动。其供油方法也多种多样，主要有以下几种：

（1）针阀式油杯供油。图 4 – 2 – 10 (c) 所示为针阀式油杯，用手柄控制针阀运动，使油孔关闭或开启，用调节螺母控制供油量。图 4 – 2 – 10 (d) 所示为芯捻油杯，是利用纱线的毛细管作用来把油引到轴承中的。此方法油量不易控制。

（2）油环润滑。图 4 - 2 - 10（e）所示为油环润滑，在轴颈上套一油环，油环下部浸入油池中，当轴颈旋转时，靠摩擦力带动油环旋转，把油引入轴承。当油环浸在油池内的深度约为其直径的 1/4 时，给油量足以维持液体润滑状态的需要。它常用于大型电动机的滑动轴承中。

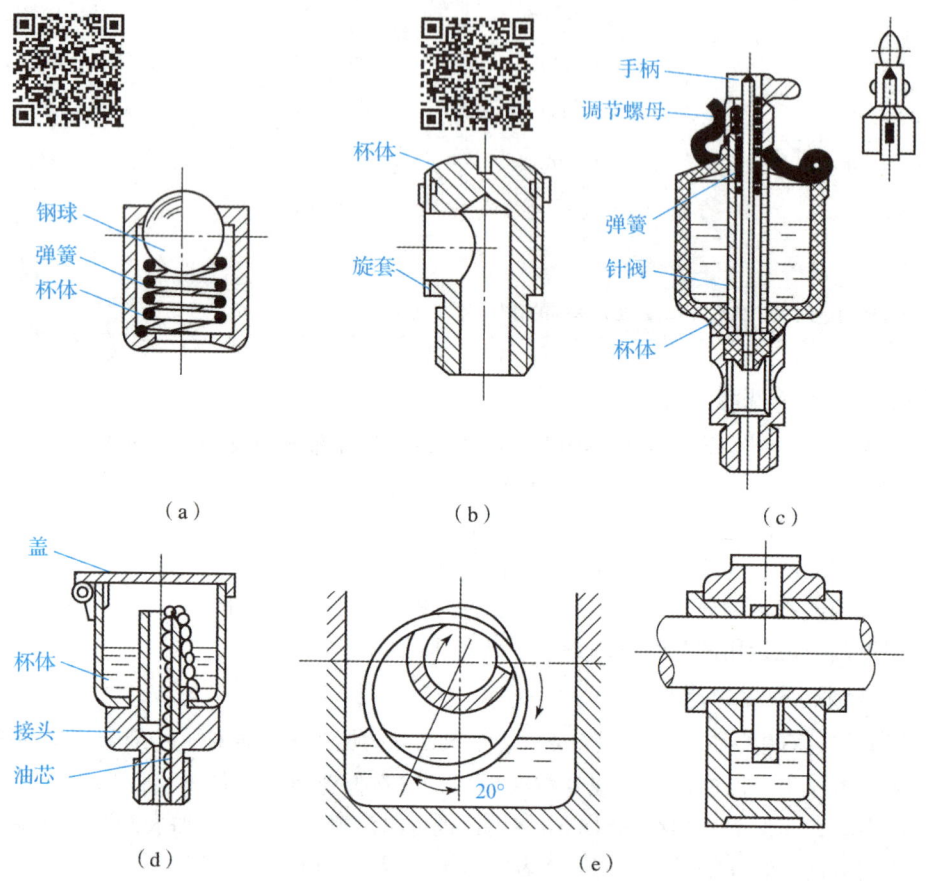

（a）　　　　　　　　　　（b）　　　　　　　　　　（c）

（d）　　　　　　　　　　　　　　（e）

图 4 - 2 - 10　几种供油方法与装置

（a）压配式压注油杯；（b）旋套式注油油杯；（c）针阀式注油油杯；（d）芯捻油杯；（e）油环润滑

（3）飞溅润滑。在闭式传动中，当浸在油中的传动件（如减速箱中的齿轮传动）转动时，箱体内的油飞溅到箱壁上，并沿着箱壁内的油沟流入轴承进行润滑。这种润滑装置简单，工作可靠，适用于圆周速度在 2 ~ 15 m/s 范围内的传动。

（4）压力润滑。压力润滑采用液压泵和油管把油液强制性地注入到轴承中而实现润滑，这种润滑能保证连续供油，且供油量可以调节，即使在高速重载下也能获得良好的润滑效果。缺点是供油设备复杂，所以一般仅用于重要的高速重载轴承，如内燃机的曲轴轴承和连杆轴承的润滑。

（二）润滑脂润滑

润滑脂润滑一般为间断供应，常用如图 4 - 2 - 11 所示的旋盖式油杯，即定期旋转杯盖将杯内润滑脂压进轴承。润

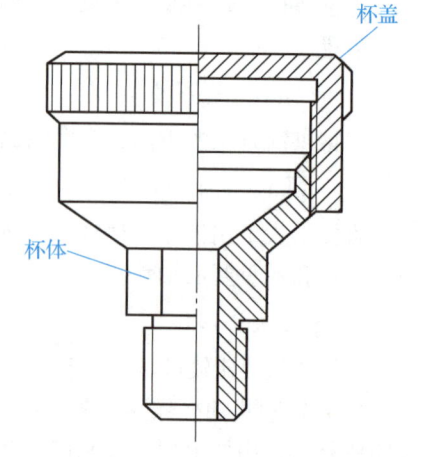

图 4 - 2 - 11　旋盖式油杯

滑脂润滑也可以集中供应，适用于多点润滑的场合，其供脂可靠，但设备结构比较复杂。

（三）润滑方法的选择

滑动轴承的润滑方法可根据以下经验公式计算出系数 K 值，然后确定滑动轴承的润滑方法和润滑剂类型。

$$K = \sqrt{pv^3} \tag{4-2-1}$$

式中：p——轴颈上的平均压强，单位为 MPa，$p = F/Ld$（F 为轴承所受载荷，单位为 N；d 为轴颈直径，单位为 m；L 为轴瓦宽度，单位为 m）；

v——轴颈的圆周速度，单位为 m/s。

当 $K \leq 2$ 时，用润滑脂润滑；当 $2 < K \leq 16$ 时，用润滑油润滑（可用针阀式滴油油杯等）；当 $16 < K < 32$ 时，用油环润滑或飞溅润滑；当 $K \geq 32$ 时，必须用压力循环润滑。

想一想

同学们思考一下：机械式手表中对润滑油性能的要求除了要求黏度外，还应考虑什么？

步骤四　设计滑动轴承

相关知识

非液体摩擦滑动轴承可用润滑油润滑，也可用润滑脂润滑。在润滑油、润滑脂中加入少量的鳞片状石墨或二硫化钼粉末，有助于形成更坚韧的边界油膜，且可填平粗糙表面而减少磨损，但这类轴承不能完全排除磨损。

非液体摩擦径向滑动轴承的主要失效形式是磨损和胶合。维持边界油膜不遭破裂，是非液体摩擦滑动轴承的设计依据。由于边界油膜的强度和破裂温度受多种因素影响而十分复杂，其规律尚未完全被人们掌握，因此目前仍采用简化的条件性计算。实践证明，若能限制压强 $p \leq [p]$ 及压强与轴颈线速度的乘积 $pv \leq [pv]$，那么轴承是能够很好地工作的。

一、径向滑动轴承

（一）限制轴承的平均压强 p

限制轴承压强 p，可保证润滑油不被过大的压力剂出，从而避免轴瓦产生过度磨损，即

$$p = \frac{F}{Bd} \leq [p] \tag{4-2-2}$$

式中：F——轴承径向载荷，N；

B——轴瓦宽度，mm；

d——轴颈直径，mm；

$[p]$——轴瓦材料的许用压强，MPa（见表 4-2-1）。

（二）限制轴承的 pv 值

轴承的发热量与其单位面积上的摩擦功耗 fpv（f 是摩擦系数）成正比，限制 pv 值就是限制轴承的温升。

$$pv = \frac{F_r}{dB} \cdot \frac{\pi dn}{60 \times 1\,000} \leq [pv] \tag{4-2-3}$$

式中：v——轴颈处的圆周速度，m/s；

$[pv]$ ——轴承材料的许用值，MPa·m/s，见表 4 - 2 - 1。

由于非液体摩擦径向滑动轴承已有行业标准，因此，可根据使用要求、工作条件和轴颈处的直径，从《机械设计手册》等有关标准中选用相应类型、型号及轴瓦材料，进行 p 和 pv 值的校核计算。若两项验算合格，则所选型号可用；否则，应重新选材料和型号，直到满足强度要求为止。也可以选定型号后，根据计算的 p 和 pv 值，选用相应的材料。

二、推力滑动轴承

由图 4 - 2 - 12 可知，推力轴承应满足：

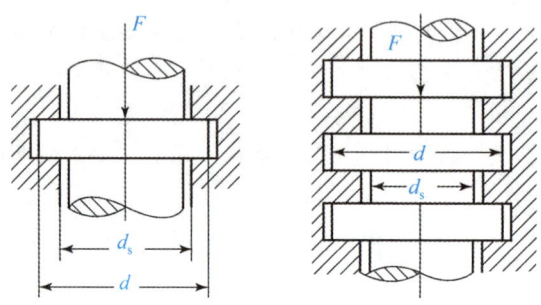

图 4 - 2 - 12　推力轴承

$$p = \frac{F}{\frac{\pi}{4}(d^2 - d_s^2)z} \leqslant [p] \qquad (4 - 2 - 4)$$

$$pv_m \leqslant [pv] \qquad (4 - 2 - 5)$$

式中：z——轴环数；

v_m 轴环的平均速度 $v_m = \dfrac{\pi d_m n}{60 \times 1\,000}$，平均直径 $d_m = \dfrac{d_s + d}{2}$。

推力轴承的 $[p]$、$[pv]$ 值由表 4 - 2 - 1 查取。对于多环推力轴承，由于制造和装配误差，各支承面上所受载荷不相等，故 $[p]$ 和 $[pv]$ 值应减小 20%～40%。

做一做

同学们分小组，完成学习任务。

步骤五　滑动轴承的安装与维护

滑动轴承安装和维护按照以下步骤完成：

（1）安装滑动轴承要保证轴颈在轴承孔内转动灵活、准确和平稳。

（2）轴瓦与轴承座孔要贴实，轴瓦剖分面要高出 0.05～0.1 mm，以便压紧。整体式轴瓦压入时要防止偏斜，并用紧定螺钉固定。

（3）注意油路畅通，油路与油槽接通。刮研时油槽两边点子要软，以便形成油膜；两端点子均匀，以防止漏油。

（4）使用轴承的过程中要经常检查润滑、发热、振动等问题，遇有发热、冒烟、异常振动、声响等要及时检查，采取措施。

本任务配分权重表

序号	内容	分值/分	得分	备注
1	认知滑动轴承	20		
2	分析滑动轴承轴瓦的结构及材料	20		
3	分析滑动轴承的润滑	20		
4	设计滑动轴承	30		
5	滑动轴承的安装与维护	10		

技能训练

设计一蜗轮轴的不完全油膜径向滑动轴承。已知蜗轮轴转速 $n = 60$ r/min，轴颈直径 $d = 80$ mm，轴承径向载荷 $F_r = 7\ 000$ N，轴瓦材料为锡青铜，轴材料为 45 钢。

 巩固与拓展

一、知识巩固

对照本任务知识脉络图，梳理自己所掌握的知识体系，并与同学相互交流、研讨个人对该任务知识点或技能点的理解，注重提升职业素养。

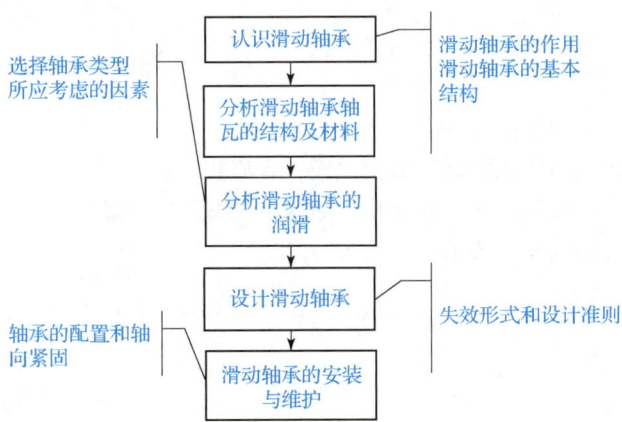

二、拓展任务

（1）根据任务完成的工作步骤及方法，利用所学知识，自主完成自主学习手册中的拓展任务。

（2）到实训基地观察工人安装或拆卸滑动轴承的过程。注意在安装过程中会遇到什么问题，并思考解决方法。

 **自我分析与总结**

学生改错	学生学会的内容

学生总结：

 **习题巩固**

1. 简述滑动轴承的类型及应用场合。
2. 剖分式滑动轴承与整体式滑动轴承相比较，有哪些优点？
3. 轴瓦上为何要开油孔和油槽？开油孔和油槽应注意哪些问题？
4. 对轴瓦的材料有哪些基本要求？

任务4.3 滚动轴承设计选用

工作任务

图4-3-1所示为一齿轮减速器，减速器的高速轴用一对轴承支承，转速$n = 3\ 000\ \text{r/min}$，轴承径向载荷$F_r = 4\ 800\ \text{N}$，轴向载荷$F_a = 2\ 500\ \text{N}$，有轻微冲击。轴颈直径$d = 60\ \text{mm}$，轴承预期使用寿命$[L_h] = 5\ 000\ \text{h}$，工作温度正常。试分析滚动轴承的作用，并选择轴承型号。

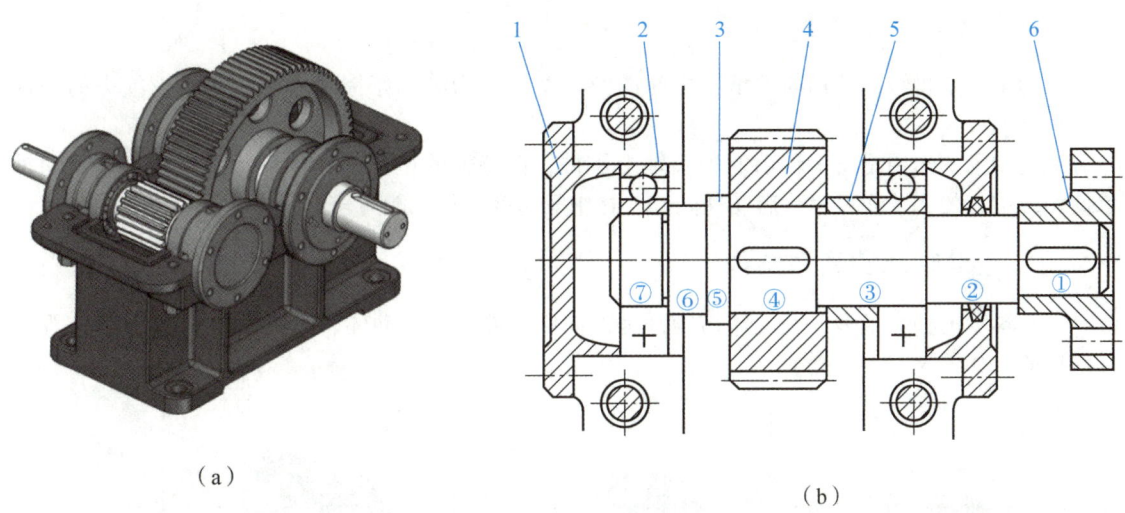

（a）

（b）

图4-3-1 减速器及轴系示意图

（a）减速器；（b）轴系装配示意图

1—轴承端盖；2—轴承；3—轴；4—齿轮；5—套筒；6—联轴器

任务目标

知识目标	能力目标	素质目标
1. 了解滚动轴承的作用、分类与结构 2. 熟悉滚动轴承的代号 3. 掌握滚动轴承设计选用方法及步骤	1. 能够根据工作要求，正确选择滚动轴承的类型 2. 能够正确计算滚动轴承寿命 3. 能够设计滚动轴承装置	1. 通过滚动轴承的设计，培养一丝不苟的工作态度和精益求精的工匠精神 2. 通过小组合作，培养团队意识和协调沟通能力

步骤一 认知滚动轴承

相关知识

一、滚动轴承的作用

滚动轴承是将转动的轴与轴承座之间的滑动摩擦变为滚动摩擦，从而减少摩擦损失的一种精密机械元件。

滚动轴承的作用是支承转动的轴及轴上零件，保持轴的正常工作位置和旋转精度。滚动轴承使用维护方便，工作可靠，启动性能好，在中等速度下承载能力较强。

二、滚动轴承的基本结构

滚动轴承的种类虽多，但主体结构都是由内圈、外圈、滚动体、隔离圈（或保持架）等零件组成的，如图 4-3-2 所示。

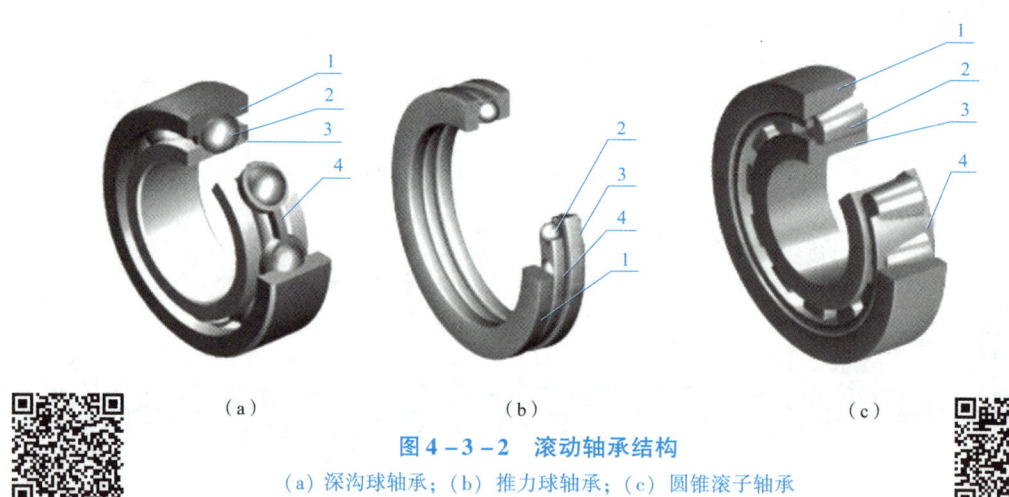

（a）　　　　　　　　　（b）　　　　　　　　　（c）

图 4-3-2 滚动轴承结构

（a）深沟球轴承；（b）推力球轴承；（c）圆锥滚子轴承

1—外圈；2—滚珠；3—内圈；4—保持架

内圈的作用是与轴相配合并与轴一起旋转；外圈是与轴承座相配合，起支承作用；滚动体是借助于保持架均匀地将滚动体分布在内圈和外圈之间，其形状、大小和数量直接影响着滚动轴承的使用性能和寿命；当内、外圈做相对回转时，滚动体沿着内、外圈上的滚道滚动可限制滚动体的轴向位移，能使轴承承受一定的轴向负荷。保持架的作用是使滚动体等距分布，避免滚动体相互接触，改善轴承内部的负荷分配。保持架有冲压的和实体的两种。冲压保持架一般用低碳钢板冲压而成，实体保持架通常用铜合金或铝合金等制造。为减小径向尺寸，在要求密封或易于装配等特殊情况下，有些滚动轴承可以没有内圈、没有外圈、既无内圈又无外圈、无保持架（如滚针轴承），有些特殊滚动轴承可以附设密封圈、防尘盖或锥形紧定套等元件。

滚动轴承的内、外圈和滚动体，一般采用轴承钢（如 GCr15）或渗碳轴承钢（如

G20Cr2Ni4A）制造，淬火硬度达到 HRC61~65，工作表面经过磨削抛光。

 做一做

试分析减速器中轴承所起作用，分析滚动轴承的内部结构。

步骤二　分析滚动轴承的主要类型及其代号

 相关知识

一、滚动轴承的类型

（1）按滚动体的形状，滚动轴承可分为球轴承和滚子轴承两种类型。球轴承的滚动体和套圈滚道为点接触，负荷能力低、耐冲击性差，但摩擦阻力小，极限转速高，价格低廉。滚子轴承的滚动体与套圈滚道为线接触，负荷能力高、耐冲击，但摩擦阻力大，价格也比较高。

（2）按滚动体的列数，分为单列、双列及多列轴承。

（3）按工作时能否自动调心，分为刚性轴承和调心轴承。

（4）按照承受载荷的方向或公称接触角的不同，分为向心轴承和推力轴承。

公称接触角：滚动体与外圈接触处的法线和垂直于轴承轴心线的平面之间的夹角，如表 4 – 3 – 1 所示。如果公称接触角 α 为 0°~45°，主要承受径向载荷，则称为向心轴承；如果公称接触角 α 为 45°~90°，主要承受轴向载荷，则称为推力轴承。

表 4 – 3 – 1　滚动轴承按载荷分类

轴承种类	向心轴承		推力轴承	
公称接触角	$\alpha = 0°$	$0° < \alpha \leqslant 45°$	$45° < \alpha < 90°$	$\alpha = 90°$
图例				

> **小知识**
>
> 中国是世界上较早发明滚动轴承的国家之一，在中国古籍中，关于车轴轴承的构造早有记载。从考古文物与资料中看，中国最古老的具有现代滚动轴承结构雏形的轴承出现于公元前 221—207 年（秦朝）、今山西省永济县（今为永济市）薛家崖村。
>
> 中华人民共和国成立后，特别是 20 世纪 70 年代以来，在改革开放的强大推动下，轴承工业进入了一个崭新的高质快速发展时期。

常用滚动轴承的类型、结构代号及其特点如表 4 – 3 – 2 所示。

表 4 – 3 – 2　常用滚动轴承的类型、结构代号及特点

类型代号	简图	类型名称	结构代号	基本额定动载荷/MPa	极限转速比	轴向承载能力	轴向限位能力	性能和特点
1		调心球轴承	10000	0.6 ~ 0.9	中	少量	I	因为外圈滚道表面是以轴承中点为中心的球面，故能自动调心，允许内圈（轴）对外圈（外壳）的轴线偏斜量≤2° ~ 3°。一般不宜承受纯轴向载荷
2		调心滚子轴承	20000	1.8 ~ 4	低	少量	I	性能、特点与调心球轴承相同，但具有较大的径向承载能力，允许内圈对外圈的轴线偏斜量≤1.5° ~ 2.5°
3		圆锥滚子轴承 $\alpha = 10° ~ 18°$	30000	1.5 ~ 2.5	中	较大	II	可以同时承受径向载荷及轴向载荷（30000 型以径向载荷为主，30000B 型以轴向载荷为主），外圈可分离，安装时可调整轴承的游隙。一般成对使用
		大锥角圆锥滚子轴承 $\alpha = 27° ~ 30°$	30000B	1.1 ~ 2.1	中	很大		
5		推力球轴承	51000	1	低	只能承受单向的轴向载荷	II	为了防止钢球与滚道之间的滑动，工作时必须加一定的轴向载荷。高速时离心力大，钢球与保持架磨损，发热严重，寿命降低，故极限转速很低。轴线必须与轴承座底面垂直，载荷必须与轴线重合，以保证钢球载荷的均匀分配
		双向推力球轴承	52000	1	低	能承受双向的轴向载荷	I	
6		深沟球轴承	60000	1	高	少量	I	主要承受径向载荷，也可同时承受小的轴向载荷。当量摩擦因数最小。在高转速时，可用来承受纯轴向载荷。工作中允许内、外圈的轴线偏斜量≤8° ~ 16°，大量生产，价格最低

类型代号	简图	类型名称	结构代号	基本额定动载荷/MPa	极限转速比	轴向承载能力	轴向限位能力	性能和特点
7		角接触球轴承	70000C	1.0~1.4	高	一般	Ⅱ	可以同时承受径向载荷及轴向载荷，也可单独承受轴向载荷，能在较高的转速下正常工作。由于一个轴承只能承受单向的轴向力，因此一般成对使用。承受轴向载荷的能力由接触角 α 决定。接触角大的，承受轴向载荷的能力也高
			70000AC	1.0~1.3		较大		
			70000B	1.0~1.2		更大		
N		外圈无挡边的圆柱滚子轴承	N0000	1.5~3	高	无	Ⅲ	外圈（或内圈）可以分离，故不能承受轴向载荷，滚子由内圈（或外圈）的挡边轴向定位，工作时允许内、外圈有少量的轴向错动。有较大的径向承载能力，但内外圈轴线的允许偏斜量很小（2°~4°）。这一类轴承还可以不带外圈或内圈
NU		圆柱滚子轴承	NU 0000					

二、滚动轴承的代号

滚动轴承的代号由基本代号、前置代号和后置代号组成，用字母和数字等表示。滚动轴承代号的构成见表4-3-3。

表4-3-3　滚动轴承代号的构成

前置代号	基本代号					后置代号							
	五	四	三	二	一								
轴承分部件代号	类型代号	尺寸系列代号		内径代号		内部结构代号	密封与防尘结构代号	保持架及其材料代号	特殊轴承材料代号	公差等级代号	游隙代号	多轴承配置代号	其他代号
		宽度系列代号	直径系列代号										

（一）基本代号

基本代号表示轴承的基本类型、结构和尺寸，是轴承代号的基础。基本代号由轴承类型代号、尺寸系列代号和内径代号构成，其表达格式如下。

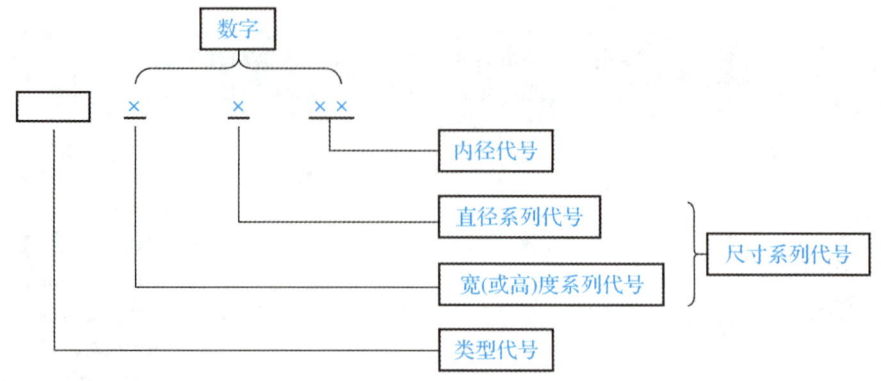

1. 轴承类型代号

轴承类型代号用阿拉伯数字或大写拉丁字母表示，见表 4 – 3 – 4。

表 4 – 3 – 4　轴承类型代号（摘自 GB/T 272—1993）

代号	0	1	2	3	4	5	6	7	8	N	U	QJ
轴承类型	双列角接触球轴承	调心球轴承	调心滚子轴承和推力调心滚子轴承	圆锥滚子轴承	双列深沟球轴承	推力球轴承	深沟球轴承	角接触球轴承	推力圆柱滚子轴承	圆柱滚子轴承	外球面球轴承	四点接触球轴承

2. 尺寸系列代号

尺寸系列代号由轴承的宽（高）度系列代号和直径系列代号组合而成，用两位阿拉伯数字来表示。其主要作用是区别内径相同而宽度和外径不同的轴承。具体代号需查阅相关标准。

（1）宽（高）度系列代号。

同一直径系列（轴承内径，外径相同时）的轴承可做成不同的宽（高）度，称为宽度系列，推力轴承则表示高度系列。宽度系列代号为 0 时，在轴承代号中通常省略（在调心滚子轴承和圆锥滚子轴承中不可省略）。

直径系列代号和宽度系列代号统称为尺寸系列代号。

（2）直径系列代号。

对同一内径的轴承，由于使用场合所需承受的负荷大小和寿命不相同，故需使用大小不同的滚动体，则轴承的外径和宽度也随之改变，以适应不同的负荷要求。这种内径相同而外径不同所构成的系列，称为直径系列，如表 4 – 3 – 5 所示。

表 4 – 3 – 5　轴承的直径系列代号

直径系列	向心轴承						推力轴承				
	超轻	超特轻	特轻	轻	中	重	超轻	特轻	轻	中	重
原代号	8, 9	7	1, 7	2 (5)	3 (6)	4	9	1	2	3	4
新代号	8, 9	7	0, 1	2	3	4	0	1	2	3	4
注：括号中的数字分别表示轻宽（5）、中宽（6）尺寸系列。											

3. 内径代号

内径代号表示轴承的公称内径，一般用两位阿拉伯数字表示，代号数字为 00、01、02、03 时，分别表示轴承内径 $d = 10$ mm，12 mm，15 mm，17 mm；代号数字为 04~96 时，代号数字乘 5，即为轴承内径；轴承公称内径为 1~9 mm 时，用公称内径毫米数直接表示；轴承公称内径为 22 mm、28 mm、32 mm、500 mm 或大于 500 mm 时，用公称内径毫米数直接表示，但应与尺寸系列代号之间用"/"隔开。

轴承基本代号举例：

（1）代号：6　1　10。

6——轴承类型代号：深沟球轴承；

1——尺寸系列代号（01）：宽度系列代号 0 省略，直径系列代号为 1；

10——内径代号：$d = 50$ mm。

（2）代号：7　2/22。

7——轴承类型代号：角接触球轴承；

2——尺寸系列代号（02）：宽度系列代号 0 省略，直径系列代号为 2；

22——内径代号：$d = 22$ mm。

（3）代号：5　03　15。

5——轴承类型代号：推力滚子轴承；

03——尺寸系列代号：宽度系列代号为 0，直径系列代号为 3；

15——内径代号：$d = 75$ mm。

（二）前置代号与后置代号

前置代号用字母表示，后置代号用字母（或加数字）表示。前置、后置代号是轴承在结构形状、尺寸、公差、技术要求等有改变时，在其基本代号前、后添加的代号。

前置代号与后置代号应用举例：

（1）代号：GS　8　11　07。

GS——前置代号：推力圆柱滚子轴承座圈；

8——轴承类型代号：推力圆柱滚子轴承；

11——尺寸系列代号：宽度系列代号为 1，直径系列代号为 1；

07——内径代号：$d = 35$ mm。

（2）代号：2　10　NR。

2——尺寸系列代号（02）：宽度系列代号 0 省略，直径系列代号为 2；

10——内径代号：$d = 50$ mm；

NR——后置代号：轴承外圈上有止动槽，并带止动环。

前置代号、后置代号还有许多种，其代号的含义需查阅 GB/T 272—2017。

 **想一想**

查阅相关标准，任务中轴承可以选用哪几种代号？

步骤三　滚动轴承类型的选择

由于滚动轴承属于标准件，所以本步骤仅讨论如何根据具体的工作条件正确选择轴承的类型和尺寸、验算轴承的承载能力，以及轴承的安装、调整等有关轴承装置的设计问题，下面对轴承类型选择要考虑的主要因素进行综述。

一、轴承的载荷

轻载和中等负荷时应选用球轴承，重载或有冲击负荷时应选用滚子轴承。

纯径向负荷时，可选用深沟球轴承、圆柱滚子轴承或滚针轴承；纯轴向负荷时，可选用推力轴承。既有径向负荷又有轴向负荷时，若轴向负荷不太大，则可选用深沟球轴承或接触角较小的角接触球轴承、圆锥滚子轴承；若轴向负荷较大，则常选用推力轴承和深沟球轴承的组合结构；承受冲击载荷时宜选用滚子轴承。若轴向负荷很大而径向负荷较小，则可选用推力角接触轴承，也可以采用向心轴承和推力轴承一起的支承结构。详见表 4 – 3 – 1。接触角的介绍详见自主学习手册。

二、轴承的转速

选择轴承类型时应注意其允许的极限转速。当转速较高且旋转精度要求较高时，应选用球轴承。推力轴承允许的极限转速较低，当工作转速较高而轴向载荷不大时，可采用角接触球轴承或深沟球轴承；对高速回转的轴承，为减小滚动体施加于外圈滚道的离心力，宜选用外径和滚动体直径较小的轴承；若工作转速超过轴承的极限转速，则可通过提高轴承的公差等级、适当加大其径向游隙等措施来满足要求。

三、轴承的调心性能

轴承内、外圈轴线间的偏位角应控制在极限值内，否则会增加轴承的附加载荷而降低其寿命。对于刚度差或安装精度较差的轴组件，宜选用调心轴承。应注意：调心轴承应成对使用。

四、经济性

在满足使用要求的情况下应优先选用价格低廉的轴承。一般球轴承的价格低于滚子轴承。通常情况下，轴承的精度越高、价格越高。同精度的轴承中深沟球轴承价格最低。选用高精度轴承时应进行性能价格比的分析。

五、安装与拆卸

在轴承座不是剖分而必须沿轴向装拆轴承以及需要频繁装拆轴承的机械中，应优先选用内、外圈可分离的轴承（如 3 类、N 类等）；当轴承在长轴上安装时，为便于装拆，可选用内圈为圆锥孔的轴承（后置代号第 2 项为 K）。

做一做

根据学习任务的给定条件，查阅标准，初选减速器轴承，并说明选择依据。

步骤四　滚动轴承尺寸的选择

一、失效形式

（一）疲劳点蚀

在滚动轴承工作过程中，滚动体相对内圈（或外圈）不断地转动，因此滚动体与滚道接触表面受变化的接触变应力，此变应力可近似看作载荷按脉动循环变化。由于脉动接触应力的反复作用，首先在滚动体或滚道的表面下一定深度处产生疲劳裂纹，继而扩展到接触表面，形成疲劳点蚀，致使轴承不能正常工作，如图 4-3-3 所示。有时由于安装不当，轴承局部受载较大，更促使点蚀早期发生。

（二）塑性变形

在静载荷或冲击载荷的作用下，滚动体和套圈滚道工作面上将出现不均匀的塑性变形凹坑，由此导致摩擦力矩增大、旋转精

图 4-3-3　疲劳点蚀

度降低，使轴承产生剧烈的振动和噪声，不能正常工作。为防止塑性变形，需对轴承进行静强度计算。

（三）磨损

若使用中维护、保养不当或密封润滑不良，则滚动体或套圈滚道易产生磨粒磨损。

当轴承在高速重载运转时还会产生胶合失效。如轴承工作转速小于极限转速，并采取良好的润滑和密封等措施时，胶合一般不易发生。

此外，由于配合不当、拆装不合理等非正常原因，轴承的内、外圈可能会发生破裂，应在使用和装拆轴承时充分注意这几点。

二、设计准则

对于一般转速的轴承，为防止产生疲劳点蚀，应进行滚动轴承的疲劳寿命计算；对于转速很低或缓慢摆动的轴承，为控制其表面塑性变形量，应作静强度计算。对于高速运转的轴承，为防止发热而造成过度磨损和胶合，应进行极限转速的校核计算。

想一想

本任务中的轴承设计准则应该选用哪一种情况？

三、滚动轴承的基本额定寿命

基本额定寿命是指一批相同型号的轴承，在同样工作条件下运转时，90% 的轴承未发生疲劳点蚀前运转的总转数，或在恒定转速下运转的总工作小时数，分别用 L_{10} 或 L_{10h} 表示。

按基本额定寿命的计算选用轴承时，可能有 10% 以内的轴承提前失效，也可能有 90% 以上的轴承超过预期寿命。而对于单个轴承而言，能达到或超过此预期寿命的可靠度

为 90%。

为了比较不同型号轴承的承载能力，标准中规定，当基本额定寿命为 10^6 r 时，轴承所能承受的载荷称为基本额定动载荷，用 C 表示，即轴承在基本额定动载荷作用下运转 10^6 r 时，不发生疲劳点蚀的可靠度为 90%。对向心轴承和角接触轴承，基本额定动载荷为径向载荷；对于推力轴承，基本额定动载荷为轴向载荷。各型号轴承在正常工作温度（≤120 ℃）下的额定动载荷 C 值可由滚动轴承标准中查出，详见《机械设计手册》中相关内容。

对于向心及向心推力轴承基本额定动载荷指的是径向载荷 C_r，对于推力轴承基本额定动载荷指的是轴向载荷 C_a。

做一做

根据预选轴承代号，查表确定该轴承的基本额定载荷。

四、滚动轴承的寿命计算

由实验统计结果表明，滚动轴承基本额定寿命的计算式为

$$L_{10} = \left(\frac{C}{P} \right)^{\varepsilon} \tag{4-3-1}$$

式中：L_{10}——基本额定寿命（10^6 r）；

　　P——当量动载荷；

　　ε——寿命指数，球轴承 $\varepsilon = 3$，滚子轴承 $\varepsilon = 10/3$。

当量动载荷为一假想载荷时，在此载荷作用下轴承的寿命与在实际工作条件下的轴承寿命相同。

$$P = XF_r + YF_a \tag{4-3-2}$$

式中：F_r，F_a——轴承的径向载荷及轴向载荷（N）；

　　X，Y——径向动载荷及轴向动载荷系数，部分轴承取值见表 4-3-6。

表 4-3-6 中 e 值与轴承类型和相对轴向载荷 F_a/C_{or} 有关（C_{or} 是轴承的径向额定静载荷，由《机械设计手册》查出）。

提示：
表 4-3-6 中 e、Y 的计算可以采用插入法，见自主学习手册。

表 4-3-6 当量动载荷的 X、Y 系数

轴承类型	$\dfrac{F_a}{C_{or}}$	e	$F_a/F_r > e$		$F_a/F_r \leqslant e$	
			X	Y	X	Y
深沟球轴承	0.014	0.19	0.56	2.30	1	0
	0.028	0.22		1.99		
	0.056	0.26		0.71		
	0.084	0.28		1.55		
	0.11	0.30		1.45		
	0.17	0.34		1.31		
	0.28	0.38		1.15		
	0.42	0.42		1.04		
	0.56	0.44		1.00		

轴承类型		$\dfrac{F_a}{C_{or}}$	e	$F_a/F_r > e$		$F_a/F_r \leqslant e$	
				X	Y	X	Y
角接触球轴承	$\alpha = 15°$	0.015	0.38		1.47		
		0.029	0.40		1.40		
		0.058	0.43		1.30		
		0.087	0.46		1.23		
		0.12	0.47	0.44	1.19	1	0
		0.17	0.50		1.12		
		0.29	0.55		1.02		
		0.44	0.56		1.00		
		0.58	0.56		1.00		
	$\alpha = 25°$		0.68	0.41	0.87	1	0
	$\alpha = 40°$		1.14	0.35	0.57	1	0
圆锥滚子轴承（单列）			$1.5\tan\alpha$	0.4	$0.4\cot\alpha$	1	0
调心球轴承（双列）			$1.5\tan\alpha$	0.65	$0.65\cot\alpha$	1	$0.42\cot\alpha$

若用给定转速下的工作小时数 L_{10h} 来表示，则寿命为

$$L_{10h} = \frac{10^6}{60n}\left(\frac{C}{P}\right)^{\varepsilon} \tag{4-3-3}$$

当轴承的工作温度高于 100 ℃时，其基本额定动载荷 C 的值将降低，需引入温度系数 f_T 进行修正，见表 4 – 3 – 7；考虑到工作中的冲击和振动会使轴承寿命降低，为此又引进载荷系数 f_p，见表 4 – 3 – 8。

作了上述修正后，寿命计算式可表示为

$$L_{10h} = \frac{10^6}{60n}\left(\frac{f_T C}{f_P P}\right)^{\varepsilon} \geqslant [L_h] \tag{4-3-4}$$

若以基本额定动载荷 C 表示，可得

$$C \geqslant \frac{f_P P}{f_T}\left(\frac{60n[L_h]}{10^6}\right)^{\frac{1}{\varepsilon}} \tag{4-3-5}$$

式中：n——轴承的工作转速（r/min）；

$[L_h]$——轴承的预期寿命（h），可根据机器的具体要求或参考表 4 – 3 – 9 确定。

表 4 – 3 – 7　温度系数 f_T

轴承工作温度/℃	100	125	150	175	200	225	250	300
f_T	1	0.95	0.9	0.85	0.80	0.75	0.70	0.60

表 4 – 3 – 8　载荷系数 f_P

载荷性质	无冲击或轻微冲击	中等冲击	强烈冲击
f_P	$1.0 \sim 1.2$	$1.2 \sim 1.8$	$1.8 \sim 3.0$

表 4 – 3 – 9　轴承预期寿命 $[L_h]$

使用场合	$[L_h]/ h$
不经常使用的仪器和设备	500
短时间或间断使用，中断时不致引起严重后果	$4\,000 \sim 8\,000$
间断使用，中断会引起严重后果	$8\,000 \sim 12\,000$
每天 8 h 工作的机械	$12\,000 \sim 20\,000$
24 h 连续工作的机械	$40\,000 \sim 60\,000$

做一做

（1）本任务如何确定该轴承的 e、X、Y 及当量动载荷 P？

（2）本任务最终寿命是否满足工作要求？如果不满足该怎么办？

步骤五　滚动轴承装置的设计

相关知识

一、滚动轴承内、外圈的固定方法

为了防止轴承在承受轴向负荷时相对于轴或座孔产生轴向移动，轴承内圈与轴、轴承外圈与座孔必须进行轴向固定，如图 4 – 3 – 4 和图 4 – 3 – 5 所示。

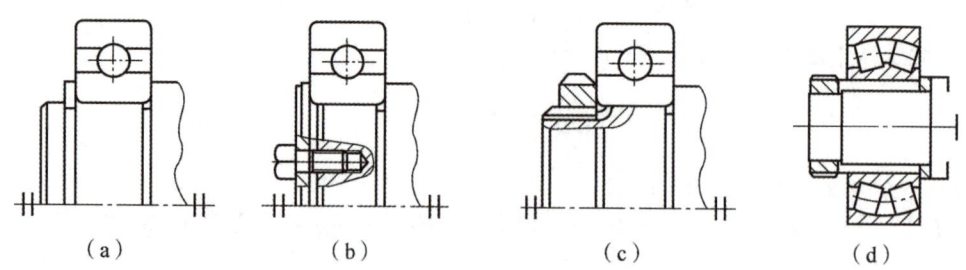

|　　（a）　　　　　　　（b）　　　　　　　（c）　　　　　　　（d）|

图 4 – 3 – 4　内圈固定方法

（a）轴用弹性挡圈；（b）轴端挡圈；（c）圆螺母与止动垫圈；

（d）紧定衬套、圆螺母、止动垫圈与圆锥孔内圈

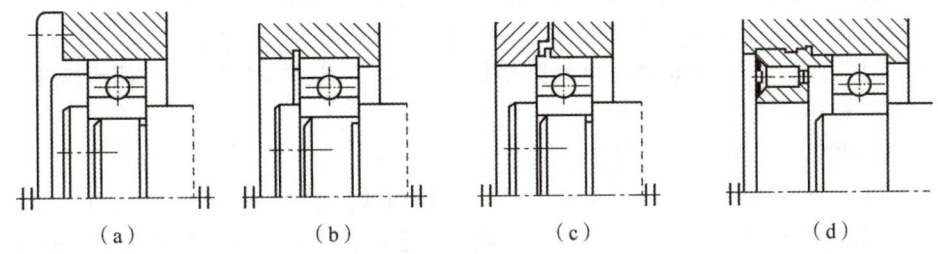

（a）　　　　　（b）　　　　　（c）　　　　　（d）

图 4 - 3 - 5　外圈固定方法

（a）轴承端盖；（b）孔用弹性挡圈；（c）轴承外圈止动槽；（d）螺纹环与轴用弹性挡圈

二、轴系的轴向固定

在机器中，轴和轴上零件的位置是靠轴承来固定的。工作时，轴和轴承对基座不允许有径向移动，轴向移动也应限制在一定限度之内，并且还要考虑轴在工作中有热伸长时其伸长量能够得到补偿。限制轴轴向移动的方式有三种。

（一）两端固定

轴的两个支点中每个支点都能限制轴的单向移动，合起来就限制了轴的双向移动，如图4 - 3 - 6所示。

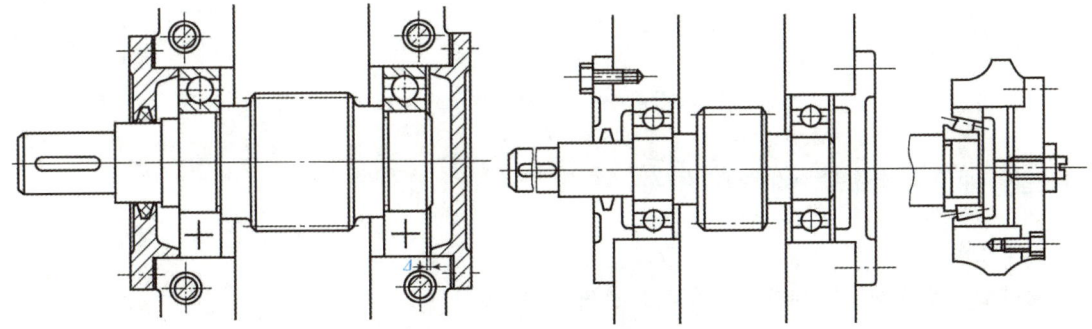

图 4 - 3 - 6　两端固定方法

（二）一端固定一端游动

一端固定、一端游动的固定方法是使一个支点处的轴承双向固定，而另一个支点处的轴承可以轴向游动，以适应轴的热伸长，如图4 - 3 - 7所示。

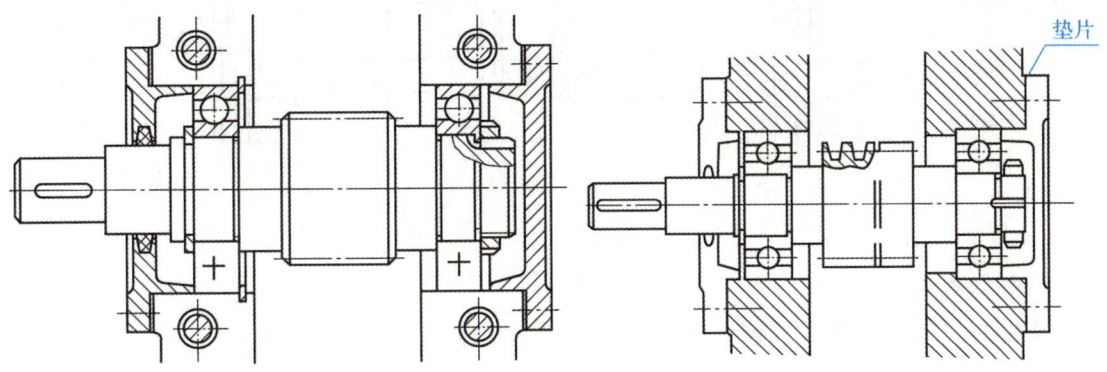

垫片

图 4 - 3 - 7　一端固定 一端游动

固定支点处轴承的内、外圈均做双向固定，以承受双向轴向负荷；游动支点处轴承的内圈做双向固定，而外圈与机座孔间采用动配合，以便当轴受热膨胀伸长时能在孔中自由游动，若游动端采用外圈无挡边的可分离型轴承，则外圈要做双向固定。这种固定方式适用于跨距大或工作时温度较高（$t > 70\ ℃$）的轴。

（三）两端游动式

如图 4 - 3 - 8 所示的人字齿轮传动中，小齿轮轴两端的支承均可沿轴向游动，即为两端游动，而大齿轮轴的支承结构采用了两端固定结构。人字齿轮的加工误差使得轴转动时产生左右窜动，而小齿轮轴采用两端游动的支承结构，满足了其运转中自由游动的需要，并可调节啮合位置。若小齿轮轴的轴向位置也固定，则将会发生干涉甚至卡死现象。

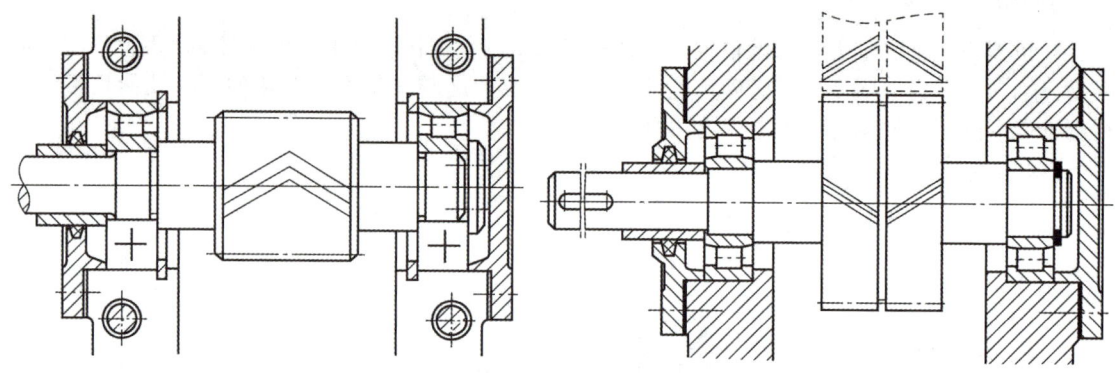

图 4 - 3 - 8　两端游动式

三、轴承间隙调整的常用方法

1. 调整垫片

通过增减垫片的厚度调整轴承间隙，如图 4 - 3 - 9 所示。

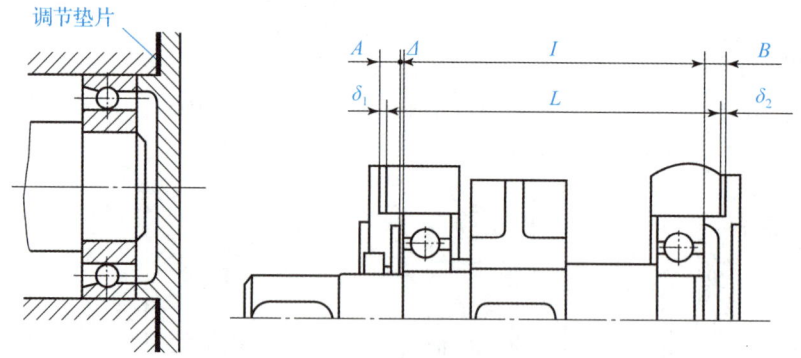

图 4 - 3 - 9　垫片调整轴向间隙

2. 调整压盖

通过调整压盖的轴向位置调整轴承间隙，如图 4 - 3 - 10 所示。

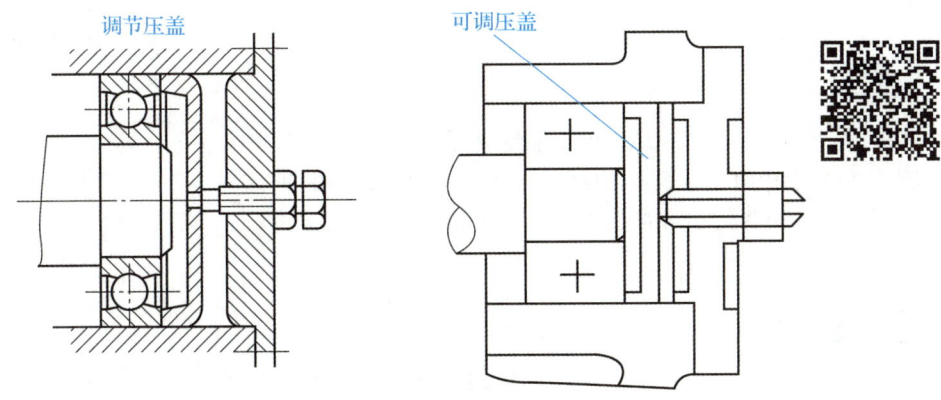

图 4 – 3 – 10　可调压盖调整轴承间隙

3. 调整环

通过改变调整环的厚度来调整轴承间隙，如图 4 – 3 – 11 所示。

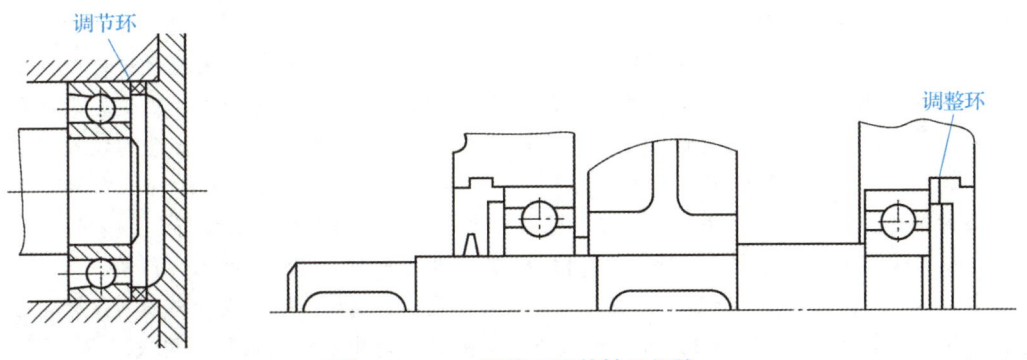

图 4 – 3 – 11　调整环调整轴承间隙

做一做

（1）同学们分小组，按照上述设计步骤，对减速器中的滚动轴承进行选择。

（2）按照选定的参数对滚动轴承的寿命进行校核计算。

任务评价

序号	内容	分值/分	得分	备注
1	明确滚动轴承的作用	5		
2	能够分清不同类型的滚动轴承	10		
3	明确不同类型滚动轴承的代号	10		
4	能够正确选择滚动轴承类型	25		
5	能够正确计算滚动轴承的寿命	25		
6	能够正确设计滚动轴承装置	25		

如题图所示的一对 7210AC 角接触球轴承，面对面安装（正装），分别受径向载荷 $F_{r1}=8\,000$ N，$F_{r2}=5\,200$ N，轴向外载荷 $F_A=2\,200$ N，方向如题图所示。求各轴承的轴向力 F_{a1} 和 F_{a2}。（$F_S=0.68F_r$）

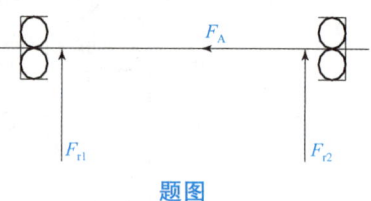

题图

★ 新视野

绿色机械创新设计

绿色设计是指借助产品生命周期中与产品相关的技术信息、环境协调性信息、经济信息等，利用并行设计等各种先进的设计理论，使设计出的产品具有先进的技术性、良好的环境协调性以及合理的经济性的一种系统设计方法。绿色设计要求产品具有以下属性：节能、可拆卸和可维修性、产品报废后的可回收和可再利用、不含有害物质、废弃物的处理过程经济或不会对环境、安全和身体健康造成危害等。

创新设计，要求设计者充分发挥创造性思维，吸收最新科技成果，运用现代设计理论和方法设计出更具竞争力的新颖产品。机械产品创新设计类型可分为三种：原创设计、变异设计和反求设计。现代公司必须致力于开发新产品，必须学习如何有效地创新，从产品概念到投放市场，都必须融合新的"设计"。产品设计可以看成是一种以解决问题为直接目标的活动，需要一系列复杂而系统的努力，包括提出拓展设计概念、修改细节、评价合理的解决方案等。

绿色创新设计是绿色设计与创新设计互相交合后产生的一种具有绿色特点的创新设计。目前产品开发中，有的绿色设计是创新设计，有的绿色设计不是创新设计；绿色设计与创新设计不应互为排斥，而要互相交合，形成绿色设计中有创新设计，创新设计中有绿色设计，构成绿色创新设计。绿色创新设计是综合考虑环境影响和资源效率，应用创造性思维进行创新设计的一种方法。

巩固与拓展

一、知识巩固

对照本任务知识脉络图，梳理自己所掌握的知识体系，并与同学相互交流、研讨个人对该任务知识点或技能点的理解，注重提升职业素养。

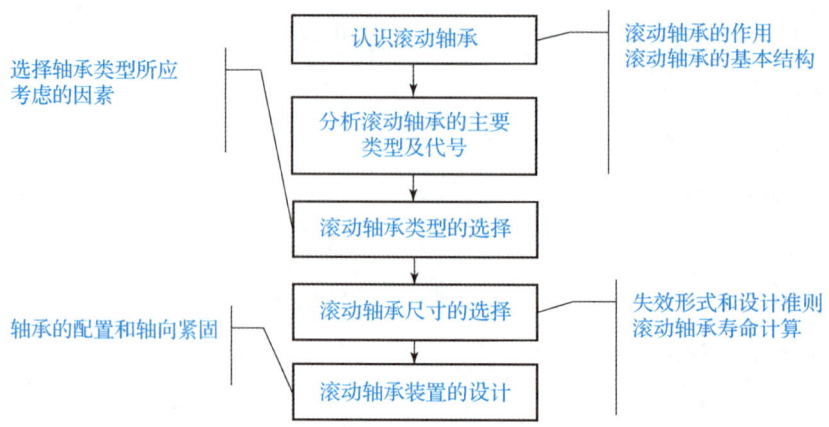

二、拓展任务

（1）根据任务完成的工作步骤及方法，利用所学知识，自主完成自主学习手册中的拓展任务。

（2）到实训基地观察工人安装角接触轴承时怎样调节松紧度？亲自动手完成调节。

 自我分析与总结

学生改错	学生学会的内容

学生总结：

 习题巩固

1. 滚动轴承的主要类型有哪些？各有什么特点？

2. 说明下列轴承代号的含义及其适用场合：

6205、30209、N208/P4、31300、6211/P6、7206C5、51307

3. 何谓滚动轴承的基本额定寿命？

4. 滚动轴承实效的主要形式有哪些？

5. 选择滚动轴承类型时应考虑的主要因素有哪些？

6. 滚动轴承的主要失效形式有哪些？计算准则是什么？

7. 轴承装置设计中，常用的轴承配置方法有哪几种？

8. 什么是滚动轴承的预紧？为什么滚动轴承需要预紧？

9. 滚动轴承为何需要采用密封装置？常用密封装置有哪些？

项目五　连接件设计

为了便于机器的制造、装配、修理和运输，根据结构的需要在机器上广泛使用着各种连接，将零件接合在一起。熟悉各种连接方法及有关连接件的结构特点、应用场合，掌握正确选择连接的方法及其设计计算，对每一名机械设计人员来说都是非常必要的，如图 5-1 所示。

全国劳动
模范 – 王曙群

AR资源

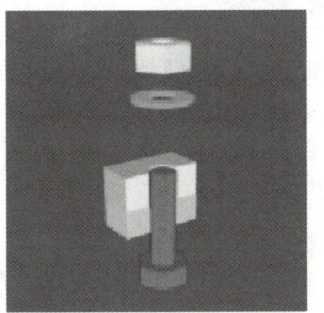

图 5-1　螺栓连接

连接件设计主要分为三部分内容，如下所示。

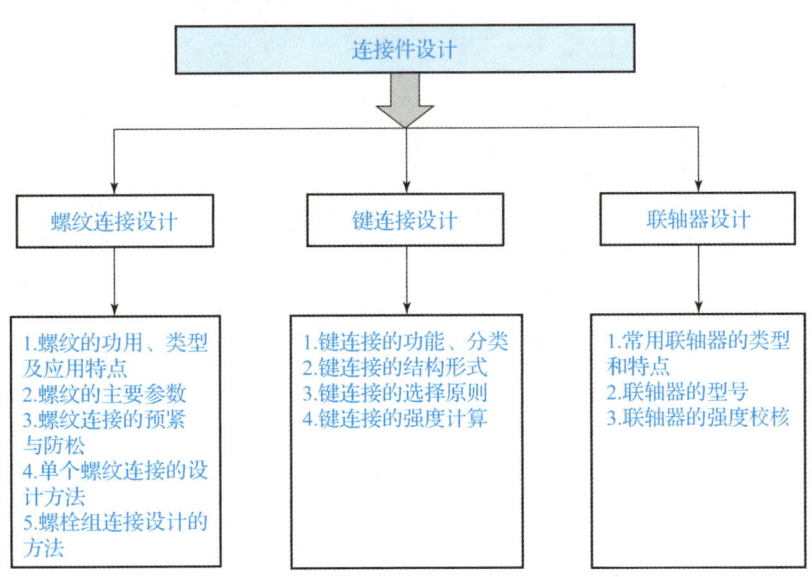

 **项目学习目标**

知识目标	能力目标	素质目标
1. 掌握各种连接件的类型和特点 2. 熟知螺纹连接的主要参数 3. 掌握螺纹连接的预紧和防松方法 4. 掌握螺纹连接的设计方法 5. 掌握键连接、联轴器连接的设计选用方法 6. 掌握键连接、联轴器连接的强度校核方法	1. 能够分析各种连接件的类型和连接特点 2. 能够计算螺纹连接的主要参数 3. 能够对螺纹连接进行预紧和防松 4. 能够设计单个螺纹连接 5. 能够设计选用合理的键的型号和联轴器的型号	1. 通过螺纹参数计算，学生养成认真细致的工作态度 2. 通过螺纹连接的预紧与防松方法分析，培养学生分析和解决问题的能力 3. 通过螺纹连接设计，学会设计科学规范的方法和步骤 4. 在小组合作学习中，培养学生团队协作的意识

 **项目任务实施**

本项目选用带式输送机设计载体，通过对减速器中螺纹连接、键连接的设计和对带式输送机中联轴器的设计，学会连接件设计的步骤和方法，可以举一反三地完成其他不同类型连接件的设计和选用。本项目分上述三个设计任务，按照基于工作过程系统化的步骤实施。

任务5.1 螺纹连接设计选用

工作任务

如图 5-1-1 所示，减速器中有用于箱盖、箱体上的连接螺栓，用于轴承端盖的连接螺钉，以及与地基连接的地脚螺栓等。已知：减速器两齿轮中心距为 120 mm，主、从动轴承座孔直径分别为 72 mm 和 85 mm。试设计或选用如上螺纹连接。

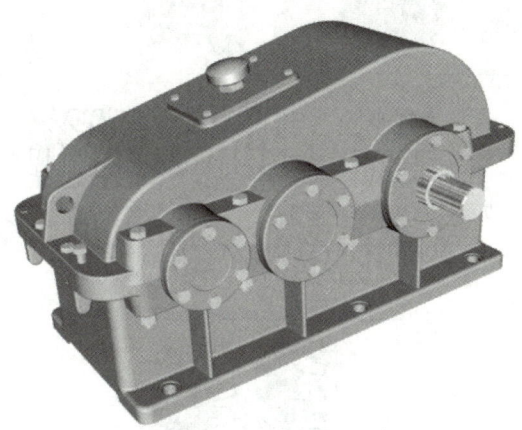

图 5-1-1 双级齿轮减速器

任务目标

知识目标	能力目标	素质目标
1. 了解螺纹的功用、类型及应用特点 2. 掌握螺纹的主要参数 3. 掌握螺纹连接的预紧与防松以及其强度计算	1. 能够正确选择螺纹的类型 2. 设计单个螺纹和螺栓组的连接方法	1. 通过分析螺纹的工作特性，培养学生团队协作的意识 2. 通过螺纹连接的正确选择，培养学生机械制造行业的法制意识、严谨精细的工作作风

任务实施

步骤一 认识螺纹连接的基本类型

 想一想

根据日常生活所见，想一想自己都见过哪些螺纹连接呢？

一、认识螺纹类型

螺纹类型见表 5 – 1 – 1。

表 5 – 1 – 1　螺纹的类型

分类依据	螺纹类型	图例	说明
按用途分	紧固螺纹 传动螺纹 管螺纹 专用螺纹		紧固螺纹用于连接设备零部件；管螺纹用于连接管子；传动螺纹用于传递运动和动力
按牙型分	三角形螺纹 矩形螺纹 梯形螺纹 锯齿形螺纹 圆形螺纹		三角形螺纹主要用于连接，其余则多用于传动
按螺旋线方向分	右旋螺纹 左旋螺纹		机械制造中常用右旋螺纹
按螺旋线数分	单线螺纹 多线螺纹 圆锥螺纹		机械制造中常用单线螺纹
按螺纹所在表面分	外螺纹 内螺纹		内、外螺纹共同组成螺旋副，用于连接或传动
按标准制度分	米制螺纹 英制螺纹		我国除管螺纹外，一般都采用米制螺纹

 想一想

不同的螺纹类型，是通过何种方式把设备零部件连接到一起的？

二、认识常见螺纹连接类型

螺纹连接的形式很多，常见螺纹连接的类型有四种，见表5-1-2。

表5-1-2　螺纹连接的类型

连接类型	图例	特点
螺栓连接	静载荷 $l_1 \geqslant (0.3 \sim 0.5)\ d$； 变载荷 $l_1 \geqslant 0.75d$； 冲击或弯曲载荷 $l_1 \geqslant d$； $e = d + (3 \sim 6)$ mm； $d_0 \approx 1.1d$；$a \approx (0.2 \sim 0.3)d$； 铰制孔用螺栓连接 $l_1 \approx d$	螺栓穿过被连接件上的光孔并用螺母拧紧，分为普通螺栓连接和铰制孔螺栓连接两种
双头螺柱连接	螺纹孔件为钢 $H \approx d$； 铸铁 $H \approx (1.25 \sim 1.5)\ d$； 铝合金 $H \approx (1.5 \sim 2.5)\ d$	被连接件较厚或者为了结构紧凑必须采用盲孔及用螺栓连接不便的情况，可以多次装拆而不损坏被连接件
螺钉连接		螺钉直接旋入被连接件中，结构比双头螺柱简单。但被连接件螺纹孔容易滑扣，不宜经常拆卸
紧定螺钉连接		常用于固定两零件的相对位置，并可传递不大的力或扭矩

多学一点

螺栓连接按照受力不同，分为受拉螺栓连接和受剪螺栓连接，前者螺栓和孔之间有间隙，孔的加工精度要求较低；后者螺栓杆部和孔之间一般采用基孔制过渡配合，用以承受横向载荷，此时孔需要精制，如铰孔，所以又称为铰制孔用螺栓连接。

做一做

对减速器中的螺栓连接类型进行选择。

步骤二 分析螺纹连接预紧和防松

想一想

如何使用螺栓将台式钻床立柱连接到底座上，要求做到可靠连接。

相关知识

在实际应用中，大部分螺纹连接在装配时都必须拧紧，这时螺纹连接受到预紧力的作用。对于重要的螺纹连接，应控制其预紧力，因为预紧力的大小对螺纹连接的可靠性、强度和密封性均有很大的影响。

一、计算拧紧力矩

螺纹连接的拧紧力矩 T 等于克服螺旋副相对转动的阻力矩 T_1 和螺母支承面上的摩擦阻力矩 T_2（见图 5 - 1 - 1）之和，即

$$T = T_1 + T_2 = \frac{F_0 d_2}{2}\tan(\psi + \rho_v) + f_c F_0 r_f \tag{5 - 1 - 1}$$

式中，F_0——轴向力，对于不承受轴向工作载荷的螺纹，F_0 即预紧力；

$\quad d_2$——螺纹中径；

$\quad f_c$——螺母与被连接件支承面之间的摩擦系数，无润滑时可取 $f_c = 0.15$；

$\quad r_f$——$r_f \approx \dfrac{d_w + d_0}{4}$，其中 d_w 为螺母支承面的外径，d_0 为螺栓孔直径。

对于 M10 ~ M68 的粗牙螺纹，若取 $f_v = \tan\rho_v = 0.15$，$f_c = 0.15$，则式（5 - 1 - 1）可简化为

$$T \approx 0.2 F_0 d \ \text{N} \cdot \text{mm} \tag{5 - 1 - 2}$$

式中：d——螺纹公称直径，单位 mm；

$\quad F_0$——预紧力，单位 N。

F_0 值是由螺纹连接的要求来决定的，为了充分发挥螺栓的工作能力和保证预紧可靠，螺栓的预紧应力一般可达材料屈服极限的 50% ~ 70%。

小直径的螺栓装配时应施加小的拧紧力矩，否则容易将螺栓杆拉断。对重要的、有强度要求的螺栓连接，如无控制拧紧力矩的措施，则不宜采用小于 M12 的螺栓。

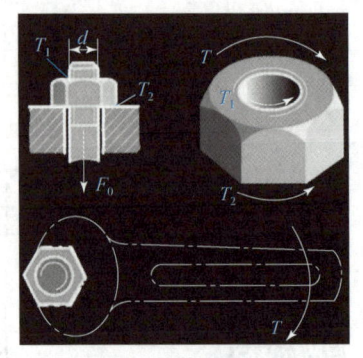

图 5 - 1 - 2　拧紧螺纹的摩擦阻力矩

通常螺纹连接拧紧的程度是由工人的经验来决定的。为了能保证装配质量，重要的螺纹连接应按计算值控制拧紧力矩。

小批量生产时可使用带指针刻度的测力矩扳手，如图 5 – 1 – 3 所示；大量生产多采用风扳机，当输出力矩达到所调节的额定值时，离合器便会打滑而自动脱开，并发出响声，如图 5 – 1 – 4 所示。

图 5 – 1 – 3　测力矩扳手　　　　　　图 5 – 1 – 4　风扳机

二、分析螺纹连接防松措施

一般说来，连接用的三角形螺纹都具有自锁性，在静载荷和工作温度变化不大时不会自动松脱。但在冲击、振动和变载的作用下，预紧力可能在某一瞬时消失，连接仍有可能松脱。高温的螺纹连接，由于温度变形差异等，也可能发生松脱现象，因此设计时必须考虑防松。

螺纹连接防松的根本问题在于防止螺旋副的相对转动。防松的方法很多，现将常用的几种列于表 5 – 1 – 3 中。

表 5 – 1 – 3　螺纹常用的防松方法

摩擦防松	对顶螺母防松	弹簧垫圈防松	自锁螺母防松
	利用两螺母的对顶作用使螺栓始终受到附加拉力和附加摩擦力的作用，结构简单，可用于低速重载场合	弹簧垫圈材料为弹簧钢，装配后垫圈被压平，其反弹力能使螺纹间保持压紧力和摩擦力	其工作原理一般是靠摩擦力自锁。自锁螺母按功能分类的类型有嵌尼龙圈的、带颈收口的、加金属防松装置的
机械防松	六角开槽螺母防松（开槽螺母、开口销、装配图）	止动垫圈防松	串联钢丝防松（正确、错误）
	槽形螺母拧紧后，用开口销穿过螺栓尾部小孔和螺母的槽，也可以用普通螺母拧紧后再配钻开口销孔	使垫圈内翅嵌入螺栓的槽内，拧紧螺母后将垫片外翅之一折嵌于螺母的一个槽内	用于螺栓组、螺钉组连接的防松

请同学们讨论一下，对顶螺母防松，两个螺母选择的厚度一样吗？如果不一样，螺母较厚的放在上面还是较薄的放在上面呢？为什么？

三、分析影响螺栓连接强度的因素

相关知识

影响螺栓强度的因素及提高强度的措施见表 5 - 1 - 4。

表 5 - 1 - 4　影响螺栓强度的因素和提高强度的措施

影响因素和提高措施	图例及说明
改善螺纹牙间的载荷分布	 （a）　　　　　　　（b）　　　　　　　（c） 采用普通螺母时，轴向载荷在旋合螺纹各圈间的分布是不均匀的，如图（a）所示，从螺母支承面算起，第一圈受载最大，以后各圈递减。理论分析和实验证明，旋合圈数越多，载荷分布不均的程度也越显著，到第 8 ~ 10 圈以后，螺纹几乎不受载荷。所以，采用圈数多的厚螺母，并不能提高连接强度。若采用图（b）的悬置（受拉）螺母，则螺母锥形悬置段与螺栓杆均为拉伸变形，有助于减少螺母与螺杆的螺距变化差，从而使载荷分布比较均匀。图（c）所示为环槽螺母，其作用和悬置螺母相似
减少螺栓的应力变化幅度	（a）　　　（b）　　　（c）　　　　　（d）　　　　　（e） 对于轴向变载荷的紧螺栓连接，应力变化幅度是影响其疲劳强度的重要因素，应力变化幅度越小，疲劳强度越高。减小螺栓的刚度 C_1 或增大被连接件的刚度 C_2，均能使应力变化幅度减小。这对防止螺栓的疲劳损坏十分有利。 为了减小螺栓刚度，可减小螺栓光杆部分直径［见图（a）］、采用空心螺杆［见图（b）］，或者利用弹性元件［见图（c）］，有时也可增加螺栓的长度。 虽被连接件本身的刚度较大，但有时被连接件的接合面因需要密封而采用软垫片时将降低其刚度。若采用金属薄片［见图（d）］或 O 形密封圈［见图（e）］作为密封元件，则仍可保持被连接件原来的刚度值

影响因素和提高措施	图例及说明
改善应力集中	（a） （b） （c） 　　螺纹的牙根、收尾、螺栓头部与螺栓杆的交接处都有应力集中，应适当加大牙根圆角半径、在螺纹收尾处加工出退刀槽等。如图所示，增大过渡圆角［见图（a）］、切制卸载槽［见图（b）、图（c）］都是使螺栓截面变化均匀、减小应力集中的有效方法
避免或减小附加应力	Q_P Q_P Q_P （a） （b） （c） （d） （e） （f） （g） （h） 　　由于设计、制造或安装上的疏忽，有可能使螺栓受到附加弯曲应力［图（a）、（b）、（c）、（d）］，这对螺栓疲劳强度的影响很大，应设法避免。例如，在铸件或锻件等未加工表面上安装螺栓时常采用凸台或沉头座等结构，经切削加工后可获得平整的支承面［图（e）、（f）］；或者使用斜垫圈、球面垫圈［图（g）、（h）］
其他方法	除上述方法外，在制造工艺上采取冷墩头部和碾压螺纹的螺栓，其疲劳强度比车制螺栓约高30%，氰化、氮化等表面硬化处理也能提高疲劳强度

步骤三　设计单个螺栓连接

 想一想

　　螺栓连接都是成组使用的，为什么要进行单个螺栓强度的计算呢？

一、分析螺栓主要失效形式及设计准则

（一）螺栓的主要失效形式

（1）螺栓杆拉断；

（2）螺纹压溃和剪断；

（3）滑扣现象。

（二）设计准则

螺栓与螺母的螺纹牙及其他各部尺寸是根据等强度原则及使用经验规定的。采用标准件时，这些部分都不需要进行强度计算。所以螺栓连接的计算主要是确定螺纹小径 d_1，然后按照标准选定螺纹公称直径（大径）d 及螺距 P 等。

二、选择螺纹连接件材料

一般条件下螺纹连接件的常用材料为低碳钢和中碳钢，如 Q215、Q235、15、35 和 45 钢等；受冲击、振动和变载荷作用的螺纹连接件可采用合金钢，如 15Cr、40Cr、30Cr MnSi 和 15Cr VB 等；有防腐、防磁、导电、耐高温等特殊要求时采用 1Cr13、2Cr13、CrNi2、1Cr18Ni9Ti 和黄铜 H62、HPb62 及铝合金等。

螺纹连接件常用材料的力学性能见表 5 − 1 − 5。

表 5 − 1 − 5　螺纹连接件常用材料力学性能　　　　　　　　　　MPa

钢号	Q215（A2）	Q235（A3）	35	45	40Cr
强度极限	335 ~ 410	375 ~ 460	530	600	980
屈服极限（$d \leqslant 16 \sim 100$ mm）	185 ~ 215	205 ~ 235	315	355	785

注：螺栓直径 d 小时，取偏高值。

三、分析螺栓连接的许用应力

螺栓连接的许用应力 $[\sigma]$ 和安全系数 S 见表 5 − 1 − 6 和表 5 − 1 − 7。

表 5 − 1 − 6　螺栓连接的许用应力和安全系数

连接情况	受载情况	许用应力和安全系数
松连接	轴向静载荷	$[\sigma] = \dfrac{\sigma_s}{S}$ $S = 1.2 \sim 1.7$（未淬火钢取最小值）
紧连接	轴向静载荷 横向静载荷	$[\sigma] = \dfrac{\sigma_s}{S}$ 控制预紧力时 $S = 1.2 \sim 1.5$； 不控制预紧力时，S 查表 5 − 1 − 7

连接情况	受载情况	许用应力和安全系数
铰制孔用 螺栓连接	横向静载荷	$[\tau] = \dfrac{\sigma_s}{2.5}$ 被连接件为钢时，$[\sigma_p] = \dfrac{\sigma_s}{1.25}$； 被连接件为铸铁时，$[\sigma_p] = \dfrac{\sigma_B}{2 \sim 2.5}$
	横向变载荷	$[\tau] = \dfrac{\sigma_s}{3.5 \sim 5}$ $[\sigma_p]$ 按静载荷的 $[\sigma_p]$ 值降低 20%～30%

表 5 – 1 – 7　紧螺栓连接的安全系数 S（不控制预紧力）

材料	静载荷			变载荷	
	M6～M16	M16～M30	M30～M60	M6～M16	M16～M30
碳素钢	4～3	3～2	2～1.3	10～6.5	6.5
合金钢	5～4	4～2.5	2.5	7.5～5	5

四、设计螺栓连接

（一）设计松螺栓连接

松螺栓连接装配时不需要把螺栓拧紧，在承受工作载荷前，除有关零件的自重（自重一般很小，强度计算时可以略去）外，连接并不受力。如图 5 – 1 – 5 所示，吊钩尾部的连接是松螺栓连接应用实例。

当承受轴向工作载荷 F_a(N)时，其强度条件为

$$\sigma = \frac{F_a}{\dfrac{\pi d_1^2}{4}} \leqslant [\sigma] \qquad (5 - 1 - 3)$$

式中：d_1——螺纹的小径；

$[\sigma]$——许用应力，MPa。

由上式得设计公式为

$$d_1 \geqslant \sqrt{\frac{4F_a}{\pi[\sigma]}} \qquad (5 - 1 - 4)$$

计算得出 d_1 后，再从有关设计手册中查得螺纹的公称直径 d。

（二）设计紧螺栓连接

紧螺栓连接装配时需要拧紧，在工作状态下可能还需要补充拧紧。设拧紧螺栓时螺杆承受的轴向拉力为 F_a（不承受轴向工作载荷的螺栓，F_a 即预紧力），这时螺栓危险截面（即螺纹小径 d_1 处）除受拉力 $\sigma = \dfrac{F_a}{\pi d_1^2/4}$ 外，还受到螺纹力矩 T_1 所引起的扭切应力：

$$\tau = \frac{T_1}{\pi d_1^3/16} = \frac{F_a \tan(\psi + \rho_v) \cdot d_2/2}{\pi d_1^3/16}$$

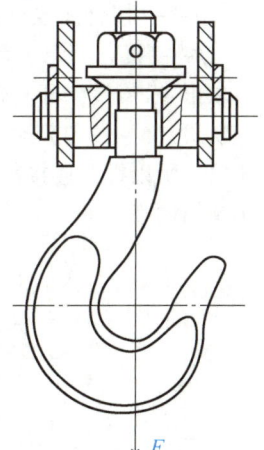

图 5 – 1 – 5　起重吊钩

$$= \frac{2d_2}{d_1}\tan(\psi + \rho_\mathrm{v})\frac{F_\mathrm{a}}{\pi d_1^2/4}$$

对于 M10~M68 的普通螺纹，取 d_2、d_1 和 ψ 的平均值，并取 $\tan\rho_\mathrm{v} = f_\mathrm{v} = 0.15$，得 $\tau \approx 0.5\sigma$。按照第四强度理论，当量应力 σ_e 为

$$\sigma_\mathrm{e} = \sqrt{\sigma^2 + 3\tau^2} = \sqrt{\sigma^2 + 3\,(0.5\sigma)^2} \approx 1.3\sigma$$

故螺栓螺纹部分的强度条件为

$$\frac{1.3F_\mathrm{a}}{\pi d_1^2/4} \leqslant [\sigma] \qquad\qquad (5-1-5)$$

式中：$[\sigma]$ ——螺栓的许用应力，MPa。

设计公式为

$$d_1 \geqslant \sqrt{\frac{4 \times 1.3F_\mathrm{a}}{\pi[\sigma]}} \qquad\qquad (5-1-6)$$

式中：$[\sigma]$ ——紧螺栓连接许用拉应力。

由此可见，紧螺栓连接的强度也可按纯拉伸计算，但考虑螺纹摩擦力矩下的影响，需将预紧力增大 30%。

1. 受横向工作载荷的螺栓强度计算

如图 5-1-6 所示的螺栓连接，承受垂直于螺栓轴线的横向工作载荷 F，图中螺栓与孔之间留有间隙。工作时，若接合面内的摩擦力足够大，则被连接件之间不会发生相对滑动。因此螺栓所需的轴向力应为

$$F_\mathrm{a} = F_0 \geqslant \frac{CF}{mf} \qquad\qquad (5-1-7)$$

式中：F_0 ——预紧力；

    C ——可靠性系数，通常 $C = 1.1 \sim 1.3$；

    m ——接合面数目；

    f ——接合面摩擦系数，对于钢或铸铁连接件可取 $f = 0.1 \sim 0.15$。

求出 F_a 值后，可按式（5-1-7）计算螺栓强度。

从式（5-1-7）来看，当 $f = 0.15$，$C = 1.2$，$m = 1$ 时，$F_0 = 8F$，即预紧力为横向工作载荷的 8 倍，所以螺栓连接靠摩擦力来承担横向载荷时，其尺寸较大。因此应设法避免这种结构，而采用新结构。

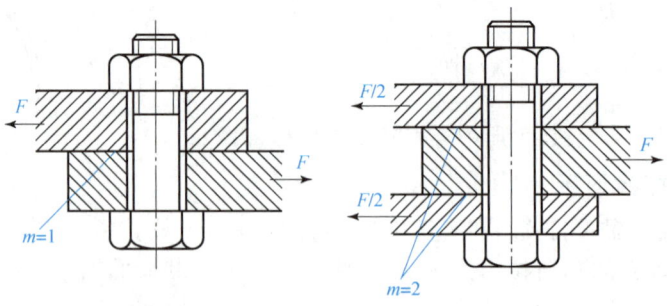

图 5-1-6　受横向载荷的螺栓连接

2. 受轴向工作载荷的螺栓强度计算

这种受力形式的紧螺栓连接应用最广，也是最重要的一种连接形式。图 5-1-7 所示为气缸盖的螺栓连接，其每个螺栓承受的平均轴向工作载荷为

$$F_E = \frac{p\pi D^2}{4z}$$

式中：p——气缸内气压，Pa；

D——缸径，mm；

z——螺栓数。

图 5-1-8 所示为气缸盖螺栓组中一个螺栓连接的受力与变形情况。假定所有零件材料都服从胡克定律，零件中的应力没有超过比例极限。图 5-1-8（a）所示为力螺栓未被拧紧，螺栓与被连接件均不受力时的情况。图 5-1-8（b）所示为螺栓被拧紧后，螺栓受预紧力 F_0，被连接件受预紧压力 F_0 的作用而产生压缩变形 δ_{co} 的情况。图 5-1-8（c）所示为螺栓受到轴向外载荷（由气缸内压力而引起的）F_E 作用时的情况，螺栓被拉伸，变形增量为 $\Delta\delta$，根据变形协调条件，$\Delta\delta$ 即等于被连接件压缩变形的减少量，此时被连接件受到的压缩力将减少为 F_R（F_R 称为残余预紧力）。显然，为了保证被连接件间密封可靠，应使 $F_R > 0$，即 $\delta_{co} > \Delta\delta$。此时螺栓所受的轴向总拉力 F_a 应为其所受的工作载荷 F_E 与残余预紧力 F_R 之和，即

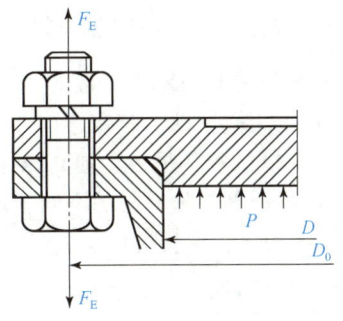

图 5-1-7　气缸盖螺栓连接

$$F_a = F_E + F_R \tag{5-1-8}$$

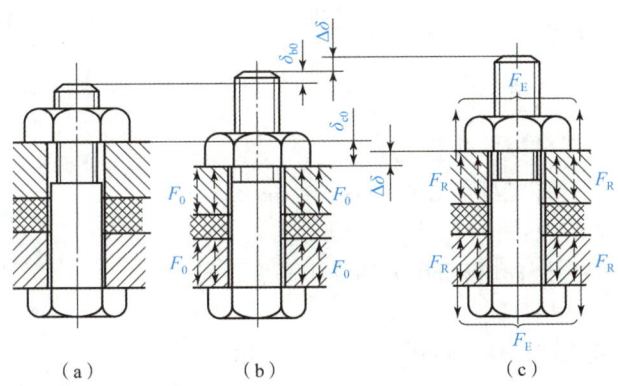

（a）　　　　　（b）　　　　　（c）

图 5-1-8　螺栓的受力与变形

不同的应用场合，对残余预紧力 F_R 有着不同的要求，一般参考以下经验数据来确定：对于一般的连接，若工作载荷稳定，取 $F_R = (0.2 \sim 0.6)F_E$，若工作载荷不稳定，取 $F_R = (0.6 \sim 1.0)F_E$；对于气缸、压力容器等有紧密性要求的螺栓连接，取 $F_R = (1.5 \sim 1.8)F_E$。

当选定残余预紧力 F_R 后，即可按式（5-1-8）求出螺栓所受的总拉力 F_a，同时考虑到可能需要补充拧紧及扭转剪应力的作用，将 F_a 增加 30%，则螺栓危险截面的拉伸强度条件为

$$\sigma = \frac{1.3F_a}{\pi d_1^2 / 4} \leqslant [\sigma] \tag{5-1-9}$$

设计公式为

$$d_1 \geqslant \sqrt{\frac{4 \times 1.3 F_a}{\pi[\sigma]}} \tag{5-1-10}$$

根据变形协调条件，可导出预紧力 F_0 和残余预紧力 F_R 的关系式为

$$F_R = F_0 - F_E(1 - K_C) \tag{5-1-11}$$

式中：K_C——螺栓的相对刚性系数，$K_C = \dfrac{C_1}{C_1 + C_2}$，$C_1$ 为螺栓刚度，C_2 为被连接件刚度。

螺栓的相对刚性系数的大小与被连接件的材料、尺寸、结构及连接中垫片的性质有关，其值在 $0 \sim 1$ 之间变动。若被连接件的刚度很大，而螺栓的刚度很小，则 K_C 趋于零；反之，趋近于1。为了降低螺栓的受力、提高螺栓的承载能力，应使 K_C 值尽量减小。当被连接件为钢铁零件时，K_C 值可根据垫片材料的不同采用下列数据：金属垫片或无垫片 $0.2 \sim 0.3$；皮革垫片 0.7；铜皮石棉垫片 0.8；橡胶垫片 0.9。

3. 设计铰制孔螺栓连接

这种螺栓连接是靠螺栓杆的剪切和螺栓杆与被连接件之间的挤压来承受横向载荷的，如图 $5-1-9$ 所示。其失效形式是螺栓杆受剪面被剪断以及螺栓杆与被连接件中较弱材料的挤压面被压溃。由于装配时只需对螺栓施加较小的预紧力，因此可以忽略预紧力和螺纹间摩擦力矩的影响，故连接的强度条件为

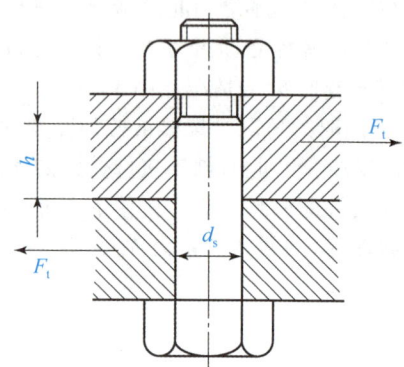

$$\tau = \frac{F_t}{\dfrac{m\pi d_s^2}{4}} \leqslant [\tau] \qquad (5-1-12)$$

$$\sigma_p = \frac{F_t}{d_s h} \leqslant [\sigma_p] \qquad (5-1-13)$$

图 $5-1-9$　铰制孔螺栓连接

式中：F_t——单个螺栓所受的横向载荷，N；

$\quad\;\; d_s$——螺杆受剪面（即光杆部分）的直径，mm；

$\quad\;\; m$——螺杆受剪面的数目；

$\quad\;\; h$——螺栓杆与被连接件孔壁挤压面的最小高度，mm；

$\quad\;\; [\tau]$——螺杆的许用剪切应力，MPa；

$\quad\;\; [\sigma_p]$——螺杆或被连接件的许用挤压应力，MPa。

 **做一做**

分析减速器中的四种螺纹连接按照什么方式进行设计校核。

步骤四　设计螺栓组连接

螺栓组连接的结构设计见表 $5-1-8$。

表 $5-1-8$　螺栓组连接的结构设计

设计原则	图例	说明
要设计成轴对称、形状简单的几何形状		螺栓对称布置，连接接合面受力均匀，便于加工制造

设计原则	图例	说明
螺栓的布置应使螺栓的受力合理	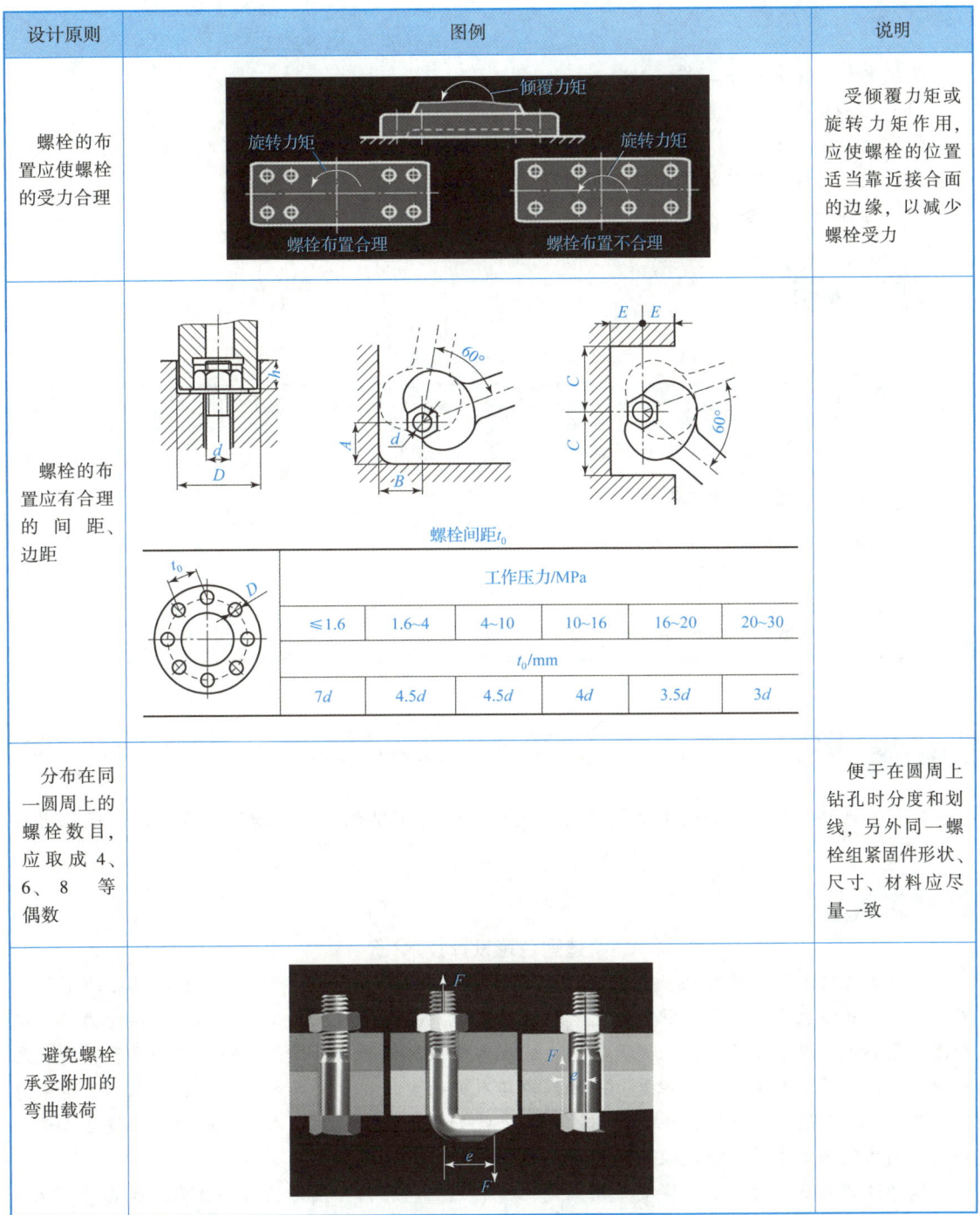	受倾覆力矩或旋转力矩作用,应使螺栓的位置适当靠近接合面的边缘,以减少螺栓受力
螺栓的布置应有合理的间距、边距		
分布在同一圆周上的螺栓数目,应取成4、6、8等偶数		便于在圆周上钻孔时分度和划线,另外同一螺栓组紧固件形状、尺寸、材料应尽量一致
避免螺栓承受附加的弯曲载荷		

螺栓间距 t_0

工作压力/MPa					
≤1.6	1.6~4	4~10	10~16	16~20	20~30
t_0/mm					
$7d$	$4.5d$	$4.5d$	$4d$	$3.5d$	$3d$

小知识

螺栓组受力分析,就是确定螺栓组受力最大的螺栓及其所受工作载荷的大小,以便进行螺栓连接强度的计算。

**做一做**

查找资料，完成以下工作。

（1）对减速器上、下箱体之间的连接螺栓组进行合理布局。

（2）查《机械设计基础课程设计》减速器箱体主要结构尺寸关系表以及普通螺纹基本尺寸表，完成减速器螺纹连接的设计和选用情况。

（3）绘制一个螺栓连接简图。

任务评价

本任务配分权重表

序号	内容	分值/分	得分	备注
1	明确螺纹的功用、类型及应用特点	15		
2	能够计算螺纹的主要参数	15		
3	能够分析影响螺栓连接强度的因素	15		
4	能够完成单个螺栓强度的计算	30		
5	能够完成螺栓组连接的结构设计	25		

技能训练

请认真观察汽车减速器中上下箱体之间的连接螺栓组结构，写出螺栓组连接设计的强度计算和方法。

★新视野

造型色彩设计技术

随着工业技术的高度发展，色彩在造型设计中越来越显示出其重要性。未来产品的形体在不断简化，并以色彩来界定形状，以色彩的流动表现产品的个性，显示出色彩的独特魅力。我们知道，色彩是一种富于象征性的元素符号，它在人类社会活动中扮演着一个重要的角色，就色彩自身而言，它是没有感情的，但是，一旦色彩与人们的生活发生联系之后，就成了人们表达情感的工具。在产品造型设计中，色彩运用于产品，就如同于服装运用于人体，因为产品设计除了要满足人们的使用需求外，还反映出设计者与使用者的审美情趣和文化素养。

造型设计领域中的色彩，主要是用来美化产品的，色彩作为设计的一个重要构成要素，也被用来传达产品功能的某些信息。色彩在整个产品的形象中，最先作用于人的视觉感受，可以说是"先声夺人"。产品色彩如果处理得好，可以协调或弥补造型中的某些不足，使之如花似锦，更加完美，很容易博得消费者的青睐，进而收到事半功倍的效果；反之，如果产品的色彩处理不当，则不但影响产品功能的发挥，破坏产品造型的整体美，而且很容易破坏人的情绪，使人枯燥、沉闷、冷漠，甚至沮丧，分散操作者的注意力，降低工作效率。所以，在产品造型中，色彩设计是一项不容忽视的重要工作，其色调的选择是至关重要的。

 巩固与拓展

一、知识巩固

对照本任务知识脉络图，梳理自己所掌握的知识体系，并与同学相互交流、研讨个人对某些知识点或技能技巧的理解，注重提升职业素养。

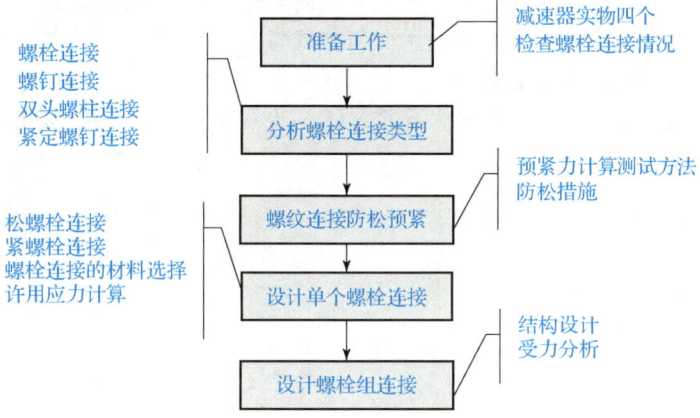

二、拓展任务

根据任务 5.1 的学习步骤及方法，利用所学知识，自主完成自主学习手册中其他学习任务。

 自我分析与总结

学生改错	学生学会的内容

学生总结：

习题巩固

1. 螺纹连接的基本形式有哪几种？各适用于何种场合？有何特点？

2. 为什么螺纹连接通常要采用防松措施？常用的防松方法和装置有哪些？

3. 常见的螺纹失效形式有哪几种？失效发生的部位通常在何处？

4. 被连接件受横向载荷时，螺栓是否一定受到剪切力？

5. 松螺栓连接和紧螺栓连接的区别在哪里？它们的强度计算有何区别？

6. 铰制孔用螺栓连接有何特点？用于承受何种载荷？

7. 提高螺栓连接强度的措施有哪些？

8. 起重吊钩（见图 5 – 1 – 5）的最大起重量 $F = 20\ 000$ N，螺栓由 Q235 钢制成，试确定螺纹直径。

工作任务

　　减速器中直齿圆柱齿轮和轴的材料都是锻钢，齿轮和轴之间通过键构成静连接，如图5-2-1所示。齿轮的精度等级7级，安装齿轮处的轴的直径 $d = 70$ mm，齿轮轮毂长度 $L = 100$ mm，需传递的扭矩 $T = 2\ 200$ N·m，载荷有轻微冲击。试设计此键连接。

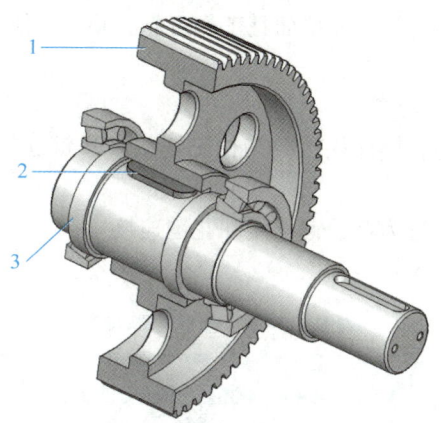

图5-2-1　减速器直齿圆柱齿轮装配图
1—直齿圆柱齿轮；2—键连接；3—轴

任务目标

知识目标	能力目标	素质目标
1. 了解键连接的作用及分类 　2. 掌握键连接的结构形式 　3. 掌握键的选择原则 　4. 掌握键连接的强度计算	1. 能够根据连接的结构特点、使用要求、工作条件等确定键连接的类型 　2. 能够根据连接轴和轮毂的尺寸确定键的尺寸参数 　3. 能够对选择的键连接进行强度校核	1. 通过查手册确定键的结构形式和尺寸，培养学生获取信息的能力和一丝不苟的工作作风 　2. 通过强度校核计算，培养学生有严谨治学的精神 　3. 通过键连接的选择和计算，培养学生分析、归纳和解决问题的能力 　4. 通过小组合作培养团结合作意识

任务实施

步骤一　认识键连接

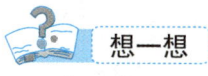

　　在日常生产生活中，你都见过哪些形式的键连接呢？

一、键连接的作用

键连接是一种结构简单、工作可靠、装拆方便的连接形式，常用于连接轴和轴上零件，实现周向固定以传递动力和转矩。键是标准件，有的键连接兼作轴上零件的轴向固定，还有的键连接可在轴上零件沿轴向移动时起导向作用。学习键连接的关键是选择键连接的类型及相关尺寸，并对键连接进行强度计算。

键连接属于可拆连接，不但结构简单而且工作可靠，装拆方便，对中性好。

二、键连接的类型

根据承受载荷情况的不同，键连接可分为松键连接（平键连接和半圆键连接）和紧键连接（楔键连接和切向键连接）。

根据结构形式，键连接可分为普通键连接和花键连接。

键连接的类型、特点见表 5 – 2 – 1。

表 5 – 2 – 1　键连接的类型

分类	连接特点	图例	说明
普通平键	平键的上下两面和两个侧面都互相平行，工作时靠键与键槽侧面的挤压来传递转矩，故键的两个侧面是工作面，键的上表面与轮毂槽底之间留有间隙。 平键连接是一种静连接，具有对中性好、装拆方便、结构简单等优点。但它不能承受轴向力，对轴上零件不能起到轴向固定的作用	A型　B型　C型	主要尺寸是键长 L、键宽 b 和键高 h。端部形状有圆头（A 型）、平头（B 型）和单圆头（C 型）三种。A 型键应用最广，C 型键一般用于轴端
导向平键	导向平键是一种较长的平键，用螺钉固定在轴上，为了使键拆卸方便，在键的中部制有起键螺孔。键与轮毂采用间隙配合，轴上零件能做轴向滑动，是一种动连接		适用于移动距离不大的场合，如变速箱中滑移齿轮与轴的连接

分类	连接特点	图例	说明
滑键	滑键固定在轴上零件的轮毂槽中，并随同零件在轴上的键槽中滑移，是一种动连接		适用于轴上零件滑移距离较大的场合，如台钻主轴与带轮的连接
半圆键连接	半圆键连接是一种静连接，它靠键的两个侧面传递转矩，故其工作面为两侧面。上键槽用尺寸与半圆键相同的圆盘铣刀加工，因而键在槽中能绕其几何中心摆动，以适应轮毂槽由于加工误差所造成的斜度		一般用于轻载场合的连接，特别适用于锥形轴与轮毂的连接
楔键连接	楔键连接，用于静连接，键的上下两表面是工作面，键的上表面和轮毂键槽底面有1∶100的斜度，装配后，键即楔紧在轴和轮毂的键槽里，工作表面产生很大的预紧力。楔键分为普通楔键和钩头楔键两种		楔键连接对中性能差，在冲击、振动或变载荷作用下容易发生松脱
切向键	切向键连接用于静连接，由两个普通楔键组成。装配时两个键分别自轮毂两端楔入，使两键以其斜面互相贴合，共同楔紧在轴毂之间。切向键的工作面是上下互相平行的窄面，其中一个窄面在通过轴心线的平面内，使工作面上产生的挤紧力沿轴的切线方向作用，故能传递较大的转矩		切向键连接，对轴的削弱较严重，且对中性差，常用于轴径较大（$d >$ 100 mm）、精度要求不高、转速较低和载荷较大的场合
花键	花键是由外花键和内花键组成的。工作时，利用内花键与外花键的相互挤压传递运动和转矩		花键连接多用于载荷较大、定心精度要求较高的连接中，如汽车、机床、飞机等机器中

做一做

分析减速器中所用的键连接，并判断该键的连接类型。

步骤二　选择键连接的依据

想一想

已知轴的基本工作条件和轴的直径，如何确定键的尺寸参数呢？

相关知识

一、键连接的选择依据

键的选择包括类型选择和尺寸选择两个方面。

（一）键的类型选择

键的类型应根据键连接的结构特点、使用要求和工作条件来选择，具体应考虑以下因素：对中性要求；传递转矩的大小；轮毂是否需要沿轴向移动及移动距离的大小；键的位置是在轴的中部还是端部等。

（二）键的尺寸选择

键是标准件，可以根据轴的直径 d 从相应标准中查得相关尺寸，确定键的具体参数。

以平键为例，平键的主要尺寸参数包括：键的宽度 b、高度 h 和长度 L，如图 5 – 2 – 2 所示。

根据轴的直径 d 可从标准中（见表 5 – 2 – 2）选择键的宽度 b 和高度 h。

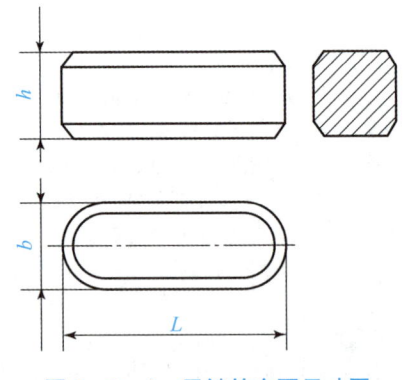

图 5 – 2 – 2　平键的主要尺寸图

键的长度 L 可根据轮毂长度确定，键长应比轮毂长度短 5 ~ 10 mm，并符合标准中规定的长度系列。

导向平键的键长则按轮毂长度及轴上零件的滑动距离而定，所选键长亦应符合标准规定的长度系列。

表 5 – 2 – 2　普通平键的主要尺寸　　　　　　　　　　　　　　　　　　mm

轴径 d	>10 ~ 12	>12 ~ 17	>17 ~ 22	>22 ~ 30	>30 ~ 38	>38 ~ 44	>44 ~ 50
键宽 b	4	5	6	8	10	12	14
键高 h	4	5	6	7	8	8	9
键长 L	8 ~ 45	10 ~ 56	14 ~ 70	18 ~ 90	22 ~ 110	28 ~ 140	36 ~ 160
轴径 d	>50 ~ 58	>58 ~ 65	>65 ~ 75	>75 ~ 85	>85 ~ 95	>95 ~ 110	>110 ~ 130
键宽 b	16	18	20	22	25	28	32

键高 h	10	11	12	14	14	16	18
键长 L	45~180	50~200	56~220	63~250	70~280	80~320	90~360

注：键的长度系列：8，10，12，14，16，18，20，22，25，28，32，36，40，45，50，63，70，80，90，100，110，125，140，160，180，200，220，250，280，320，360。

二、键的标记

普通平键为标准件，其标记示例如表5－2－3所示。

表5－2－3　键的标记示例

序号	名称	键的型式	规定标记示例
1	圆头普通平键 （GB/T 1096—2003）		$b = 8$ mm、$h = 7$ mm、$L = 25$ mm 的普通平键（A 型）： 键 8×25 GB/T 1096—2003
2	半圆键 （GB/T 1099—2003）		$b = 6$ mm、$h = 10$ mm、$d_1 = 25$ mm、$L = 24.5$ mm 的半圆键： 键 6×25 GB/T 1099—2003
3	钩头楔键 （GB/T 1565—2003）		$b = 18$ mm、$h = 11$ mm、$L = 100$ mm 的钩头楔键： 键 18×100　GB/T 1565—2003

 做一做

任务5.2中安装齿轮处的轴的直径 $d = 70$ mm，齿轮轮毂长度 $L = 100$ mm，试选择轴与齿轮连接键的尺寸大小，包括键的宽度 b 和高度 h。其中键长应比轮毂宽度小一些，并对该键进行标记。

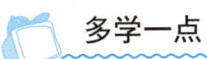 多学一点

花键连接

花键连接是轴和轮毂周向均匀分布的多个键齿构成的连接，它由轴上的外花键和毂孔的内花键组成，工作时靠键的侧面互相挤压传递转矩。花键连接多用于载荷较大、定心精度要求较高的连接中，如汽车、机床、飞机等机器。

（一）花键连接的特点

与平键连接相比，花键连接的优点：

（1）轴上零件与轴的对中性好；

（2）导向性好；

（3）对轴的削弱程度较轻；

（4）齿根应力集中小，承载能力强。

花键连接的缺点：花键连接的加工需专用设备，精度要求和制造成本均较高。

（二）花键连接的类型

根据齿形不同，花键可分为矩形花键和渐开线花键两种。

1. 矩形花键

如图5-2-3所示，矩形花键的键数通常为偶数，按其传递转矩的大小，有轻系列和中系列两个尺寸系列。轻系列花键的承载能力较小，多用于静连接和轻载连接；中系列适用于载荷较大的静连接或动连接。

矩形花键采用内径定心方式，即外花键和内花键的小径 d 为配合面。其特点是定心精度高，定心稳定性好，能用磨削的方法消除热处理引起的变形。矩形花键连接应用广泛。

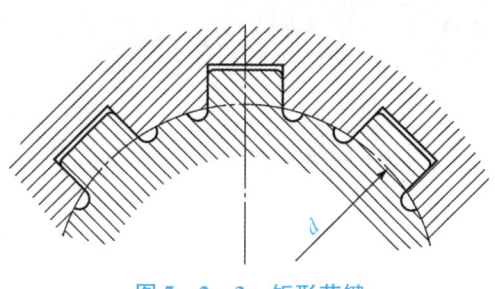

图5-2-3　矩形花键

2. 渐开线花键

图5-2-4所示为渐开线花键。渐开线花键的齿廓为渐开线，分度圆压力角有30°和45°两种。渐开线花键可以用制造齿轮的方法来加工，工艺性较好，制造精度较高，应力集中小，易于定心，当传递的转矩较大且轴径也较大时，宜采用渐开线花键连接。

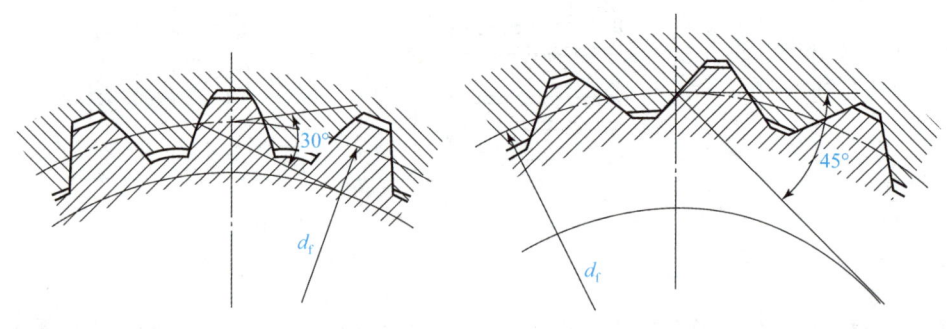

图5-2-4　渐开线花键

渐开线花键的定心方式为齿形定心。当键齿受载时，齿上的径向力能起到自动定心作用，有利于各齿均匀承载。

（三）花键的标记

花键已标准化，其标记为：N（键数）×d（小径）×D（大径）×B（键宽）。

花键的选用方法和强度验算方法与平键连接相类似，可参见有关的《机械设计手册》。

步骤三　键连接强度计算

平键的两侧面是工作面，上表面与轮毂上的键槽底部之间留有间隙，键的上、下工作面为非工作面。工作时靠键与键槽侧面的挤压来传递扭矩。平键连接工作时的受力情况如图5-2-5所示。

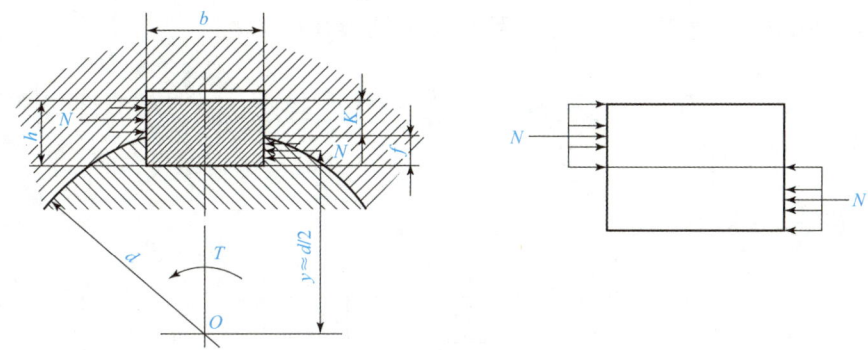

图5-2-5　平键连接的受力情况

键连接的失效形式有压溃、磨损和剪断。用于静连接的普通平键，主要失效形式为组成连接的键、轴和轮毂中强度较弱材料表面的压溃；对于滑键、导向平键的动连接，主要失效形式是工作面的磨损；极个别情况下也会出现键被剪断的现象。通常只需按工作面上的挤压强度进行计算。

假设载荷沿键的长度方向是均布的，则平键连接的挤压强度条件为

$$\sigma_{jy} = \frac{4T}{dhl} \leqslant [\sigma_{jy}] \qquad (5-2-1)$$

导向平键连接的主要失效形式为组成键连接的轴或轮毂工作面的部分磨损，需按工作面上的压强进行强度计算，强度条件为

$$p = \frac{4T}{dhl} \leqslant [p] \qquad (5-2-2)$$

式中：T——被固定零件传递的转矩（N·mm）；

d——轴径（mm）；

h——键的高度（mm）；

l——键的工作长度（mm），A型键 $l = L - b$，B型键 $l = L$，C型键 $l = L - 0.5 \times b$，并且 $L \leqslant 1.6d$，以免因键过长而增大压力沿键长分布的不均匀性，而对于导向平键 l 则为键与轮毂的接触长度；

$[\sigma_{jy}]$，$[p]$——键连接中最弱材料的许用挤压应力和许用压强（MPa），按表5-2-4选取。

表5-2-4　键连接的许用应力　　　　　　　　　　　　　　　MPa

应力种类	连接方式	零件材料	载荷性质		
			静载荷	轻微冲击	冲击
许用挤压应力 $[\sigma_{jy}]$	静连接	钢	125~150	100~120	60~90
		铸铁	70~80	50~60	30~45
许用压强 $[p]$	动连接	钢	50	40	30

若设计的键强度不够，则可以增加键的长度，但不能使键长超过 $2.5d$。若加大键的长度后仍不够或设计条件不允许加大键长，则可采用双键，并使双键相隔 180° 布置。考虑到双键受载不均匀，故在强度计算时只能按 1.5 个键计算。

做一做

根据所讲述的内容，对步骤三中所选择的键连接进行强度校核。

步骤四　设计键连接

相关知识

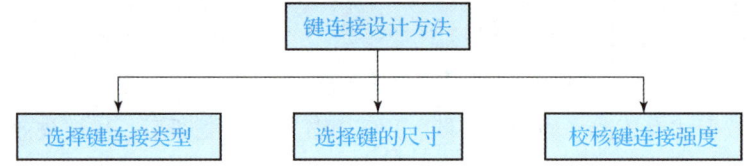

做一做

任务 5.2 中一级减速器齿轮与轴的配合所用的是键连接，试设计此键连接并校核键的强度。已知 $d = 45$ mm，齿轮轮毂宽度 $B = 60$ mm，传递的转矩 $T = 272\ 857$ N·m，载荷有轻微冲击。

该案例的设计步骤如表 5−2−5 所示。

表 5−2−5　键连接设计步骤

	计算项目	计算内容	计算结果
1	选择键连接的类型	一般 8 级以上精度的齿轮有定心精度要求，应选择平键连接。由于齿轮在两支点中间，故选用 A 型普通平键	A 型普通平键
2	初选键的尺寸	根据 $d = 45$ mm，由标准中查得键的截面尺寸 $b = 14$ mm，$h = 9$ mm，根据轮毂的长度确定键的长度 $L = 50$ mm，符合标准系列	$b = 14$ mm $h = 9$ mm $L = 50$ mm
3	校核键的强度	键的工作长度：$$l = L - b = 50 - 14 = 36\ (\text{mm})$$许用挤压应力由表查得：$$[\sigma_{\text{jy}}] = 100\ \text{MPa}$$ $$\sigma_{\text{jy}} = \frac{4T}{dhl} = 4 \times \frac{272\ 857}{45 \times 9 \times 36} = 75(\text{MPa}) < [\sigma_{\text{jy}}]$$	键是安全的 选用键 14×50 GB/T 1096—2003

做一做

参照上述设计步骤，完成任务中键连接的设计并校核键的强度。

任务配分权重表

序号	内容	分值/分	得分	备注
1	明确键连接的功能及其分类	10		
2	掌握不同类型键连接的应用	10		
3	选择键连接类型	30		
4	选择键的尺寸	20		
5	校核键连接强度	30		

技能训练

试选择某机床中电动机轴与带轮间的平键连接，已知传递功率 $P = 7.5$ kW，转速 $n = 1\ 450$ r/min，轴径 $d = 38$ mm，铸铁带轮，轮毂长 $L = 85$ mm，载荷有轻微冲击。

巩固与拓展

一、知识巩固

对照本任务知识脉络图，梳理自己所掌握的知识体系，并与同学相互交流、研讨个人对某些知识点或技能技巧的理解，注重提升职业素养。

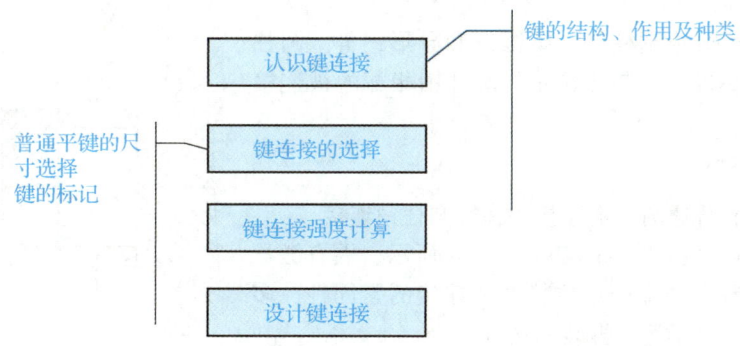

二、拓展任务

（1）根据任务 5.2 的工作步骤及方法，利用所学知识，自主完成自主学习手册中的拓展任务。

（2）查阅自主学习手册中关于键连接与销连接的其他相关知识，讨论键连接及销连接结构形式的不同之处。

自我分析与总结

学生改错	学生学会的内容

学生总结：

多学一点

销连接

销连接主要用于定位、固定零件之间的相互位置，是组合加工和装配时的主要辅助零件；也可用于轴和轮毂或其他零件的连接，以传递不大的载荷，还可作为安全装置。

销按其外形可分为圆柱销、圆锥销和异形销等。圆柱销和圆锥销都是标准件，与圆锥销、圆柱销相配的被连接件孔均需铰制。

（一）圆柱销

圆柱销连接有普通圆柱销连接和弹性圆柱销连接。

普通圆柱销连接，如图 5-2-6（a）所示，因有微量过盈，故多次拆装后会降低定位精度和连接的紧固性，多用于传递扭矩不大且不经常拆装的场合。

弹性圆柱销，如图 5-2-6（b）所示，是用弹簧钢带制成的纵向开缝的钢管，利用材料的弹性将销挤紧在销孔中，销孔无须铰光。这种销比实心销轻，可进行多次装拆。

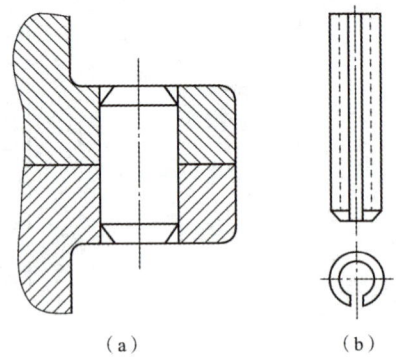

（a）　　　　　　（b）

图 5-2-6　圆柱销
（a）普通圆柱销；（b）弹性圆柱销

（二）圆锥销

圆锥销连接的销和孔均制有 1:50 的锥度，装拆方便，多次装拆对定位精度影响较小，故可用于经常拆装的场合。圆锥销的小端直径为公称直径。除普通圆锥销［见 5-2-7（a）］外，还有螺纹圆锥销和开尾圆锥销等。

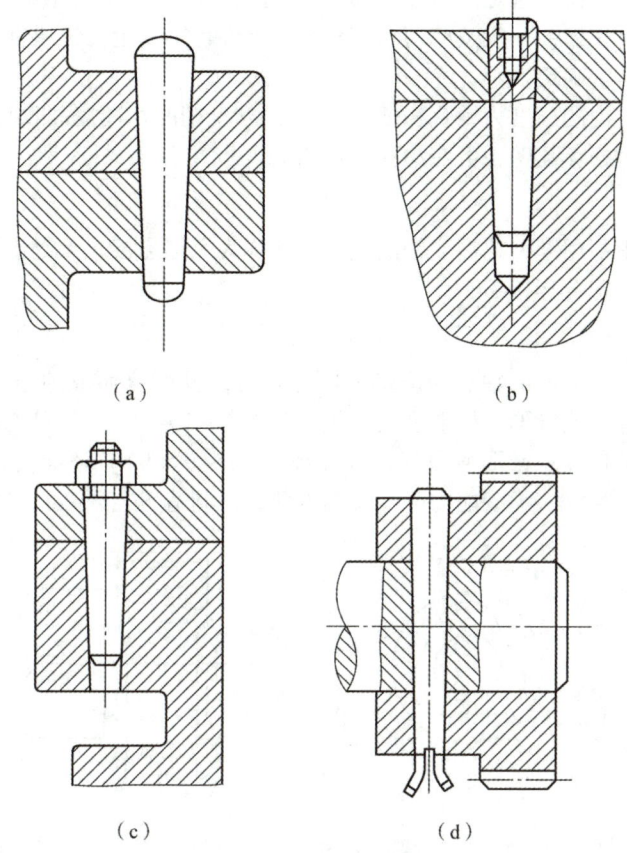

（a）　　　　　　　　　　　　　（b）

（c）　　　　　　　　　　　　　（d）

图 5 - 2 - 7　圆锥销

（a）普通圆锥销；（b）内螺纹圆锥销；（c）外螺纹圆锥销；（d）开尾圆锥销

螺纹圆锥销，图 5 - 2 - 7 （b）所示为内螺纹圆锥销，图 5 - 2 - 7 （c）所示为外螺纹圆锥销，可用于销孔没有开通或拆卸困难的场合。

开尾圆锥销，如图 5 - 2 - 7 （d）所示，可保证销在冲击、振动或变载下不致松脱。

（三）异形销

其他特殊结构形式的销统称为异形销，常见的异形销有槽销、开口销和销轴。其结构和特点可查阅相关的《机械设计手册》。

槽销 ［见图 5 - 2 - 8 （a）］，用弹簧钢滚压或模锻而成，有纵向凹槽，由于材料的弹性，销挤紧在销孔中，销孔无须铰光。槽销的制造比较简单，可多次装拆，多用于传递载荷。

开口销 ［见图 5 - 2 - 8 （b）］，它是一种防松零件，与其他连接件配合使用。

销轴 ［见图 5 - 2 - 8 （c）］，用于铰接处，用开口销锁定，拆卸方便。

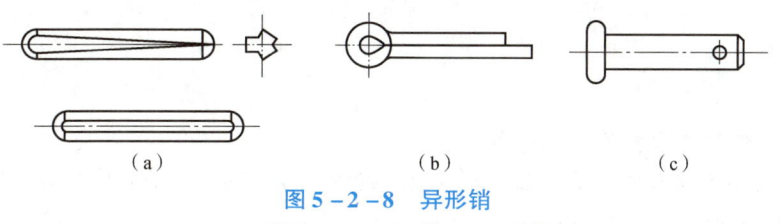

（a）　　　　　　　　　　（b）　　　　　　　　　　（c）

图 5 - 2 - 8　异形销

（a）槽销；（b）开口销；（c）销轴

销的类型可根据工作要求选定。用于连接的销的直径可根据销的结构特点按经验或规范确定，必要时再进行强度校核，一般按剪切和挤压强度条件计算。定位销通常不受载荷或只受很小的载荷，其直径可按结构确定。

销在每一被连接件内的长度为销直径的 1~2 倍。安全销的直径按过载时被剪断的条件确定，为避免安全销在剪断时损坏孔壁，可在小孔内加销套。

（四）无键连接

凡是在轴毂连接中不用键、花键或销的连接，统称为无键连接。无键连接的形式很多，这里仅介绍型面连接和过盈配合连接。

1. 型面连接

型面连接是利用非圆剖面的轴与相应形状的零件的毂孔配合而成的连接，如图 5 - 2 - 9 所示。轴和毂孔可做成柱形或锥形，柱形型面连接 [见图 5 - 2 - 9（a）] 只能传递转矩，可用于不在载荷作用下移动的动连接；锥形型面连接 [见图 5 - 2 - 9（b）] 还能传递轴向力。型面连接没有应力集中源，对中性好，承载能力高，装拆方便，但制造工艺复杂，应用不太普遍。

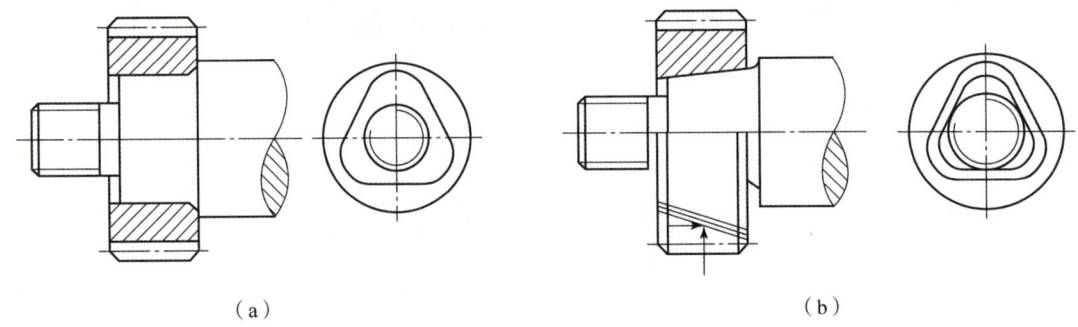

（a）　　　　　　　　　　　　　　（b）

图 5 - 2 - 9　型面连接

（a）柱形型面连接；（b）锥形型面连接

2. 过盈连接

过盈连接是利用材料的弹性变形，把具有一定过盈配合量的轴和毂孔套装起来的连接，工作时靠配合面上的摩擦力来传递载荷。过盈连接具有结构简单、对中性好、对轴的强度削弱小、在冲击和振动载荷下工作可靠的优点；其缺点是装拆困难，对配合尺寸的精度要求高，多用于承受重载，特别是动载以及无须经常装拆的场合。

按配合面的形状不同，可分为圆柱面过盈连接 [见图 5 - 2 - 10（a）] 和圆锥面过盈连接 [见图 5 - 2 - 10（b）] 两种。

圆柱面过盈连接的装配可采用压入法或温差法。压入法一般只适用于配合尺寸和过盈量都较小的连接。温差法常用于要求配合质量高、配合尺寸和过盈量都较大的连接。

 习题巩固

1. 键连接有哪些类型？各有何特点？
2. 键连接的主要失效形式是什么？若校核时发现强度不够，可采取什么措施加以解决？
3. 花键连接有何特点？它有哪几种类型？
4. 矩形花键和渐开线花键都是怎样定心的？各有何特点？

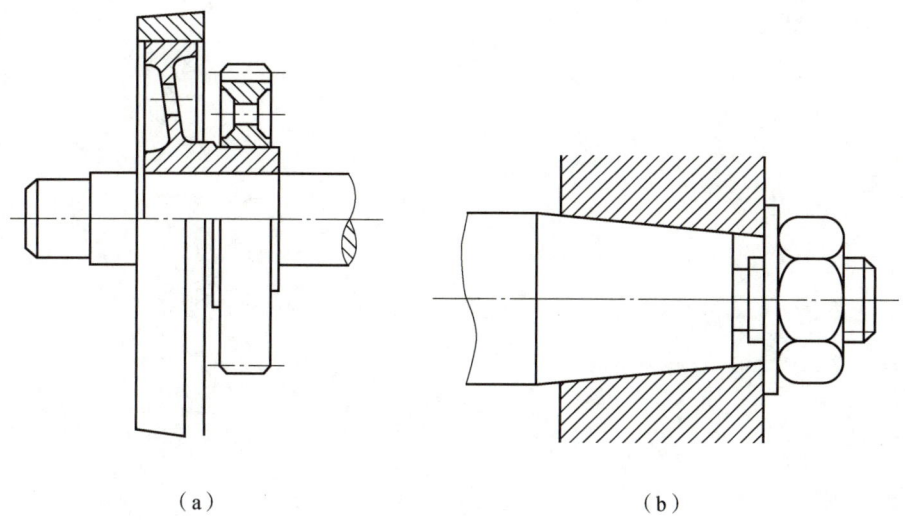

（a）　　　　　　　　　　　　　　　　　　（b）

图 5 – 2 – 10　过盈连接

（a）圆柱面过盈连接；（b）圆锥面过盈连接

5. 已知一平键 $b \times h \times L = 20$ mm $\times 12$ mm $\times 100$ mm，写出其标记。

6. 销连接按其外形可分为几种？

7. 无键连接中，型面连接和过盈连接分别包括哪些类型？

任务5.3 联轴器设计选用

工作任务

如图 5-3-1 所示，某卷扬机用联轴器与圆柱齿轮减速器相连，已知电动机输出功率 $P = 10$ kW，转速 $n = 960$ r/min，输出轴直径为 42 mm，输出轴长 112 mm，用半圆头普通平键与联轴器相连接；减速器输入轴直径 45 mm，长 112 mm，用圆头普通平键与联轴器连接。试选择该处的联轴器。

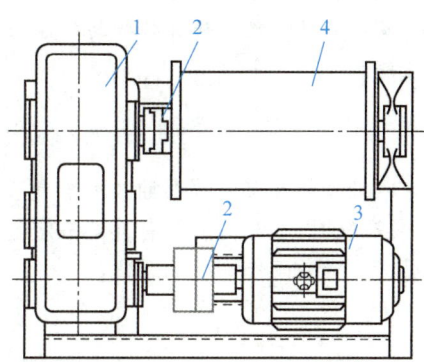

图 5-3-1 卷扬机

1—减速器；2—联轴器；3—电动机；4—卷筒

任务目标

知识目标	能力目标	素质目标
1. 了解常用联轴器的类型和特点 2. 熟悉联轴器的工作特性 3. 掌握正确选择联轴器的步骤和方法	1. 能够根据工作要求，正确选择联轴器的类型 2. 能够对联轴器的主要承载零件进行强度校核 3. 能够结合强度校核，合理选择联轴器的型号和尺寸	1. 通过联轴器的设计，培养一丝不苟的工作态度和精益求精的工匠精神 2. 通过小组合作，培养团队意识和协调沟通能力

任务实施

步骤一 认识联轴器

想一想

根据日常生活见闻，你都见过哪些类型的联轴器呢？

一、联轴器的作用

联轴器是机械传动中常用的部件，主要用来连接两轴，使之一同回转并传递转矩，有时也可用作安全装置，用来防止被连接机件承受过大载荷，起到过载保护的作用。联轴器只有在机器停转后将其拆开才使两轴分离。

多学一点

联轴器的类型很多，其中大多已标准化。设计时只需参考手册，根据工作要求选择合适的类型，再按轴的直径、计算转矩与转速来确定联轴器的型号和结构尺寸，必要时再对其主要零件作强度验算。

二、分析联轴器所连接两轴的相对位移

联轴器所连接的两根轴，由于制造、安装等原因，常产生相对位移，如图 5 – 3 – 2 所示，这就要求联轴器在结构上具有补偿一定范围位移量的性能，否则就会在轴、联轴器、轴承中引起附加载荷，导致工作情况的恶化。

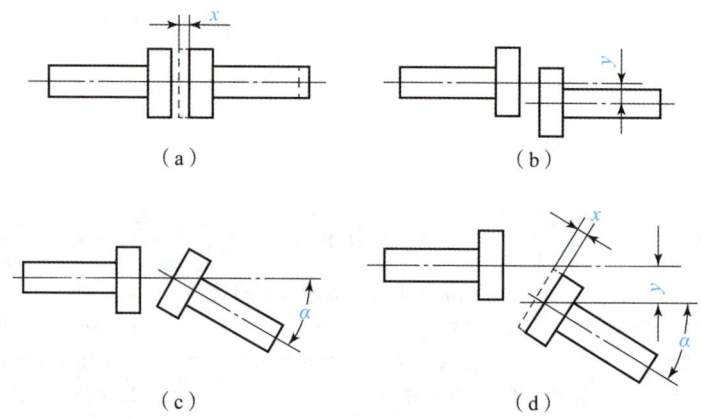

（a）　　　　　　　　　　　　　（b）

（c）　　　　　　　　　　　　　（d）

图 5 – 3 – 2　联轴器所连接两轴轴线的相对位移
（a）轴向位移 x；（b）径向位移 y；（c）角位移 α；（d）综合位移 x、y、α

　**想一想**

请同学们分析，任务 5.3 中联轴器连接的两个轴之间的相对位移属于哪种情况。

步骤二　分析联轴器类型及工作特点

联轴器根据其是否包含弹性元件，可分为刚性联轴器和弹性联轴器两大类。

刚性联轴器根据其是否有补偿位移的能力可分为固定式和可移式两种。弹性联轴器根据弹性元件材料的不同，又可分为金属弹簧式和非金属弹性元件式两种。弹性联轴器不仅能在一定范围内补偿两轴线间的偏移，还具有缓冲减振的性能。各种常见联轴器的类型见表 5 – 3 – 1。

表 5 – 3 – 1　常见联轴器的类型

分类依据	类型	图例	工作特点
刚性联轴器	套筒联轴器	是利用套筒及连接零件（键或销）将两轴连接起来	特点：结构简单、径向尺寸小、容易制造；缺点是装拆时因被连接轴需做轴向移动而使用不太方便。 应用：适用于载荷不大、工作平稳、两轴严格对中并要求联轴器径向尺寸小的场合
	凸缘联轴器	由两个半联轴器和一组连接螺栓组成	特点：凸缘联轴器是使两轴刚性地连接在一起，所以在传递载荷时不能缓和冲击和吸收振动。此外要求对中精确，否则由于两轴偏斜或不同轴都将引起附加载荷和严重磨损。 应用：凸缘联轴器适用于连接低速、大转矩、振动不大、刚性大的短轴

分类依据	类型	图例	工作特点
刚性联轴器	十字滑块联轴器	半联轴器　中间圆盘　半联轴器 由两个端面上开有凹槽的半联轴器和一个两面带有相互垂直凸牙的中间盘所组成	特点：能补偿一定的径向和角位移。在轴有径向位移且转速较高时，滑块会产生很大的离心力和磨损。 应用：用于转速较低、轴的刚性较大及无剧烈冲击的场合
	齿式联轴器	轴　凸缘外壳　凸缘外壳　轴 由两个带外齿的套筒和两个带内齿的凸缘形外套筒以及连接两个外套筒的螺栓所组成，两个内套筒分别用键与两轴连接	特点：传递转矩大，能补偿轴的综合位移；结构笨重，常用于重型机械中。 应用：适用于刚性大、振动冲击小和低速大转矩的连接场合

分类依据	类型	图例	工作特点
弹性联轴器	弹性套柱销联轴器	弹性圈 柱销 与凸缘联轴器外形相似，不同的是用套有硬橡胶圈的柱销代替螺栓	特点：因为中间有弹性元件，这样它除了能补偿被连接两轴的各种相对位移外，还能起到缓冲、吸振等作用。 应用：常用在高转速、启动频繁、变载荷或经常反向的机器上
	弹性柱销联轴器	柱销 挡板 主要用榆木、白桦木或夹布胶木、尼龙等非金属材料来代替弹性套柱销	特点：结构简单，制造容易，维护方便，两个半联轴器对称并可互换。 应用：适用于轴向窜动量大（允许 $c = 1 \sim 6$ mm），正、反转变化多，启动频繁的场合

 **想一想**

分析任务5.3中卷扬机，用联轴器连接两个轴之间的相对位移属于哪种情况？属于什么类型的联轴器？

步骤三　选择联轴器

 **相关知识**

一、确定联轴器的计算转矩

由于联轴器启动时的动载荷和运转中可能出现的过载现象，所以应按轴上的最大转矩作为计算转矩。计算转矩按下式计算：

$$T_c = KT$$

式中：K——工作情况系数，如表5-3-2所示；

　　　T——名义转矩（N·m），$T = 9\,550 \times P/n$。

表5-3-2　联轴器和离合器工作情况系数 K

原动机	工作机	K
电动机	皮带运输机、鼓风机、连续运转的金属切削机床； 链式运输机、刮板运输机、螺旋运输机、离心泵、木工机床； 往复运动的金属切削机床； 往复式泵、往复式压缩机、球磨机、破碎机、冲剪机； 锤、起重机、升降机、轧钢机	1.25~1.5 1.5~2.0 1.5~2.5 2.0~3.0 3.0~4.0
汽轮机	发电机、离心泵、鼓风机	1.2~1.5
往复式发动机	发电机； 离心泵； 往复式工作机（如压缩机、泵）	1.5~2.0 3.0~4.0 4.0~5.0

注：固定式、刚性可移式联轴器选用较大 K 值；弹性联轴器选用较小 K 值；嵌合式离合器 $K = 2 \sim 3$；摩擦式离合器 $K = 1.2 \sim 1.5$；安全联轴器 $K = 1.25$。

二、确定联轴器的型号

（一）初选联轴器型号

依据计算出的转矩 T_c 及所选的联轴器类型，按照 $T_c \leqslant [T]$ 的条件由联轴器的标准中选定联轴器的型号。其中，$[T]$ 为联轴器的许用转矩，单位为 N·m，由联轴器标准中查出。

（二）校核最大转速

被连接轴的转速 n 不应该超过所选联轴器允许的最高转速 $[n_{max}]$，即 $n \leqslant [n_{max}]$。

（三）选择轴孔直径

一般每一型号的联轴器都有适用的孔径范围，所选联轴器型号的孔径应含被连接的两轴端直径，否则应重选联轴器型号，直到同时满足上述三个条件。

案例分析：某车间起重机，根据工作要求选用一电动机。已知电动机输出功率 $P = 10$ kW，转速 $n = 960$ r/min，输出轴直径为 42 mm，试选择该处的联轴器（只要求与电动机轴伸连接的半联轴器满足直径要求）。

该案例的设计步骤如表 5 – 3 – 3 所示。

表 5 – 3 – 3　联轴器的选型计算步骤

	计算项目	计算内容	计算结果
1	类型选择	因联轴器用于起重机，考虑到启动、制动频繁，并且需正、反转，故选用缓冲、吸振性能好的弹性柱销联轴器	弹性柱销联轴器
2	名义转矩	$T = 9\,550\dfrac{P}{n} = 9\,550 \times \dfrac{10}{960}$	$T = 99.48$ N·m
3	工作情况系数	$K = 2.3$	查表 5 – 3 – 2 得出
4	计算转矩	$T_c = K \cdot T = 2.3 \times 99.48$	$T_c = 228.80$ N·m
5	联轴器型号	TL6 型	查 GB/T 4323—2017 得出
6	许用转矩	$[T] = 630$ N·m　　$T_c \leqslant [T]$	此联轴器的 T、n、直径满足要求
7	许用转速	$[n] = 5\,000$ r/min　　$n \leqslant [n]$	
8	轴孔范围	$d = 30 \sim 48$ mm，可用	—

 做一做

按照上述案例步骤，完成任务 5.3 中联轴器的选择。

任务评价

本任务配分权重表

序号	内容	分值/分	得分	备注
1	明确联轴器的功能	15		
2	能够分清不同类型的联轴器的应用	15		
3	能够正确计算联轴器的名义转矩	15		
4	能够完成联轴器的正确选型	30		
5	能够对联轴器进行强度校核	25		

请认真观察汽车变速箱中输入轴和输出轴的结构，分析所用联轴器类型，同时写出联轴器设计的步骤和方法。

★ 新视野

绿色产品设计技术

这是对产品在其生命周期中，按符合环境保护、资源利用率最高、能源消耗最低的要求进行设计的技术。主要包括：

（1）面向环境设计技术：在产品整个生命周期内，以系统集成的观点考虑产品的可拆性、可回收性、可维护性、可重复利用性和人身健康及安全性等基本属性，并将其作为设计目标，使产品在满足环境目标要求的情况下同时具备应用的基本性能、使用寿命和质量等。

（2）面向能源设计技术：这是指用对环境影响最小和资源消耗最少的能源供给方式来支持产品的整个生命周期，并以最小的代价来获得能量的可靠回收和重新利用的设计技术。产品设计是影响能源消耗最关键的环节，在产品功能和基本要素确定的情况下，产品的结构布局、材料选择、加工工艺、可制造性、可装配性和可重复使用性等影响能源消耗的主要因素都是在设计阶段确定的。

（3）面向材料设计技术：该技术以材料为对象，在产品整个寿命周期中的每一阶段，以材料对环境影响的有效利用作为控制目标，在实现产品功能要求的同时，使其对环境污染最小和能源消耗最少。

人机工程设计技术：它是以人机工程学理论为基础，面向人的产品设计技术。它依据人的心理和生理特征，利用科学技术成果和数据设计技术系统，使之符合人的使用要求，改善环境和优化人机系统，随之达到最佳配合，以最小的劳动代价换取最大的经济成果。

巩固与拓展

一、知识巩固

对照本任务知识脉络图，梳理自己所掌握的知识体系，并与同学相互交流、研讨个人对某些知识点或技能技巧的理解，注重提升职业素养。

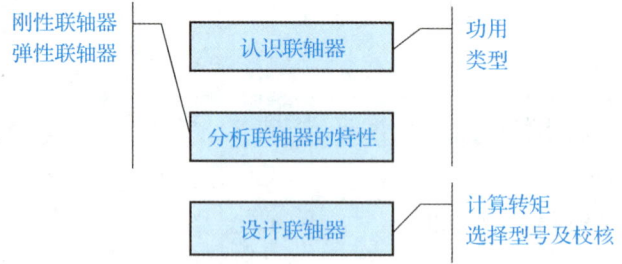

二、拓展任务

根据任务 5.3 的工作步骤及方法，利用所学知识，完成自主学习手册中的拓展任务。

 自我分析与总结

学生改错	学生学会的内容

学生总结：

 习题巩固

1. 常用的联轴器有哪些类型？各有什么优缺点？

2. 在选用联轴器的类型时应考虑哪些因素？

3. 弹性联轴器的弹性元件有哪几类？各有什么特点？

4. 万向联轴器为什么常成对使用？

5. 试说明齿式联轴器为什么能够补偿综合位移。

6. 电动机与离心泵之间用联轴器相连。已知电动机功率 $P = 30$ kW，转速 $n = 1\ 470$ r/min，电动机外伸端的直径为 48 mm，水泵轴直径为 42 mm。试选择联轴器类型与型号。

参 考 文 献

[1] 陈立德. 机械设计基础 [M]. 2 版. 北京：高等教育出版社，2004.

[2] 杨可桢，程光蕴. 机械设计基础 [M]. 4 版. 北京：高等教育出版社，1999.

[3] 王志刚. 机械设计实践与创新 [M]. 北京：高等教育出版社，1993.

[4] 丁洪生. 机械设计基础 [M]. 北京：高等教育出版社，2000.

[5] 邱宣怀. 机械设计 [M]. 4 版. 北京：高等教育出版社，1997.

[6] 濮良贵，纪名刚. 机械设计 [M]. 7 版. 北京：高等教育出版社，2001.

[7] 濮良贵，纪名刚. 机械设计 [M]. 6 版. 北京：高等教育出版社，1996.

[8] 张建中. 机械设计基础多媒体辅助教学系统 [M]. 北京：高等教育出版社，2003.

[9] 孙恒，陈作模. 机械原理 [M]. 5 版. 北京：高等教育出版社，1996.

[10] 王中发. 机械设计 [M]. 北京：北京理工大学出版社，1998.

[11] 沈乐年. 机械设计基础 [M]. 北京：清华大学出版社，1997.

[12] 陈蓉林. 机械设计应用手册 [M]. 北京：机械工业出版社，1995.

[13] 郑志祥. 机械零件 [M]. 北京：高等教育出版社，1989.

[14] 吕慧瑛. 机械设计 [M]. 成都：成都科技大学出版社，1997.

[15] 唐照民. 机械设计 [M]. 西安：西安交通大学出版社，1995.

[16] 崔国泰. 机械设计基础 [M]. 北京：机械工业出版社，1994.

[17] 机械设计手册编辑委员会. 机械设计手册（第五卷）[M]. 2 版. 北京：机械工业出版社，1996.

[18] 机械设计手册编辑委员会. 机械设计手册（第六卷）[M]. 2 版. 北京：机械工业出版社，1996.

[19] 陈秀宁. 机械设计基础 [M]. 杭州：浙江大学出版社，1994.

[20] 李秀珍，曲玉峰. 机械设计基础 [M]. 3 版. 北京：机械工业出版社，1999.

[21] 黄森彬. 机械设计基础 [M]. 北京：高等教育出版社，1997.

[22] 黄文灿. 机械设计基础 [M]. 北京：机械工业出版社，1992.

[23] 邓昭铭. 机械设计基础 [M]. 北京：高等教育出版社，1993.